国家林业和草原局普通高等教育“十四五”规划教材

“大国三农”系列规划教材

# 病虫测报学

马占鸿　高灵旺　秦誉嘉　主编

中国林業出版社
CFPH China Forestry Publishing House

**图书在版编目(CIP)数据**

病虫测报学 / 马占鸿，高灵旺，秦誉嘉主编．—北京：中国林业出版社，2023.11
国家林业和草原局普通高等教育“十四五”规划教材
“大国三农”系列规划教材
ISBN 978-7-5219-2255-4

Ⅰ.①病… Ⅱ.①马… ②高… ③秦… Ⅲ.①病虫害预测预报-高等学校-教材 Ⅳ.①S431

中国国家版本馆 CIP 数据核字(2023)第 230553 号

策划、责任编辑：范立鹏
责任校对：苏 梅
封面设计：周周设计局

---

出版发行：中国林业出版社
（100009，北京市西城区刘海胡同 7 号，电话 010-83143626）
电子邮箱：cfphzbs@163.com
网址：www.forestry.gov.cn/lycb.html
印刷：北京中科印刷有限公司
版次：2023 年 11 月第 1 版
印次：2023 年 11 月第 1 次
开本：787mm×1092mm 1/16
印张：11.75
字数：300 千字
定价：46.00 元

# 《病虫测报学》
## 编写人员


**主　　编：** 马占鸿　高灵旺　秦誉嘉

**副 主 编：** 翟保平　胡小平　刘万才　李保华　胡同乐

**编写人员：**（按姓氏笔画排序）

马占鸿（中国农业大学）
王树和（河南科技大学）
王翠翠（潍坊学院）
刘　琦（新疆农业大学）
刘万才（全国农业技术推广服务中心）
李保华（青岛农业大学）
吴波明（中国农业大学）
况卫刚（江西农业大学）
初炳瑶（泰州农牧科技学院）
张云慧（中国农业科学院植物保护研究所）
陈　晶（新疆农业大学）
欧阳芳（中国科学院动物研究所）
孟祥龙（河北农业大学）
赵紫华（中国农业大学）
胡　高（南京农业大学）

胡小平(西北农林科技大学)
胡同乐(河北农业大学)
秦誉嘉(中国农业大学)
高灵旺(中国农业大学)
翟保平(南京农业大学)

# 序

习近平总书记提出的“绿水青山就是金山银山”理念和坚持山水林田湖草沙一体化保护和系统治理已成为新时代党和国家事业发展的根本遵循。农作物、果蔬、林草作为生态系统的重要构成部分，担负着生态安全和农牧民致富的重要使命。做好其病虫防控对保护生态环境和农业可持续发展均具有重要意义。病虫测报是预防病虫危害、保障植物安全的重要手段。随着我国《森林法》《草原法》和《生物安全法》等法律法规的相继出台，病虫测报工作比以往任何时候都显得尤为重要。

我国农作物、果蔬、林草病虫种类繁多，危害严重，常年给生产带来重大损失。做好病虫测报与农林草业健康发展和维护生态安全息息相关，是贯彻农业有害生物“预防为主，综合防治”植保方针的主要内容。病虫测报学作为一个应用学科领域，对从事病虫测报工作人员的素质要求很高，不仅要有扎实的植保知识和丰富的实践经验，还必须具备农学、土壤、生态、气象、数学、计算机、信息、经济等多学科知识。做好病虫测报工作，不仅能够及时为农业管理部门、农产品和农药生产经营部门和生产者提供及时准确的病虫发生信息和防控指导意见，而且对保护生态环境、实现经济社会可持续发展具有重要意义。

由中国农业大学马占鸿等主编的《病虫测报学》，从理论到实践，详细介绍了病虫测报的概念、原理和方法，全书内容全面，图文并茂，深入浅出，便于阅读和学习，必将为我国病虫测报领域的人才培养和病虫测报技术的进步发挥重要作用。

综上，从事病虫测报工作 40 年的本人乐于作序。

姜玉英

全国农业技术推广服务中心

2023 年 10 月 22 日

# 前　言

随着我国《生物安全法》和《农作物病虫害防治条例》的相继颁布实施，病虫测报工作的重要性日益突显。在新农科建设背景下，基于育人为本、学为中心等教育理念，为加快培养农林病虫测报方面的紧缺人才，健全和完善人才培养体系，我们组织编写了本教材。病虫测报学是综合运用生物学、生态学、数理统计、系统科学、逻辑学等相关知识和方法，结合实践经验和历史资料，研究植物病虫害发生、发展规律并对其危害趋势进行预测预报的科学，简称病虫测报。广义的病虫测报对象还包括害草和害鼠。病虫测报通过系统、准确监测农田、森林、草原病虫草鼠发生动态，对病虫草鼠发生危害趋势做出预测，为农户提供准确、及时的预报服务，因而被普遍认为是植物保护乃至农林牧生产的基础性工作，属于应用学科领域。

我国农林牧业向商品化、专业化、现代化转变，对高产、优质、高效提出了更高的要求。病虫测报作为贯彻“预防为主，综合防治”植保方针中“预防为主”的重要手段，其与防治，与高产、优质、高效均息息相关。而且，随着种植结构的调整和农田管理方式的变革，田间生态环境变化较大，病虫害成灾频率提高，病虫草鼠的新情况不断出现，需要加强监测和研究。同时，信息技术、微电子技术、生物技术、预测决策技术等高新技术的发展及应用，也势必渗透到病虫测报的调查、预测、服务等各个环节，甚至会改变病虫测报的概念，这就需要加强在新农科背景下复合型人才的培养工作。

病虫测报学是一门根据病虫害发生的规律及气象资料，对大量的系统资料进行系统分析，对病虫害的未来发生趋势做出准确估计的科学。其以数学为工具，利用数学原理和方法解释生物的发生发展状况，逻辑性较强。本教材首次将植物病害和害虫的监测预报合并，涵盖病虫害测报的指导思想、目的、意义、原理、方法、应用、前沿各个方面，对于“病虫测报学”教学具有指导性意义。教材突出实用性，以简单的计算方法和数学模型说明病虫害监测预报在实际中的应用。

本教材从历史到现实、从微观到宏观，全面系统地介绍了病虫测报学的基本概念、基本原理和常用测报技术方法及仪器设备。本教材以病虫测报为主体，分别介绍植物病害与昆虫的监测预报理论及方法，计算机等现代技术在病虫测报中的应用，病虫测报与绿色防控的关系。教材共分为 11 章(绪论、昆虫种群空间分布及抽样技术、病虫害监测、病害预测、虫害预测、植物病害损失估计、植物虫害损失估计、信息技术在病虫测报中的应用、病虫发生系统模拟、病虫测报仪器设备及使用、病虫测报与绿色防控)。

本教材由马占鸿、高灵旺、秦誉嘉担任主编，翟保平、胡小平、刘万才、李保华、胡同乐担任副主编，各章编写分工如下：马占鸿、翟保平编写第 1 章；高灵旺编写第 2 章；胡小平、胡高编写第 3 章；胡同乐、刘琦编写第 4 章；秦誉嘉、陈晶编写第 5 章；况卫刚、孟祥龙编写第 6 章；欧阳芳、赵紫华编写第 7 章；李保华、高灵旺编写第 8 章；吴波明、王树和编写第 9 章；张云慧、王翠翠编写第 10 章；初炳瑶、刘万才编写第 11 章。全书最后由马占鸿、高灵旺、秦誉嘉统稿、定稿。除了各章主笔人员外，还有中国农业大学植物病害流行学实验室博士后孙秋玉及博士研究生李磊福、邓杰、巩文峰、杨璐嘉、张克瑜、江冰冰和高建孟，他们为本书的编写前期做了大量的文献资料收集和整理工作。

本教材出版得到国家重点研发计划项目(2021YFD1401000)、中国农业大学“大国三农”系列教材建设项目和北京高校重点建设一流专业建设项目的资助。编写过程中，中国林业出版社范立鹏博士自始至终给予了出版方面的热心指导和大力帮助，在此一并致谢。
限于编者水平，错漏难免，敬请广大读者批评指正。

编 者

2023 年 11 月

# 目　录

# 第1章

# 绪 论

【**内容提要**】病虫测报学是关于植物病虫害预测预报的科学。本章从病虫测报学的概念、发展历史、测报的指导思想、测报的目的和意义、测报类型、测报步骤、测报方法、测报的要素和条件、现状、未来发展趋势及与其他学科的关系方面进行了概述。

自然科学的主要任务是认识世界和改造世界，只有正确地认识世界才能更好地改造世界。病虫测报学是关于植物病虫害预测预报的科学，是人们通过观察、分析、实地调查研究并认识植物病虫的发生流行规律从而科学地预测其未来发生态势或发展趋势，是主观见之于客观的科研活动。由于植物病虫发生涉及寄主、病原或虫原、环境和人为活动等多种因素，科学的病虫测报不仅要掌握病虫发生的历史和现实动态规律，还要分析和研判其动态变化的原因、趋势、影响因素及必然性或偶然性的概率分布信息，从而利用科学的技术手段推测其未来可能出现的趋势和状态水平。因此，其复杂性和困难程度比一般的认识世界要大得多。本章从病虫测报学的概念、发展历史、测报的指导思想、测报的目的和意义、测报类型、测报步骤、测报方法、测报的要素和条件、现状、未来发展趋势及与其他学科的关系方面概述了病虫测报学，旨在为后续章节的展开起到抛砖引玉的作用。

《礼记·中庸》记载“凡事豫则立，不豫则废”，豫，亦作“预”。“预”即指预测，“立”即指成功。意指不论做什么事，事先有准备，就能获得成功，不然就会失败。古代的预言学家、占卜者、星象家等也都是根据一定的理论推测未来将要发生的事情，以提前做好准备，防患于未然。

我国古代对天气就有物候预测法，比如“燕子低飞蛇过道，蚂蚁搬家山戴帽，水缸出汗蛤蟆叫，必有大雨到”。该谚语的意思是：下大雨之前，空气中含有大量的水蒸气，水蒸气遇到温度较低的昆虫的翅膀后，变为小水珠附着在昆虫的翅膀上，使昆虫负荷较重，飞行高度变低，燕子喜欢吃昆虫，因此，燕子低飞捕虫。蛇为了避雨，就会急匆匆过道。蚂蚁为了防雨，需要整理洞穴。山上被云雾覆盖，就像戴上了帽子。水蒸气遇到温度较低的水缸，就会凝结成水滴附着在水缸表面。蛤蟆，也就是青蛙，雌蛙一般在雨后产卵，下雨前，雄蛙为了吸引雌蛙而大声鸣叫。所以，当人们看到这些现象，就会为防雨做好准备。而现代的天气预报，已不再依赖对自然现象的观察，而是通过卫星遥感获取大气层中的气象要素数据，通过各地气象站各种监测设备采集的各种地面气象要素资料，将这些基础数据通过同化检验后汇总成巨大的数据库，再输入运算功能强大的超级计算机，气象学家就可以利用大气动力学模型计算各种气象要素的演化态势，做出数值天气预报；同时利用同化数据绘制天气图，通过天气图反映的天气系统演化规律做出未来一定时段内的经验型概率预报。随着大气科学的不断进步，目前 24 h 天气预报的准确率已经可达 85%以上。

同样，地震预测也是利用特定的监测设备采集地层中各种岩石变化的数据并形成国家级的台站网，在地震发生前，对未来地震发生的震级、时间和地点进行预测。而农作物病虫害预测预报则是对危害农作物生产安全的病虫等有害生物做出的发生预测，是国家农业生产安全的重要技术保障。

事实说明，只要人们掌握了事物变化的历史和现实动态规律，通过科学分析和研判其动态变化的原因、趋势、影响因素、必然性或偶然性等概率分布信息，并利用现代科学技术手段，即可推测事物未来变化可能出现的趋势和状态水平，从而做出科学、准确的预测。

## 1.1　病虫测报学的基本概念

我国是农业大国，保障粮、棉、油等作物安全生产关乎国计民生。每年常发农作物病虫害有 200 多种，发生面积达 50 亿亩* 次左右，在防治情况下仍可导致 15%～30%的产量损失。因此，做好病虫害防控十分重要和必要。

农作物病虫害预测预报，简称病虫测报，是指系统、准确监测农田病虫害发生动态，并运用生物学、生态学、生物统计学、系统科学、逻辑学等知识和方法，结合实践经验和历史资料，对病虫害未来发生危害趋势和危害程度做出预测，为农户提供准确、及时的预报服务。病虫测报被普遍认为是植物保护乃至农业生产的基础性工作，也是一项社会公益性工作，更是保障国家农业生产安全的重要技术保障。

那么，什么又是病虫测报学呢？简单来讲，病虫测报学就是研究农作物病虫害预测预报的科学，它包括病虫害的监测与预测两个方面。

病虫害监测是指以合理的抽样方法对病虫害发生情况进行实际调查取样，以获取第一手资料，为掌握病虫害的发生动态及发生规模提供翔实的资料。

病虫害预测则是指根据病虫害发生流行规律，综合不同时空尺度的监测数据及相关地理、环境和气象资料进行系统分析，对病虫害的未来发生趋势做出判断。

预测预报的目的是防治，病虫测报学则是研究农业病虫害监测、预测、预报及预防的科学。病虫测报学作为一门应用学科，目前还有许多基础性的问题没解决，在测报标准、测报准确性评价方法、危害损失、防治效益、病虫害新特点等方面都迫切需要研究。各地测报部门(病虫区域测报站)既是问题的提出者，又是成果的应用者，应该被广泛地吸收到测报科研中，与科研教学部门深入协作，尽快科学解决测报的基础性问题。

---

* 1 亩 = 1/15 $hm^2$。

## 1.2 病虫测报学的发展历史

世界上，国外农作物病虫预测预报工作比我国起步早，技术进步很快。苏联、日本等国家在20世纪40年代就开展了重要病虫的测报工作。例如，日本在20世纪40年代就制定了有关法律，确定了农作物病虫测报的任务，60年代以来，建立健全了全国测报和防治机构及人员编制；除政府聘用的800多名专业技术人员外，全国还有9000多名调查员和几千个观察点，中央政府及地方各级政府组成计算机联网系统，实行测报数据和情报的统一管理。20世纪70年代以来，美国、加拿大、英国等国也相继建立了测报数据库。美国的许多州建立了用于病虫综合管理的计算机网络中心系统，病虫的监测数据能及时通过网络传给中心，经整理分析后发布病虫预报及防治意见，可直接通过网络传递给农场主。西欧地区也建立了由14国组成的蚜虫测报网络，中心设在英国的洛桑实验站，各国统一用泰勒(Taylor)吸虫器定期采集蚜虫样本，由洛桑实验站统一鉴定种类，进行数据整理、计算、统计、分析和储存，发布蚜虫发生趋势预报信息。

我国的病虫测报起步稍晚，开始于20世纪50年代，最早由国家统一测报的害虫是东亚飞蝗和小麦吸浆虫，主要工作是进行虫情侦察和预报。1952年，制定了国内第一个害虫测报标准办法，即《螟情预测办法》。1956年，开始建立专业性的病虫测报站。1973年，制定了包括27种(类)的《主要农业作物病虫预测预报办法》。1975年，我国确立了“预防为主，综合防治”的植物保护八字方针，作为实现“预防为主”策略的病虫测报自此受到前所未有的重视，1978年，农林部成立了全国农作物病虫预测预报总站。1979年，农业部(现农业农村部)统一创制了一套特有的电报编码程序，即《农业病虫测报专用电码》，作为公益电报(BCH)在全国电信部门通用。1981年，全国普遍应用了农作物病虫监测预报模式电报，使预报内容规范化、编报程序化、传递快速化，并通过无线广播电台发布重要虫情，再经基层测报站通过有线广播将虫情及防治意见直接传递到千家万户，对及时扑灭农作物有害生物灾害，保障农业生产安全，发挥了十分重要的作用。1979—1981年，重新制定了《农作物主要病虫测报办法》，共包括了32种(类)主要病虫，首次编入了迁飞性害虫异地预报办法。1986—1992年，制定了15种病虫的测报调查规范，并以中华人民共和国国家标准形式颁布，于1996年6月1日正式实施(现已修订更新)，开启了病虫测报标准化里程。1998—2002年，国家实施了“植物保护工程”建设项目，先后建成国家级农作物病虫区域性测报站500多个，初步形成了全国农作物有害生物预报体系。自20世纪90年代起，全国基本以电子邮件和传真机作为病虫监测数据和预报信息传递的平台。自2017年起，随着信息技术的发展和互联网的普及，全国农业技术推广服务中心建成了中国农作物有害生物监控信息系统，即农作物重大病虫害数字化监测预警系统，自此结束了以电子邮件和传真机传递信息时代，开启了网络实时直报新时代。病虫测报大事记见表1-1。

病虫测报的教学方面，早在20世纪70年代，为响应“预防为主，综合防治”植物保护方针，北京农业大学(现中国农业大学)植物保护系率先在国内开设了“病虫测报”课程，先后由郭予元、沈佐锐、杜相革、高灵旺、秦誉嘉等学者主讲，至今已有50多年的开课

表 1-1 病虫测报大事记

| 时间 | 重要事件 |
| --- | --- |
| 20 世纪 50 年代 | 开展了东亚飞蝗和小麦吸浆虫虫情侦查和预报 |
| 1952 | 出台了我国第一个害虫测报标准办法——《螟情预测办法》 |
| 1956 | 在若干地区建立了专业性的病虫测报站 |
| 1973 | 开始建设全国病虫测报网，制定了包括 27 种(类)主要农业作物病虫的预测预报办法 |
| 1975 | 确立了“预防为主，综合防治”的植物保护方针 |
| 1978 | 成立了全国农作物病虫预测预报总站 |
| 1979 | 统一创制了《农业病虫测报专用电码》 |
| 1979—1981 | 重新修订了《农作物主要病虫测报办法》 |
| 1981 | 全国普遍应用了农作物病虫监测预报模式电报 |
| 1986—1992 | 制定颁布了 15 种病虫测报调查规范的国家标准，于 1996 年 6 月 1 日正式实施 |
| 1998—2002 | 实施了国家“植物保护工程”建设项目 |
| 2020 | 《农作物病虫害防治条例》颁布实施 |
| 2020 | 《一类农作物病虫害名录》公布，涉及 10 虫 7 病；2023 年修订后改为 10 虫 8 病 1 鼠 |
| 2021 | 《中华人民共和国生物安全法》颁布实施 |
| 2023 | 《农作物病虫害监测与预报管理办法》颁布实施 |

历史。后来多所农业院校也都相继开设了此课。在科学研究方面，自“六五”“七五”“八五”“九五”“十五”“十一五”国家科技攻关、科技支撑、公益性行业(农业)专项等均设立了重大病虫监测预警专项，如蝗虫、蚜虫、小麦条锈病、白粉病、赤霉病、稻瘟病、稻飞虱、草地贪叶蛾等都有多年系统的监测预测研究工作积累和数据资料。

在测报技术人员培训方面，1978 年 8 月，国务院批准农林部设立全国农作物病虫测报总站，拉开了建设全国范围的迁飞性害虫和流行性病害监测网络的序幕。1979 年，全国农作物病虫测报总站正式委托南京农业大学植物保护系开展培训工作，由此翻开了我国农作物病虫测报培训的新篇章。随着我国农村改革发展和现代农业持续推进的脚步，全国病虫测报技术培训班已连续举办了 40 多期。几十年来，南京农业大学植物保护学院不断完善培训体系，改进课程设置，革新授课形式，壮大授课师资，跟进管理服务，提升培训质量。坚守四十余载、历久而弥新，几代人接力奋进，培训班累计为全国农业技术推广服务中心和省、市、县植保系统培训专业人才 3000 多名，形成了 50 种重大病虫测报技术标准体系，打造成为全国病虫测报培训的“黄埔军校”。每届培训班均历时 3 周，主要培训内容包括：农作物害虫测报原理和方法、植物病害流行与测报、有害生物数理统计、GIS 技术及在测报中的应用、有害生物抗药性及治理。根据病虫发生特点和年度间的变化，设置针对性的专题讲座，主要包括病虫害监测预警数字化系统应用技术，自动虫情测报灯、性诱监测工具等测报工具的应用技术，病虫害种类识别和雌蛾卵巢解剖等测报基本技能和实用技术，害虫测报中的遥感和雷达监测技术，棉花主要病虫害研究进展，设施蔬菜病虫害管理，稻螟虫、稻飞虱、稻纵卷叶螟、稻瘟病、条纹叶枯病、水稻细条矮缩病等病虫害测报技术，玉米病虫害测报及防治技术等。

在组织架构方面，全国农业技术推广服务中心下设病虫测报处，各省(自治区、直辖市)植物保护站设有病虫测报科。中国植物保护学会下设病虫测报专业委员会，中国植物病理学会下设植物病害流行专业委员会等。

病虫测报方面的教材或其他书籍主要有1979年张孝羲等编著的《害虫测报原理和方法》和1985编写的《昆虫生态及预测预报》，1986年曾士迈、杨演编著的《植物病害流行学》，1998年肖悦岩、季伯衡、杨之为、姜瑞中主编的《植物病害流行与预测》，2000年屈西峰、姜玉英、邵振润主编的《棉铃虫预测预报新技术》，2006年，张孝羲、张跃进主编的《农作物有害生物预测学》，2010年马占鸿主编的《植病流行学》(2019年修订再版)，2010年刘万才主编的《主要农作物病虫害测报技术规范应用手册》，2015年黄文江等编著的《作物病虫害遥感监测与预测》及2022年胡小平主编的《植物病虫害测报学》等。

## 1.3 我国病虫测报的指导思想

病虫测报，就是要对重大病虫害的发生提前进行预报，以供管理部门制定防治决策时参考，并指导广大农民开展防治工作。病虫测报是植物保护工作的基础和重点，是农业生产安全的重要技术保障。预报结果是概率事件，具有统计性质。

概括起来，我国病虫测报的总体指导思想是实行“预防为主，综合防治”的方针，体现“公共植保，绿色植保，科学植保”理念，坚持分类管理、政府主导、属地负责、绿色防控。在此思想指导下，我国病虫测报工作按照农作物重大病虫测报技术标准规范，组织开展农作物病虫害监测，及时向上级农业农村主管部门报告农作物病虫害监测信息，发布农作物病虫害预报、预警信息。

## 1.4 病虫测报的目的和意义

我国农作物病虫种类繁多，灾害频发，病虫害发生消长此起彼伏，经常暴发成灾。暴发与成灾是不同的，暴发不一定成灾，只要防治措施及时得当，再大的暴发规模也不会成灾。实现有效防治的前提是对病虫害进行准确预测和连续监测。因此，有效开展病虫测报就是为农业生产保驾护航，保障农业生产安全。

我国是世界上开展农作物病虫测报工作较早的国家之一。近50年来，特别是改革开放以来，病虫测报工作在我国得到了蓬勃发展，取得了令人瞩目的成就。目前，农作物病虫测报主要利用遥感、地理信息系统和全球定位系统技术，以及灯诱、性诱和田间抽样调查技术对农作物病虫害的发生为害动态开展系统监测，并结合计算机信息技术、数理统计建模、人工智能和大区域宏观分析等技术，开展农作物病虫害发生为害监测，进行发生为害动态趋势的评估与预测和防治决策，通过电视、广播、短信等方式及时向各级政府的农业主管部门、生产企业、专业合作社、种植大户等提供情报信息，以指导农业生产。病虫测报为各级农业主管部门指挥重大病虫防治、减轻生物灾害发挥了重要的参谋作用，为保障农业丰收做出了重要贡献。

病虫测报的最终目的是为农业生产服务，使农业生产者能够更好地控害防灾，提高从事农业种植的收入水平，保障农业生产安全。

## 1.5 病虫测报类型

预测方法主要是用于探索人与技术的关系。因此，人的知识、创造性思维能力，以及人对价值的判断能力与预测方法的关系最为密切。科学的测报方法有助于提高人对事物的预测能力。由于不同人认识和方法的差异，因而所提出的预测方法分类体系也有很大不同，在病虫测报中曾采用以下方法进行预测预报，它们是从不同角度来划分测报类型的。但都是主要根据预测预报的内容和时间进行的划分。

根据预测预报的内容，可将病虫测报分为发生期预测、发生量预测、发生程度预测、分布范围预测、发生面积预测、灾害程度预测和防治效益预测等。

**(1)发生期预测**

发生期预测是指根据病虫害的发生流行规律，预测下一虫态(世代)发生或病害某一流行阶段的时期。在害虫的预测中，常将发生期分为始见期、始盛期、高峰期、盛末期和终见期。对于具有迁飞、扩散习性的害虫，预测其迁出或迁入本地的时期，并以此作为确定防治适期的依据。发生期预测一般根据昆虫的发育阶段特征与生活史、昆虫的发育速率、休眠和滞育等生物学特性进行预测。害虫的发生期是由害虫的各发育阶段的历期决定的。发生期预测可为确定防治适期提供参考，很多的中、短期预报都会指出病虫害的防治适期。

**(2)发生量预测**

发生量预测是指预测害虫的发生数量或田间虫口密度，估计害虫未来的虫口数量是否有大发生的趋势或是否达到防治指标。该类预测需长期坚持，积累有关资料，预测结果才可靠。

**(3)发生程度预测**

发生程度预测是常见的病虫预测方式。发生程度是指病虫害发生或流行的严重程度。根据病虫害造成的损失和年度间发生量，我国农作物病虫害发生程度一般分为大、中度偏重、中度、中度偏轻和轻度发生 5 级，分别表示为 5 级、4 级、3 级、2 级、1 级。其中，病害常用病叶率、严重度、病情指数表示，发病初期病情指数较小时，还可用病田率和单位面积单片病叶数等表示；虫害常用虫口密度、诱虫量、被害株率、百株虫量等指标表示。判断病虫害发生流行程度的主要依据和指标主要有 3 项：一是造成的损失，二是发生量，三是年度间发生程度的比较。其中，造成的损失是判断发生程度的根本依据，而发生量和年度间发生程度比较，都是在造成损失的基础上测算和比较出来的，是植保科技人员通过多次试验，在测定产量损失和发生量关系的基础上，简化发生程度的定级方法，直接采用发生量和年度间发生程度比较确定病虫害的发生程度。发生量通过田间调查可以直接得到，并可以对年度间发生程度进行比较，而产量损失则要通过对比试验才能确定。

预报程度及发生程度预报，指在病虫害发生前，植保机构和测报技术人员预报的病虫害即将发生或流行的轻重程度。在实际预报中，“偏重发生”使用频率较高，这是由病虫测报的特殊性决定的。第一，要明确全面所做的预报是针对重大病虫的，而不是针对所有的病虫对象。无论全国，还是省、地、县级植保测报机构，都是这样。对全国1600多种主要病虫草鼠全部进行预报，既不可能，也没必要。由于主要针对重大病虫进行预报，其本身偏重发生的概率就比较高。第二，对一些常年偏轻甚至轻发生的病虫，由于不需要采取专门的防控措施，发布偏轻和轻发生的预报就没有必要了。第三，对一些重大病虫害，如果其在某些特定年份偏轻或轻发生，也要做偏轻或轻发生的预报，目的是提醒有关领导部门调整防控决策，也提醒广大农民不要按常规方法去防治，以减少投入，减轻农药污染，避免不必要的经济损失。第四，在具体预报工作中，从大发生到轻发生5个级别都经常出现，只是大家对中度以下的预报级别不敏感而已。

**(4)发生范围预测**

发生范围预测是根据病虫害对环境因素的适应能力，估计其分布区域或田间分布密度，即利用病虫害发生流行的影响因素，比较不同地理区域能满足上述条件的程度，推测其分布的区域和界限；利用病虫害对寄主植物的选择性，根据田间作物生产布局和生长状况(品种、生育期、肥力水平等)，预测病虫害在不同类型田内的发生轻重或分布密度等。

**(5)灾害程度预测**

在发生期、发生量等预测的基础上，根据作物栽培和病虫最敏感的时期是否完全与害虫破坏力或侵入力最强而且菌源量或虫量越来越多的时期相遇，从而推断病虫灾害程度的轻重或所造成损失的大小；配合发生量预测进一步划分防治对象田，确定防治次数，并选择合适的防治方法，以争取病虫防治的主动权。

**(6)防治效益预测**

对防治取得的效益进行分析和判断。

此外，按病虫预测预报时间的长短可分为短期预测、中期预测、长期预测和超长期预测。

①短期预测。期限大约在20 d以内，以天(d)为单位。短期预报常根据害虫前2个虫态的发生情况，推算后1~2个虫态的发生时期和数量，以确定未来的防治适期、次数和方法。

②中期预测。期限一般为20 d到一个季度。中期预测是指根据上一个世代的虫情，预测下一世代的发生情况，以确定防治对策。

③长期预测。期限常在一个季度以上。长期预测需要根据多年资料的积累，才有求得预测值接近实际值的最大可能性。

④超长期预测。是对一年以上乃至多年的病虫发生情况进行预测。这是目前病虫测报中最难做到的，但又是很有必要和非常重要的，今后需要不断加强。

## 1.6 预报评估

预报评估是指对预报结果进行回检。通过对所预报病虫种类的发生实况进行总结，明确其实际的发生程度、发生期、发生范围、发生面积等，对比预报与实况之间的差距，分析差距产生的原因，进一步提高测报水平。预报评估对于检验预报结果的准确性，正确评价预报的作用和效果十分必要和重要。当前，我国大多数植保机构和测报技术人员普遍存在重预报轻评估的现象，不敢直面预报的准确性、准确率问题，造成相关部门不满意，用户群体有意见，这是病虫测报工作今后必须面对、必须加以解决的问题。

## 1.7 病虫测报步骤

病虫测报分以下 5 步进行：

①明确测报主题。根据当地农业病虫害发生情况和防治工作的需要，并结合有关病虫害知识，确定预测对象、范围、期限和精确度。

②收集背景资料。依据预测主题，广泛收集有关的研究成果、先进的理念、数据资料和预测方法。针对具体的生态环境和发生特点，还要进行必要的实际调查或试验，以补充必要的信息资料。在此基础上不断完善病虫害发生系统的结构模型。

③选择预测方法，建立预测模型。根据病虫害的具体特点和现有资料，从已知的预测方法中选择一种或几种，建立相应的数学模型。

④预测和预报结果的检验评估。运用已经建立的模型进行预测并收集实际情况，检验预测结果的准确性，评价各种模型的优劣。

⑤实际应用。在生产实践中进一步检验和不断改进预测模型。

在上述步骤中，还要不断反馈。通过多次循环才能形成比较合理的预测方案。

## 1.8 病虫测报方法

植物病虫害的预测预报方法按照预测机理和主要特征划分分为四大类型，分别为专家法(专家评估法)、类推法、统计模型法和系统模拟模型法。

**(1)专家法**(专家评估法)

专家法(专家评估法)是指根据专家经验进行的预测。利用专家的直观判断能力，向专家索取信息。这需要选择经验丰富的专家、归纳专家意见的科学方法和一定的背景资料。该方法适用于涉及问题多、关系复杂、不确定情况多、缺乏完整系统的数据资料且难以建立统计模型的病虫测报。其特点是以定性预测为主，古今广泛采用且长期或超长期预测容易进行。

**(2)类推法**

类推法是对观察对象的简单归纳。该方法适用于环境相对稳定且系统结构简单的测报。如特定地域发生的病虫害，易于观察其相似的特征、同步变化的事物或明确的主导因素等。其特点是以定性预测为主，特定场合和短期预测容易进行。

**(3)统计模型法**

统计模型法是根据数理统计模型进行预测。将系统当作“黑盒”，寻找共性、概率、相关性和相似性。该方法的应用条件是需要大量规范的系统调查数据、一定的数理统计方法和计算能力。该方法适用于有一个或少数几个流行主导因素，在有限地域和时期的常规流行情况。其特点是属于定量预测，短期至长期预测较容易。预测统计模型包括单因素预测模型和多因素预测模型。其中单因素预测模型包括直线模型和曲线模型，多因素模型构建的方法包括多元回归预测法、流行速率法和聚类分析法等。

**(4)系统模拟模型法**

采用该方法需要对系统知识认识比较全面且深入了解机理，有一定的生物学实验、系统监测以及计算机编程能力等。该方法适用于病害流行因素多、关系复杂、防治水平高的病害预测。其特点是属于定量动态预测，数据输入量和输出量多，实现起来比较烦琐。

这4种方法各有优缺点。专家法(专家评估法)以专家提供的信息为主要预测内容，他们头脑中蕴含了大量的信息和丰富的思维推理方法，该方法应该能体现预测的本质，但不能排除预测专家的主观性。类推法是相对最简单的方法，但其应用的局限性较大。统计模型法是目前应用最广泛的一种方法，需要注意统计模型在特殊情况或极端情况的预测能力低下的问题。系统模拟模型法解析能力强、适用范围广，但构建比较困难。

## 1.9　病虫测报的要素和条件

### 1.9.1　病虫测报要素

做好病虫测报工作涉及多方面的要素，主要有病原(虫源)、寄主、环境、人为因素等四大要素。

**(1)病原**(虫源)

病原(虫源)与寄主均属于生物体，它们的生长均受到环境的影响。植物、病原(虫源)和环境条件3个因素的相互作用构成了病虫害三角关系。在农田植物病虫害系统中，作物的种植(农业生产)是个复杂的过程，涉及品种选育、作物布局、耕作制度和栽培管理等，这些人为因素使农田生态系统与自然生态系统有显著的差异，因此，植物、病原(虫源)、环境条件和人为因素构成了病虫害发生的四角关系。这4个要素是相互作用的，测报时需要综合考虑。

植物可以影响病原物的生长发育和致病过程等生命活动。寄主植物抵抗病原物的能力分为免疫、高抗、中抗、中感和高感，这是由不同的抗病基因决定的。寄主植物抗病性是病害预测的重要依据，不仅要掌握品种抗病性的基本资料，而且要了解品种抗病性随其生长发育发生变化的规律。植物可以改变局部的环境，如降低地表温度，增加空气湿度等，过度密植易营造发病的小气候。

病原物对植物致病力的差异人为划分成强致病力、中致病力、弱致病力和无致病力。致病力的差异是由病原物的无毒基因决定的，有时可能还是相对于某个特定的品种而言的。一般来说，病害是不同致病力的病原物群体共同侵染的结果，当环境条件适宜，某种病原物中强致病力的群体成为优势群体时，就会导致病害的大暴发和流行。例如，由微环菌(*Microcyclus ulei*)引起的橡胶树南美叶疫病，为亚马孙河流域的土著病害，20世纪之前属于普通病害。20世纪初期，由于人们大面积种植橡胶树，由于遗传背景相似的橡胶树大量地连续单作，致使病原菌的致病性产生定向选择，具有强致病力的优势种群逐年积累，最终导致病害的大暴发和流行。

**(2) 寄主**

寄主，尤其是感病虫寄主植物的存在是病虫害发生流行的前提；感病虫寄主植物大面积集中种植是病虫暴发流行的先决条件之一。此外，抗病虫品种抗性丧失也是病虫害发生流行的重要原因之一。寄主植物的生育阶段、抗性水平和生长状况对病虫害是否发生流行及流行的程度有着较大的影响。

**(3) 环境**

环境因素分为生物环境因素和非生物环境因素。生物环境因素包括除寄主植物和病虫以外的生物。生物环境因素对植物的影响因生物的种类不同而异。例如，杂草会与寄主植物进行营养物质和空间的竞争，某些害虫咬食寄主植物，传粉昆虫帮助植物繁殖，菌根真菌、根瘤菌和内生菌等对寄主植物的生长有促进作用和提高其抗逆能力（如抗干旱、抗冻害和抗病虫害等）。非生物环境因素包括气象因素（温度、湿度、光照、降水量和气流等）和土壤因素（土壤质地、pH 值、土壤湿度、土壤温度、矿物质和有机质等）。

**(4) 人为因素**

人类的耕作行为在植物病虫害系统中具有重要的作用，直接影响植物病虫害三角关系中的各个方面，影响植物病害的发生与流行，最终影响农作物的产量与质量。在实际生产中，人们可以选择作物的种类和品种、种植面积，作物布局、种植方式（如间作、套作、单作、混作）和耕作制度（一年一熟、两年三熟、一年两熟、三年两熟等），还可以通过农事活动（耕地、施肥、打药、灌溉和除草等）影响农作物、病原（虫源）物和环境。另外，人类还通过交通运输、旅游、社会活动和商业活动等，使病虫害实现远距离传播。例如，橡胶南美叶疫病在南美的大暴发与人为单一大面积种植橡胶树有关，红火蚁的快速扩散与人工草坪的调运有很大关系。长期高频率使用单一类型化学农药，会导致病原物抗药性的出现和积累。农作物病害的大流行，绝大多数都与人类的活动有密切关系。

### 1.9.2　病虫测报条件

做好病虫测报工作需具备以下条件。

**(1) 高素质的测报队伍**

在基层专职从事病虫鼠害的发生情况调查和测报工作的人员统称为专职测报员，而把以从事其他工作为主，兼职从事病虫鼠害调查和测报工作的人员称为兼职测报员。测报工作本身对测报员的素质要求很高，合格的预报员不仅要有扎实的植保知识和丰富的实践经验，还必须具备农学、土壤、生态、气象、数学、系统科学、经济学、心理学等学科的知识。我国测报站系统正经历紧迫的人员更新阶段，基层测报骨干多是农民测报员出身，他们实践经验丰富，但新知识缺乏；另有一大批新成员，虽然知识水平较高，但缺乏实践经验。测报站系统有必要长期开展深入实践、学习新知识的活动。农业农村部及各省测报总站应对基层测报员分批集中轮训。通过培训和实践，培养大批能力强、有活力的测报专家，为我国病虫测报事业的发展打牢基础。

**(2) 多年定点观察的数据和资料**

该类资料包括多年定点监测调查获得的病虫害发生数据（如发生时间、发生程度、危害寄主等）和发生地环境数据（如温度、降水等）。

**(3)先进的测报仪器设备**

用于病虫测报的仪器分为小型仪器和大型仪器，其中小型仪器包括显微镜、解剖镜、温湿度计、酸度计(pH计)、土壤水分测定仪、风速风向仪、海拔仪、孢子捕捉器、自动虫情测报灯、培养箱、灭菌锅、离心机、分光光度计、摇床、PCR仪、田间小气候自动观测仪、病虫电视预报编辑制作设备、病虫调查统计器等。大型仪器有昆虫雷达、无人机遥感系统等。

## 1.10 我国病虫测报现状

面对我国病虫害多发、重发和频发的严峻形势，我国建立了全国性的测报体系。农业领域由农业农村部种植业管理司植保植检处负责，林业和草原领域由国家林业和草原局负责。农业领域，专业病虫测报站有1700多处，测报专业人员近万人，在农业农村部直属机构——全国农业技术推广服务中心设有病虫测报处，专门负责病虫测报工作。我国还实现了专业性测报与群众性测报相结合。测报站之间，测报站与科研、教学单位之间进行了多层次的科研协作。地区性测报对象在100种以上，全国性的测报对象有57种。实现了从短期预测发展到中、长期预测，从发生期预测发展到发生量和危害程度预测，对迁飞性害虫和流行性病害的异地测报等方面都达到世界先进水平。

目前，我国病虫测报基本实现了五化：测报调查规范化、信息传递网络化、信息采集自动化、数据处理智能化和预报发布可视化。我国从1996年实施了首批15种重要农作物病虫害测报调查规范的国家标准，这是全国测报及科研人员几十年辛勤劳动的结晶。病虫害测报调查规范是支撑和服务农业的7个标准体系之一，它与监测工具一样，都是基础性工作。积极采取现代信息技术，有效提高了病虫预报发布的覆盖度和时效性，为指导我国植物病虫害科学防控和减少农药使用量起到了积极的作用。

我国从事病虫测报的专业机构可分为3个层面：

国家层面：全国农业技术推广服务中心病虫测报处统管全国农业病虫害实时监测数据的入库管理和预测平台的维护，负责组织全国病虫趋势的会商及预报发布。

省级层面：各省(自治区、直辖市)植保植检站测报科或农业技术推广中心测报科担负着当地主要病虫的监测预报任务，主要为当地生产服务。

县级层面：病虫区域测报站(点)。测报站(点)是指各级病虫害防治管理机构在病虫鼠害发生区设置的专门从事一定区域病虫鼠情调查、监测与预报工作的机构。其中，将从事测报对象系统调查、观测，或兼管若干个一般测报站(点)的，称为中心测报站(点)。而把那些只对测报对象的主要发生虫态或发生阶段进行调查，直接为生产防治服务的测报站(点)，称为一般测报站(点)。我国已有县级测报站(点)1700多处。

另外，随着信息技术的发展，病虫测报被赋予新的内涵，许多地方称作监测预警。传统而言，在病虫害发生危害之前，人们根据研究和实践所掌握的病虫发生消长规律，对影响病虫发生的各种因素进行调查监测，取得数据，结合历年观察资料和气象预报，应用多种预测方法进行综合分析判断，提出病虫未来发生期、发生量、危害程度以及扩散分布与流行趋势，叫作预测；把预测的结果，编印成情报，写成消息、简报，或制作成电视节目等形式，通过广播电台、电视台、报刊及会议等途径予以发布，叫作预报。通常二者合称病虫预测预报，简称病虫测报。它要求病虫测报部门在一定时间范围内，对农作物病虫害未来发生的动态及趋势做出估计，并提前向生产管理部门、植保人员及广大农民提供病虫预报信息，使病虫防治工作得以有目的、有计划、有组织、有重点地进行，达到“虫口夺粮”，保证农业丰收的目的。而监测预警是近些年才出现的新词，目前，它广泛应用于经济、社会、环境、军事等各个领域。2007 年 8 月，《中华人民共和国突发事件应对法》第三章专门对突发事件的监测和预警进行了法律规定。有害生物监测预警本身不是对病虫测报的时髦称谓，而是病虫测报的发展和延伸，它体现了病虫测报管理理念的发展和变化，是时代赋予了病虫测报更多的责任，对病虫测报提出了更高的要求。病虫测报强调的重点是预测预报，就是要对重大病虫害提前进行预报，以供领导部门制定防治决策时参考，并指导广大农民开展防治工作；而监测预警则是强调在预测预报基础上，对有害生物发生动态的系统监测和预警，体现了农业主管部门对有害生物管理的加强。例如，近几年农业农村部对小麦条锈病、草地贪叶蛾、稻飞虱、稻纵卷叶螟、蝗虫和草地螟等重大农作物病虫害都采取了跟踪监测预警的措施，并实行重大病虫害发生和防治信息周报、日报和即时报制度，其力度和频度前所未有。显而易见，有害生物监测预警比病虫测报工作内涵更丰富、要求更高、力度更强。

## 1.11 病虫测报发展趋势

未来病虫测报还要向规范化、标准化和引进新技术的方向发展，概括起来有 6 条：监测工具标准化、调查统计规范化、预测方法科学化、预报内容数量化、预报发布制度化和信息公告现代化。

**(1) 监测工具标准化**

目前病虫测报监测工具的标准化程度还比较低，除了少数工具外，基本依靠专业人员的眼观手查，这大大限制了调查资料的准确性和可比性。测报工具的标准化是提高测报准确率的基本条件。一方面，要抓好传统工具的标准化；另一方面要创造条件引进高新技术，如昆虫性信息素、卫星遥感、雷达等，都应尽快应用于病虫测报，发明出新的测报工具，并在应用中使之标准化。

**(2) 调查统计规范化**

1996 年，我国实施了首批 15 种重要农作物病虫害测报调查规范的国家标准，这是全国测报及科研人员几十年辛勤劳动的结晶，应该认真贯彻。病虫测报调查规范是支撑和服务农业的 7 个标准体系之一。省级以上测报站应主持抓好本地区(或全国)重要病虫害调查规范的地方标准(或国家标准)的制定和实施工作。

原始资料的统计是应用资料、积累资料的前提。许多测报术语的内涵不清楚、不科学，比如发生程度，缺乏统一评判标准。即使常用的统计方法某些地方在应用中也有差错。

**(3) 预测方法科学化**

病虫害预测方法有 3 类：第一类是完全根据病虫与环境互作规律进行预测，如期距法、物候法、流行速率法；第二类是应用数学或系统科学方法，如多元统计分析、模糊数学、灰色系统理论；第三类是指在调查研究基础上以逻辑判断为主的预测方法，多用来进行定性预测，主要有集思广益法、特尔斐法、主观概率法、相互影响分析法、调查推断法、相关分析法和相似类推法。

经典的多元统计方法、时间序列方法、马尔科夫方法在病虫测报中应用广泛，效果比较理想。以专家经验为基础定性预测方法，主要用来做大区超长期预报，但有些地方在应用中操作不够规范。不同机理预测方法的组合预测可以更好地拟合历史、预测未来。

总之，科学的预测方法能够更好地发掘原始数据的内涵，更好地利用专家的经验。病虫害预测要积极引进相关学科的预测方法，为提高测报准确率服务。

**(4)预报内容数量化**

预报内容主要包括发生程度、发生量、分布范围、发生面积、发生期，还要根据当时危害情况和防治水平，做出危害损失预报和防治效益预报。对预报内容进行合理量化，是今后长期努力的方向。

**(5)预报发布制度化**

病虫预报是一种社会经济现象，它的价值在于能够及时为农业管理部门、农产品和农药生产经营部门提供有用信息。因此，发布预报要有一个制度，不论预报结果轻重，都要按不同病虫发生为害的时间顺序，定期发布长、中、短期预报。《农作物病虫防治条例》明确规定，县级以上人民政府农业农村主管部门应当在综合分析监测结果的基础上，按照国务院农业农村主管部门的规定发布农作物病虫害预报，其他组织和个人不得向社会发布农作物病虫害预报。

**(6)信息公告现代化**

预报的关键在于时效，所以，预测结果必须尽快传播出去。通过计算机网络、电话、微信等最为快捷，广播、电视、电信信息服务台传播面大，这些传播手段都大幅提高了病虫预报服务的时效。在适当时候，应该创建省级或全国的植保推广信息网，直接与互联网相连，把它作为开展综合植保服务(包括病虫预报服务)的窗口，作为测报资料管理的枢纽和技术交流的园地。

## 1.12 病虫测报学与其他学科的关系

病虫测报学是关于病虫预测预报的科学，主要采用生态学观点和系统分析方法，兼有基础学科和应用学科的双重性质。作为植物保护的分支学科，以植物病虫等有害生物为研究对象，侧重研究寄主或病原、虫源群体及其定量变化，因此，读者应具有一定的植物保护学专业背景知识。同时，回顾20世纪70年代以来病虫测报事业的发展历程，来自其他学科的方法和技术一直是病虫测报事业能够快速发展的决定性因素，因而决定了病虫测报学应该也只能是一门交叉学科。概括起来，病虫测报学与普通植物病理学、农业植物病理学、普通昆虫学、农业昆虫学、植物病害流行学、昆虫生态学、气象学、概率论与数理统计、计算机科学、信息技术(物联网、5G、大数据、云计算、区块链)、分子生物学、“3S”技术(全球定位系统、地理信息系统、遥感系统)等都有密切关系，尤其是导致病害流行和虫害暴发的决定性因子往往受到地理气候条件和特定天气系统与天气过程的影响，因此，掌握地理气候学和天气学知识和工具对病虫测报也很重要。

## 复习思考题

1. 病虫测报学的核心内容有哪些？
2. 简述病虫测报与国民经济的关系。
3. 简述我国病虫测报的现状及发展趋势。

# 第 2 章

# 昆虫种群空间分布及抽样技术

**【内容提要】**昆虫种群在一定的空间内表现为个体扩散分布的一定形式，即空间格局。昆虫的空间格局由生物和非生物因子所决定。研究昆虫种群的空间格局，不仅有利于发展精确有效的抽样技术设计，而且可以对研究资料提出适当的数理统计处理方法，同时对了解昆虫种群的猖獗、扩散行为、种群管理均有一定的实际应用价值。

种群内个体在自然界的分布状况是有一定规律的。由于种群栖息地内的生物与非生物环境间相互作用，使种群在一定的空间内表现为个体扩散分布的一定形式，这种形式称为空间格局。它揭示了种群个体某一时刻的行为习性与诸环境因子的综合影响，以及选择栖境的内禀特性和种群空间结构的异质性程度。种群的空间格局不但因种而异，而且同一种内不同世代、同一世代的不同发育阶段，以及同一发育阶段的不同龄期、密度或环境等条件下的空间格局也不同。

种群空间分布由生物和非生物因子所决定。生物因子包括物种特性、种内和种间关系等，非生物因子有气象、水肥、农事管理等。因而昆虫的空间分布因物种、虫龄、虫态、种群密度和环境条件的不同可能不同。造成昆虫种群聚集分布的原因很多，个体间的相互引诱、栖息环境的不一致等都可以造成某一种群(不同的虫态、年龄等)在田间呈现特定的分布格局。一般来说，卵期的空间分布格局主要与雌虫的产卵习性有关。例如，二化螟、三化螟的成虫活动迅速、产卵时间短，卵块在田间多呈随机分布。而稻纵卷叶螟成虫在田间往往是聚集分布，所以卵的分布也呈聚集分布，幼虫的空间分布主要由卵的分布格局决定，但在幼虫发育阶段，通过扩散和各种死亡因子、稻田环境的异质性等因素的作用，其空间分布型也会发生变化。

研究昆虫种群空间格局，不仅有利于发展精确有效的抽样技术设计，而且可以对研究资料提出适当的数理统计处理方法，同时对了解昆虫种群的猖獗、扩散行为、种群管理均有一定的实际应用价值。

# 2.1 昆虫种群空间分布及其应用

## 2.1.1 昆虫种群空间分布

### (1) 昆虫种群空间分布型

根据种群内个体聚集的程度和方式，将昆虫种群的空间格局分为均匀分布、随机分布、嵌纹分布和核心分布等类型(图 2-1)。不同的分布类型可以用对应的概率分布型来描述。

①均匀分布。是指个体呈规则分布，个体间均保持一定的距离。常用概率分布型中的正二项分布理论公式表示，样本方差($S^2$)小于平均数($\bar{x}$)，即$S^2/\bar{x}<1$。符合均匀分布的昆虫种群较少，如短翅型白背飞虱(张建新，1989)、稻秆蝇幼虫(林玉福等，1986)。

②随机分布。为种群内个体独立、随机地分配到可利用的生物资源中去，每个个体占据空间任意一点的概率是相等的，即种群内的个体相互之间是独立的，一个个体的存在位置不影响其他个体存在的位置，属于这类分布的可用泊松(Poisson)分布的理论公式表示。理论上，总体中每个个体在取样单位中出现的概率均等，而与同种其他个体无关。抽样时，$S^2/\bar{x}=1$。例如，二化螟、甜菜叶蛾的卵块都属于随机分布。

③核心分布。又称为奈曼分布，其特点是昆虫种群内的个体在栖息地里聚集为多个小集团，形成很多核心。这些核心大小基本相等，$S^2/\bar{x}$ 通常为 1.5~3.0。多数昆虫所产卵块孵化为幼虫后，自核心呈放射状蔓延时属于这种分布。

④嵌纹分布。又称为负二项分布，这是最常见的昆虫种群中空间分布型，其特点是由于种群内个体间具有明显的聚集现象，或由于环境条件的不均匀性使种群个体呈现疏密相嵌，很不均匀地分布，种群内个体在抽样单元中出现的机会不相等，$S^2/\bar{x}$ 通常为 1.5~3.0。

均匀分布是一种理想型分布类型，现实中比较少见，可以看作是随机分布的一种特殊形式。核心分布和嵌纹分布统称为聚集分布，聚集分布是指种群内的个体因某种原因呈现分布的不随机性，这种不随机性的显著特点是稀疏不均。

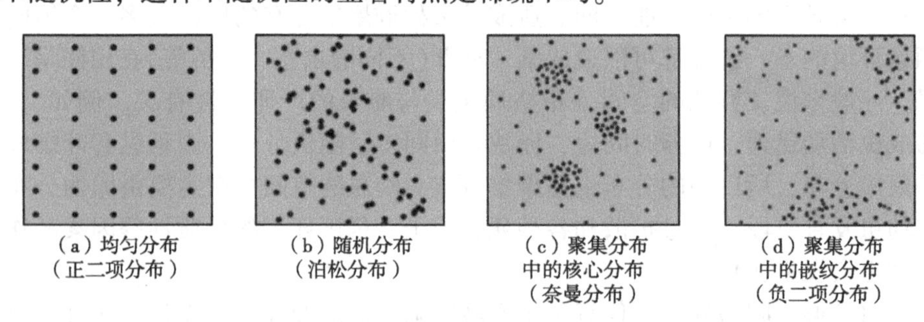


图 2-1 昆虫种群空间分布型示意

### (2) 影响昆虫种群空间分布型的因素

影响昆虫种群空间分布型的因素主要有两种：种群密度和样方面积。

①种群密度。种群密度对分布型的影响比较明显，在同一样方中，昆虫虫群在低密度时常呈泊松分布，在一定密度以上时呈负二项分布或其他聚集分布。例如，棉盲蝽：虫口密度大于 0.28 头/m$^2$ 时，呈负二项分布，小于 0.22 头/m$^2$ 时则呈泊松分布；东亚飞蝗：

当蝗蝻虫口密度大于 0.1 头/$m^2$ 时，多属负二项分布，在 0.1 以下时多属泊松分布。

②样方面积。用 10，20，…，100 平方尺* 10 种不同大小样方对蝗蝻分布型进行分析，在同一环境中，用 100 平方尺的样方取得的分布型，大多数均为负二项分布，而 10 平方尺的样方取得的分布型，则泊松分布显著增多。因此，在种群密度水平低的条件下，抽样单位(样方)应在 30 平方尺以上，以 100 平方尺为宜。

## 2.1.2 昆虫种群空间分布的应用

昆虫在田间的分布型代表该昆虫种群在一定环境内的空间分布结构，昆虫空间分布结构是种群的生物学特性对环境条件适应或选择的结果。因此，明确昆虫种群的空间分布型有助于了解该种昆虫的生态特性，从而提高对其防治效果及试验设计的精确程度，有利于解决其抽样问题以及对种群数量消长的分析。昆虫种群空间分布的应用具体体现在以下几个方面。

**(1) 制订抽样方案**

进行害虫的预测、估计害虫的为害程度、指导防治或进行田间试验，都需要有适合于该种害虫的抽样技术，才能准确地估计实际虫口密度，使抽样误差最小。抽样技术的有效性依赖于昆虫种群的空间分布型，对于不同空间分布特征的害虫调查时应采用不同的调查方法。如属于均匀分布或随机分布，一般应用简单随机抽样技术就可获得可靠的估值。通常，均匀分布和随机分布可采用五点式和对角线取样方法，因为这两种分布的种群数量调查对取样方式、样方大小及数量要求不高。常采取样方面积放大些，而样方数量适当减少些的原则进行抽样。如五点取样，定 15~25 个样方。如属于聚集分布就要考虑其他的抽样模型、抽样方式、抽样单位(样方)的面积以及抽样数量等来使抽样误差最小。聚集分布种群，特别是核心分布，调查时宜采取样方数量多、样方面积小的原则。核心分布宜采用棋盘式和平行跳跃式取样方法，嵌纹分布宜采用“Z”字形取样方法。

**(2) 制订防治决策及评估防治方案**

预先了解害虫的空间分布型，可以用于指导序贯抽样，确定是否需要采取相应的防治措施。另外，害虫的空间分布型也可以对所制订的防治方案进行评估，如使用天敌防治害虫，当害虫属于聚集分布，而天敌属于不随机寻找时，则寻找效应高，即控制作用大；当害虫属于随机分布而天敌属于不随机寻找时，则寻找效应低，即其控制作用小。

**(3) 提高害虫种群田间试验设计的质量**

对某种害虫进行田间试验时，预先了解该种害虫的空间分布型可对试验误差有所估计，就可利用设计方法来控制试验的误差。如属随机分布可以用随机排列进行试验，如属聚集分布则可利用局部控制或多设小区来增加试验的准确性。

**(4) 了解种群行为特性**

通过对种群分布型的研究不仅可以了解害虫的猖獗指标、时间序列中的空间结构变化，而且还可了解种群的行为特性。例如，研究昆虫的扩散迁飞行为，种群由聚集度降低或由聚集分布变化为随机分布，则说明昆虫将发生或已发生扩散或迁飞行为。

---

* 1 平方尺≈0.11 $m^2$。

# 2.2 昆虫种群空间分布确定方法

昆虫种群空间分布的确定以调查数据为基础，通常采用的调查方法有全体调查-空间图式法和抽样调查法。抽样调查法以随机抽样方法进行，可根据实际情况采用分层随机抽样或两级顺序抽样等方法。

## 2.2.1 确定空间分布型的常规方法

确定昆虫空间分布型的常规方法主要有频次分布法、聚集度指标法和平均拥挤度指标法等。

**(1)频次分布法**

频次分布法是一种用来判断昆虫种群空间分布类型的经典方法。基本原理：将实查的种群空间分布信息(即调查的原始数据)编制成实查频次表，然后计算相应的参数，进而依据各理论分布公式计算出理论频次分布，最后用实际调查整理的频次与各理论分布的理论频次值进行卡方($\chi^2$)检验，根据其吻合程度来判断该资料所属分布型。吻合程度是通过查表值与卡方值相比得来的。

频次分布法已有较长的研究历史，方法成熟，对资料代换、抽样技术、序贯分析等都有较全面的论述。其缺点是计算复杂，理论分布型与空间图式之间很难绝对地一一对应；对一些聚集度很高、数据非常离散的昆虫，则很难拟合。

| | | | | | | | |
|---|---|---|---|---|---|---|---|
| 0 | 0 | 1 | 0 | 0 | 1 | 2 | 0 |
| 6 | 1 | 0 | 0 | 0 | 4 | 2 | 1 |
| 4 | 7 | 0 | 0 | 2 | 1 | 1 | 0 |
| 0 | 2 | 2 | 0 | 0 | 1 | 1 | 0 |
| 0 | 0 | 1 | 3 | 2 | 4 | 0 | 0 |
| 1 | 0 | 0 | 1 | 0 | 0 | 3 | 0 |
| 0 | 0 | 1 | 1 | 3 | 0 | 1 | 1 |
| 3 | 0 | 0 | 4 | 1 | 2 | 1 | 0 |

**图 2-2 整体取样方法调查数据分布**

频次分布法测定的具体步骤如下。

①确定调查对象。

②选好调查标准地。根据害虫发生的情况和为害程度，选择具有代表性的试验地。

③确定调查方法。包括抽样方案的制订、抽样单位的选择和理论抽样数的确定。一般而言，频次分布法大多采取整体取样方法(图 2-2)。

④整理调查结果。以样方中出现的虫口数对实测的各样方进行分类，如出现 0 头、1 头、2 头、3 头，则分别称为 0 样方、1 样方、2 样方、3 样方；统计各类型样方出现的实际次数，如调查了 100 个样方，其中 0 样方出现 25 次，1 样方出现 60 次，2 样方出现 12 次，3 样方出现 3 次；列出每个样方的虫口数($x$)实测频次($f$)所组成的频次分布统计表，以求样本方差($S^2$)和平均数($\bar{x}$)。

⑤按照各分布型的概率通式，计算各项理论概率及其相应的理论频次数。

a. 随机分布的理论频次计算式：

$$P_r = \frac{m^r}{r!}e^{-m} \tag{2-1}$$

式中，$P_r$为每个样方中具有 $r$ 个个体的概率；$r$ 为任意项的项数；e 为自然对数的底数；$m$ 为样本平均数。

若 $N$ 为调查总样本数，则各类样本出现的理论频次为 $NP_r$。

b. 负二项分布（嵌纹分布）的理论频次计算式：

$$P_r=\frac{(K+r-1)!}{r!\ (K-1)}\times\frac{P^r}{Q^{K+r}} \tag{2-2}$$

其中：

$$P=\frac{S^2}{\bar{x}}-1 \qquad Q=P+1 \qquad K=\frac{\bar{x}}{P}=\frac{\bar{x}^2}{S^2-\bar{x}}$$

c. 核心分布的理论频次计算式：

$$P_0=\mathrm{e}^{-m_1(1-\mathrm{e}^{m_2})} \tag{2-3}$$

$$P_r=\frac{m_1\ m_2\mathrm{e}^{-m_2}}{\bar{x}}\sum_{i=0}^{r-1}\frac{m_2^i}{i!}P_{r-i-1} \tag{2-4}$$

其中：

$$m_1=\frac{(n+1)\bar{x}}{m_2} \qquad m_2=\frac{(n+2)(S^2-\bar{x})}{2\bar{x}}$$

⑥进行卡方检验，测定其实测频次与理论频次之间的差异是否显著，计算卡方值($\chi^2$)的公式为：

$$\chi^2=(\text{实查频次}-\text{理论频次})^2/\text{理论频次} \tag{2-5}$$

然后根据自由度（$df$）和概率水平（$P$）查卡方表可得卡方值。各种空间格局类型条件下的自由度：泊松分布和正二项分布为($n-2$)，负二项分布和奈曼分布均为($n-3$)。在相应的自由度下算得的卡方累计值大于该自由度下 $P_{0.05}$ 时的卡方值，则其 $P<0.05$，表示理论分布与实际分布不符合，也就是不属于该分布；反之，当算得卡方值的 $P>0.05$ 时，即表示二者相符合，可以判断为属于该种分布型。

**【例】**设有一田间随机抽查了 156 株作物（每株相当于一个样方），其中没有昆虫的有 102 株，有 1 头的 29 株，有 2 头的 16 株，有 3 头的 4 株，有 4 头的 1 株，有 5 头的 2 株，有 6 头的 2 株。用频次法判定该昆虫是否符合负二项分布特征。

**解**：对资料进行整理，设 $x$ 为每株的虫口数，$f$ 为具有该虫口数的株数（即频次），见表 2-1。

**表 2-1　频次分布法数据记录及初步计算结果**

| 序号 | $x$ | $f$ | $fx$ | $fx^2$ |
|---|---|---|---|---|
| 0 | 0 | 102 | 0 | 0 |
| 1 | 1 | 29 | 29 | 29 |
| 2 | 2 | 16 | 32 | 64 |
| 3 | 3 | 4 | 12 | 36 |
| 4 | 4 | 1 | 4 | 16 |
| 5 | 5 | 2 | 10 | 50 |
| 6 | 6 | 2 | 12 | 72 |
| 合计(Σ) | | 156 | 99 | 267 |

由此，可计算平均值($\bar{x}$)与方差($S^2$)。

$$\bar{x} = \sum fx/n = 99/156 = 0.6348$$

$$S = \frac{\sum fx^2 - \frac{(\sum fx)^2}{n}}{n-1} = \frac{267 - \frac{99^2}{156}}{155} = 1.3172$$

按照频次分布法计算负二项分布相关参数的过程如下：

$$P = S^2/\bar{x} - 1 = 1.0756$$

$$K = \bar{x}/P = 0.5900$$

$$Q = 1 + P = 2.0756$$

$$R = P/Q = 0.5182$$

$$NP_0 = N \times Q^{-K} = 101.3935$$

$$NP_1 = \frac{K+1-1}{1} \times R \times NP_0 = 31.0$$

$$NP_2 = \frac{K+2-1}{2} \times R \times NP_1 = 12.771$$

$$NP_3 = \frac{K+3-1}{3} \times R \times NP_2 = 5.7135$$

频次分布法相关检验参数结果见表 2-2。

**表 2-2 频次分布法相关检验参数计算结果表**

| $f$ | $f''$(理论分布) | $\chi^2 = (f-f'')^2/f''$ |
|---|---|---|
| 102 | 101.3935 | 0.0036 |
| 29 | 31.0000 | 0.1290 |
| 16 | 12.7710 | 0.8164 |
| 4 | 5.7135 | 0.5139 |
| 5 | 5.1220 | 0.0029 |
| 合计($\Sigma$) | | 1.4658 |

自由度 $df = 5-3 = 2$，$\Sigma\chi^2 = 1.4658$，$\chi^2_{0.05, df=2} = 5.991$，由此可得出结论：该害虫的空间分布型符合负二项分布。

**(2)聚集度指标法**

用种群聚集度指标(表 2-3)来分析判断昆虫种群的空间分布型的方法是在 20 世纪 50 年代后期发展起来的。它既可用来判断种群的空间分布类型，也可对种群中个体群的行为、种群扩散型的时间序列变化提供一定的信息。

①扩散系数($C$)。

$$C = \frac{\sum (x_i - \bar{x})^2}{\bar{x}(n-1)} = \frac{S^2}{\bar{x}} \tag{2-6}$$

当 $C=1$ 时，种群为随机分布；当 $C<1$ 时，种群为均匀分布；当 $C>1$ 时，种群为聚集分布。注意：当 $C$ 随种群密度变化时不能用 $C$ 值来判断分布型。

表 2-3　葡萄斑叶蝉成虫田间空间分布型的聚集度指标

| 地块号 | 平均数 $m$ | 方差 $S^2$ | 扩散系数 $C$ | 负二项分布 $K$ | Cassie 指标 $Ca$ | 平均拥挤度 $\overset{*}{x}$ | 聚集度指数 $\overset{*}{x}/x$ | 聚集因素 $\lambda$ |
|---|---|---|---|---|---|---|---|---|
| Ⅰ | 2.740 | 9.093 | 3.319 | 1.182 | 0.846 | 5.059 | 1.846 | 6.946 |
| Ⅱ | 5.760 | 19.043 | 3.306 | 2.498 | 0.400 | 8.066 | 1.400 | 10.939 |
| Ⅲ | 3.507 | 11.540 | 3.291 | 1.531 | 0.653 | 5.798 | 1.653 | 8.952 |
| Ⅳ | 3.367 | 12.985 | 3.857 | 1.178 | 0.849 | 6.224 | 1.849 | 8.559 |
| Ⅴ | 7.427 | 36.434 | 4.906 | 1.901 | 0.526 | 11.333 | 1.526 | 15.262 |

②负二项分布 $K$ 值法。

$$K=\frac{\bar{x}^2}{(S^2-\bar{x})} \tag{2-7}$$

当 $K<0$ 时，种群为均匀分布；当 $K$ 趋向于∞时，种群为随机分布；当 $0<K<\infty$ 时，种群为聚集分布。$K$ 越小聚集程度越高。$K$ 与虫口密度无关，但受样方面积影响，比较不同处理害虫聚集程度时，最好用相同面积的样方进行调查取样。

③Cassie($Ca$)指标法。

$$Ca=1/K \tag{2-8}$$

当 $Ca<0$ 时，种群为均匀分布；当 $Ca=0$ 时，种群为随机分布；当 $Ca>0$ 时，种群为聚集分布。

④扩散指标($I$)。随机抽取两个个体属于同一样方的概率与随机分布选取一个个体属于某一给定样本的概率的比值。

$$I=S^2/X \tag{2-9}$$

式中，$S$ 为方差；$X$ 为均值。

判别指标：当 $I=1$ 时，种群为随机分布；当 $I>1$ 时，种群为聚集分布；当 $I<1$ 时，种群为均匀分布。

**(3)平均拥挤度指标法**

①Taylor 幂函数法。Taylor(1961；1965)指出，在自然种群中，很少有随机分布，样本的均值 $\bar{x}$ 与方差$S^2$ 之间并不是独立的，方差常随均值的增大而增大。样本方差 $S^2$ 与样本平均数 $\bar{x}$ 的关系为：

$$S^2=a\bar{x}^b \tag{2-10}$$

或

$$\lg S^2=\lg a+b\lg\bar{x} \tag{2-11}$$

式中，$a$、$b$ 为参数，$a$ 是一个取样统计因素，斜率 $b$ 表示当平均密度增加时，方差的增长率，生物学意义是种群聚集度对密度依赖性的一个测度。

如 $\lg a=0$(即 $a=1$)，$b=1$，则种群在一定密度下呈随机分布；如 $\lg a>0$(即 $a>1$)，$b=1$，则种群在一切密度下都是聚集分布，但其聚集强度不因种群密度的改变而改变；如 $\lg a>0$(即 $a>1$)，$b>1$，则种群在一切密度下都是聚集分布，但其聚集强度随种群密度的升高而增加；如 $\lg a<0$（即 $0<a<1$），$b<1$，则种群的密度越高，种群分布越均匀。

Taylor 的方法较为简单：先求出各样本的平均数和方差，再以平均数的对数值为横坐标，以方差的对数值为纵坐标作图，并求出截距和斜率。聚集度指标 $\lg a$ 和 $\lg b$ 反映了有关有机体的内在属性。此方法对抽样要求不严。

②Iwao 回归法。平均拥挤度 $\overset{*}{x}$ 与平均数 $\bar{x}$ 的关系为：

$$\overset{*}{x}=\alpha+\beta\bar{x} \tag{2-12}$$

$\alpha$ 为分布基本成分的分布性质（拥挤程度），当 $\alpha=0$ 时种群分布的基本成分是单个个体；当 $\alpha>0$ 时种群分布的基本成分是个体种群，种群个体间相互吸引；当 $\alpha<0$ 时，分布的基本成分仍然是个体群，但种群个体间相互排斥。$\beta$ 表明基本成分的空间分布型，当 $\beta=1$时为随机分布，$\beta<1$ 时为均匀分布，$\beta>1$ 时为聚集分布。

在 20 世纪 70 年代中期，Iwao 的方法从理论探讨到各方面的应用已达成熟，使分布图式及抽样技术的研究有了进一步的发展。此方法计算十分简单，克服了频次分布方法的缺陷，尤其提供了种群空间图式的机制和种群空间结构信息，应用广泛。这就为理论生态学的研究提供了有力的工具。

以上的方法和指标虽然很多，各自的推导过程、出发点和表达式也很不相同，但诸多重复中，除说明聚集与否外，能说明更多问题的指标却很少。

## 2.2.2 地统计学方法

地统计学（geostatistics）是由法国著名数学家马特隆（G. Martheron）于 1962 年创立的。该方法是一种在地质分析和统计分析相互结合基础上分析空间相关变量的理论方法，是以区域化变量理论为基础，以变差函数为主要工具，研究在空间中既有随机性又有结构性的自然现象的科学。该方法广泛用于地质学和矿物学领域，目前在生态学和环境领域上也得到应用。与常规方法不同，它既考虑样点的位置方向，又考虑样点彼此间的距离，直接测定空间结构的相关性，可用于研究有一定随机性和结构性变量的空间分布规律。地统计学很大程度上利用了野外调查所提供的各种信息，如样本位置、样本值和样本承载等，能利用稀疏的或无规律的空间数据，具有揭示周期性和无周期性生态参数的能力。它估计出的量一般比常规方法更为精确，尽可能避免产生系统误差。

地统计学的主要内容包括区域化变量理论、半变异函数（semi-variogram）建模和空间局部内插理论——克里金方法（Kringing）。

**（1）区域化变量理论**

如果一个变量在空间上与位置有关，那么该变量就是区域化的。在空间上，生物种群是区域化变量。生态学上的应用主要是分析种群的空间分布，包括样点的位置方向（东西、南北）、样点彼此间的距离、空间结构相关性和依赖性。总之，地统计学可以为昆虫种群空间格局的研究提供以下几个方面的支持：定量地描述和解释空间异质性或空间相关的方法；建立各种有关的空间预测模型，并进行空间数据插值和估计；对空间格局的尺度、几何形状、变异方向进行定量分析和有效估计，并将空间格局与生态学过程联系起来；为生态学家在各种尺度上进行空间抽样提供了最优的抽样方法；环境因子的地统计学分析有助于生态学家更深刻地了解生命有机体（个体、种群和群落）空间变异的机制。

**(2)半变异函数建模**

半变异函数曲线图是半变异函数 $r(h)$ 值对距离 $h$ 的函数图，它有 3 个特征参数：基台值（sill）、变程（range）和块金值（nugget）。具体分析方法如下：

①选定样方，测定各样方间的距离和每样方中种群的个体数，记载于方格纸上，绘制实时分布图（图 2-3）。

$h$

$x_{11}$　$x_{12}$　$x_{13}$　$x_{14}$　$x_{15}$　$x_{16}$　$x_{17}$　$x_{18}$　$x_{19}$　$x_{110}$

$x_{21}$　$x_{22}$　$x_{23}$　$x_{24}$　$x_{25}$　$x_{26}$　$x_{27}$　$x_{28}$　$x_{29}$　$x_{210}$

$x_{31}$　$x_{32}$　$x_{33}$　$x_{34}$　$x_{35}$　$x_{36}$　$x_{37}$　$x_{38}$　$x_{39}$　$x_{310}$

$x_{41}$　$x_{42}$　$x_{43}$　$x_{44}$　$x_{45}$　$x_{46}$　$x_{47}$　$x_{48}$　$x_{49}$　$x_{410}$

$x_{51}$　$x_{52}$　$x_{53}$　$x_{54}$　$x_{55}$　$x_{56}$　$x_{57}$　$x_{58}$　$x_{59}$　$x_{510}$

**图 2-3　实时分布**

【例】测定甘蓝上小菜蛾幼虫的空间分布。以株为单位取样，测定菜地南北株距为 40 cm，东西株距为 50 cm，每行 10 株，共 33 行，取样总数为 330 株。调查每株甘蓝上小菜蛾幼虫的数量。

②对观察数据序列 $Z(x_i)$，$i=1, 2, \cdots, n$，样本半变异函数值 $r(h)$ 可用下式计算：

$$r(h)=\frac{1}{2N(h)}\sum_{i=1}^{N(h)}\left[Z(x_i)-Z(x_{i+h})\right]^2 \tag{2-13}$$

式中，$N(h)$ 为被 $h$ 分割的数据对（$x_i$，$x_{i+h}$）对数；$Z(x_i)$ 和 $Z(x_{i+h})$ 分别为点 $x_i$ 和 $x_{i+h}$ 处样本的测量值；$h$ 为分隔两样点的距离。

③拟合半变异函数随距离 $h$ 的变化模型。

a. 球形模型：聚集分布。

$$r(h)=\begin{cases}0 & (h>a)\\ C_0+C\left[\dfrac{3h}{2a}-\dfrac{1}{2}\left(\dfrac{h}{a}\right)^3\right] & (0<h<a)\end{cases} \tag{2-14}$$

式中，$C_0$ 为块金常数，其值反映局部变量的随机程度；$C$ 为拱高；$C_0+C$ 为基台值，其值反映变量变化幅度；$C_0/(C_0+C)$ 为空间不连续性强度，表示变量的随机程度；$a$ 为空间变程，表示以 $a$ 为半径的领域内的任何其他 $Z(x+h)$ 间存在空间相关性，或者说 $Z(x)$ 和 $Z(x+h)$ 有相互影响。

Cambardella et al.（1994）运用 $C/(C+C_0)$ 的大小判定系统内变量的空间相关程度为 25%～75%，有中等程度的空间相关性，大于 75%则具有较强的空间相关性。

b. 线性模型：非水平状线形说明种群为中等程度的聚集分布，其空间依赖范围超过了研究尺度。如果为水平直线或稍有斜率，表明在抽样尺度下没有空间相关性。

$$r(h)=A+Bh \qquad (h>0) \tag{2-15}$$

c. 指数模型：

$$r(h)=\begin{cases}0 & (h=0)\\ C_0+C\left(1-\mathrm{e}^{-\frac{h}{a}}\right) & (h>0)\end{cases} \tag{2-16}$$

d. 球形-指数套合模型：

$$r(h)=\begin{cases}0 & (h=0)\\ C_0+C_1\left(\dfrac{3h}{2a}-\dfrac{h^3}{2a^3}\right)+C_2\left(1-e^{-\frac{h}{a}}\right) & (0<h\leqslant a)\\ C_0+C_1+C_2(1-e^{-\frac{h}{a}}) & (a<h\leqslant 3a)\\ C_0+C_1+C_2 & (h>3a)\end{cases} \tag{2-17}$$

e. 高斯模型：

$$r(h)=\begin{cases}0 & (h=0)\\ C_0+C(1-e^{-\frac{3h^2}{a^2}}) & (h>0)\end{cases} \tag{2-18}$$

## 2.3 害虫田间抽样调查技术

田间害虫监测是病害测报工作的重要环节，理想的方法当然是开展全面调查，以获取准确的害虫种群数量及动态变化过程。但该方法受限于害虫数量多、害虫分布广以及人力、财力有限等多种因素，而不可能大范围地对种群密度进行全面调查，因此，通常采用的是抽样调查的方法，以样本值来估计总体值。在害虫防治工作中，抽样调查是一种非全面调查，是从全部研究对象中抽选一部分进行调查，并据此对全部研究对象做出估计和推断的一种调查方法。抽样调查虽然是非全面调查，但它的目的却在于取得反映总体情况的信息，因而，也可起到全面调查的作用。

根据抽选样本的方法，抽样调查可以分为概率抽样和非概率抽样两类。概率抽样是按照概率论和数理统计的原理，从调查研究的总体中根据随机原则来抽选样本，并从数量上对总体的某些特征做出估计推断，对推断出可能出现的误差可以从概率意义上加以控制。习惯上将概率抽样称为抽样调查。

常见的抽样方法有随机抽样、顺序抽样、选择抽样、分层抽样、两级或多级抽样和间接抽样等。

### 2.3.1 制订抽样方案

**(1)确定抽样单位**

抽样单位需根据调查对象的特点来确定。常见的抽样单位适用对象：

长度单位：玉米、水稻等害虫发生的行长。

面积单位：地下害虫为害的面积。

体积容积或质量单位：种子或贮粮害虫为害的种子体积或木材害虫为害的木材质量。

时间单位：诱虫、行为调查的时间间隔。

整株或部分器官单位：棉株、蕾、铃等；水稻穴等为害的器官。

诱集器单位：黄盆、黄板、诱虫灯、诱芯。

网捕或吸虫器单位：扫网或吸虫次数。

**(2)确定抽样数量**

不同的调查对象采用的抽样数量也可能有所不同，通常采用的抽样数量确定方法包括：①按照主观规定要求抽取 30 个以上的样本。这个主观规定不是凭空确定的，而是根据统计分析中的大样本数量要求来确定的。②按照统计学中对一定精度的要求来确定抽样数量。对于正态分布变量而言，可通过以下公式来计算：

$$\delta = \bar{x} \pm tS_{x} \tag{2-19}$$

式中，$\delta$ 为调查精度允许误差。

$$S_{\bar{x}} = \sqrt{\frac{S^2}{n}} \qquad \delta = tS_{\bar{x}} = t\sqrt{\frac{S^2}{n}} = \frac{tS}{\sqrt{n}}$$

即

$$n = t^2 S^2 / \delta^2 \tag{2-20}$$

式中，$n$ 为确定的抽样数量。

当然，对于该式中的各个参数也都需要预先确定。例如 $\delta = 0.05$，$t$ 值可以从 $t$ 值表中查得，一般在 0.05 水平上 $t$ 值取 2。那么，现在需要确定的就是方差$S^2$。方差 $S^2$ 可由以下方法得来：从已有的相关研究资料中获得；用小区研究中的标准差代替大区域的标准差；通过猜测确定标准差。

$$\text{标准差} = \text{测量值最大变幅} \times \text{转换因子} \tag{2-21}$$

式(2-21)中的转换因子可通过查表 2-4 获得。

**表 2-4　确定抽样数量常用的转换因子**

| 样方数量 | 转换因子值 | 样方数量 | 转换因子值 | 样方数量 | 转换因子值 | 样方数量 | 转换因子值 |
|---|---|---|---|---|---|---|---|
| 2 | 0.886 | 11 | 0.315 | 20 | 0.268 | 100 | 0.199 |
| 3 | 0.591 | 12 | 0.307 | 25 | 0.254 | 150 | 0.189 |
| 4 | 0.486 | 13 | 0.300 | 30 | 0.245 | 200 | 0.182 |
| 5 | 0.430 | 14 | 0.294 | 40 | 0.231 | 300 | 0.174 |
| 6 | 0.395 | 15 | 0.288 | 50 | 0.222 | 500 | 0.165 |
| 7 | 0.370 | 16 | 0.283 | 60 | 0.216 | 1000 | 0.154 |
| 8 | 0.351 | 17 | 0.279 | 70 | 0.210 | | |
| 9 | 0.337 | 18 | 0.275 | 80 | 0.206 | | |
| 10 | 0.325 | 19 | 0.271 | 90 | 0.202 | | |

**【例】**调查麦蚜数量，允许误差为 10 头，以 1/3 m 行长为样方单位，先查得 10 个样方的虫量分别为：37，44，0，27，6，9，13，55，7，0。试确定在该误差允许水平上的取样数。计算过程如下：

10 个样本的平均数为：

$$109/10 = 10.9$$

标准差：

$$S = (55-0) \times 0.325 = 17.8$$

方差：

$$S^2 = 319.69$$

抽样数量：

$$n = t^2 S^2/\delta^2 = 4\times319.69/100 = 12.79$$

因此还需调查3个样本。

**(3) 选择抽样方法**

抽样技术的有效性依赖于昆虫种群的分布型，对于不同空间分布特征的害虫进行调查时，应采用不同的调查方法。具体抽样方法的选择可参考本章的2.1.2节。

## 2.3.2 随机抽样

随机抽样不受主观或其他因素的影响，是从总体中选择抽样单位。从总体中抽取的每个可能样本均有同等被抽中的概率，即总体内所有个体都有同等被抽中的机会。随机抽样是昆虫数量调查时采用最多的方法，在害虫预测预报及田间试验研究中常常使用，也常被基层测报人员误认为是“万能”的抽样方法。

随机抽样时，处于抽样总体中的抽样单位编码成1～$n$，然后利用随机数码表或专用的计算机程序确定处于1～$n$范围内的随机数码，那些在总体中与随机数码吻合的单位便成为随机抽样的样本。

| 1 | 2 | 3 | 4 | 5 | 6 |
|---|---|---|---|---|---|
| 7 | 8 | 9 | 10 | 11 | 12 |
| 13 | 14 | 15 | 16 | 17 | 18 |
| 19 | 20 | 21 | 22 | 23 | 24 |
| 25 | 26 | 27 | 28 | 29 | 30 |
| 31 | 32 | 33 | 34 | 35 | 36 |

**图 2-4 样方编号和定位**

随机抽样的步骤如下：确定样方；对所有样方进行编号和定位(图2-4)；确定需抽取的样方数；在编号的样方中随机抽取需要的样方数，可使用抽签法或随机数字法得到抽取的样方编号；对抽到的样方进行调查。

随机抽样参数的估计包括：平均数$\bar{x}$(每个样方中的平均数量)、调查总体的总数$x$、平均数的方差$S$、平均数的标准误$\delta = tS_{\bar{x}}$、平均数的置信限$\mu = \bar{x} \pm \delta = \bar{x} \pm tS_{\bar{x}}$、种群总个体数的标准误为$S_x = NS_{\bar{x}}$($N$为总样方数)。

## 2.3.3 顺序抽样

顺序抽样法是指从随机点开始在总体中按照一定的间隔(即“每隔第几”的方式)抽取样本。顺序抽样也是常用的抽样方法。此法的优点是样方在总体中分布较均匀，总体估计值容易计算。顺序抽样由于其样方位置较为固定，因此操作较为简单，但其调查结果的准确程度受种群空间分布的严重影响。

害虫田间调查常用的顺序抽样方法有：五点取样法、对角线取样法、棋盘取样法、“Z”字形取样法和平行跳跃式取样法等(图2-5)。

**(1) 五点取样法**

从田块四角的两条对角线的交会点，即田块正中央，以及交会点到四角的中间点等5点取样，或者在离田块四边4～10步远的各处，随机选择5个点取样，是普遍应用的方法。

**(2)对角线取样法**

调查取样点全部落在田块的对角线上，可分为单对角线取样法和双对角线取样法。单对角线取样方法是在田块的某条对角线上，按一定距离选定所需的全部取样点。双对角线取样法是在田块四角的两条对角线上均匀分配调查样点取样。两种方法可在一定程度上代替棋盘式取样法，但误差较大。

**(3)棋盘式取样法**

将所调查的田块均匀地划成许多小区，形如棋盘方格，然后将调查取样点均匀分配在田块的一定区块上。这种取样方法多用于分布均匀的病虫害调查，能获得较为可靠的调查结果。

**(4)"Z"字形取样法**(蛇形取样)

取样点多分布于田边，中间较少，对于田边发生多的迁移性害虫，在田边呈点、片不均匀分布时用此法为宜，如对螨类等害虫的调查。

**(5)平行跳跃式取样法**

在调查地块中每隔数行取一行进行调查。本法适用于分布不均匀的病虫害调查，调查结果的准确性较高。

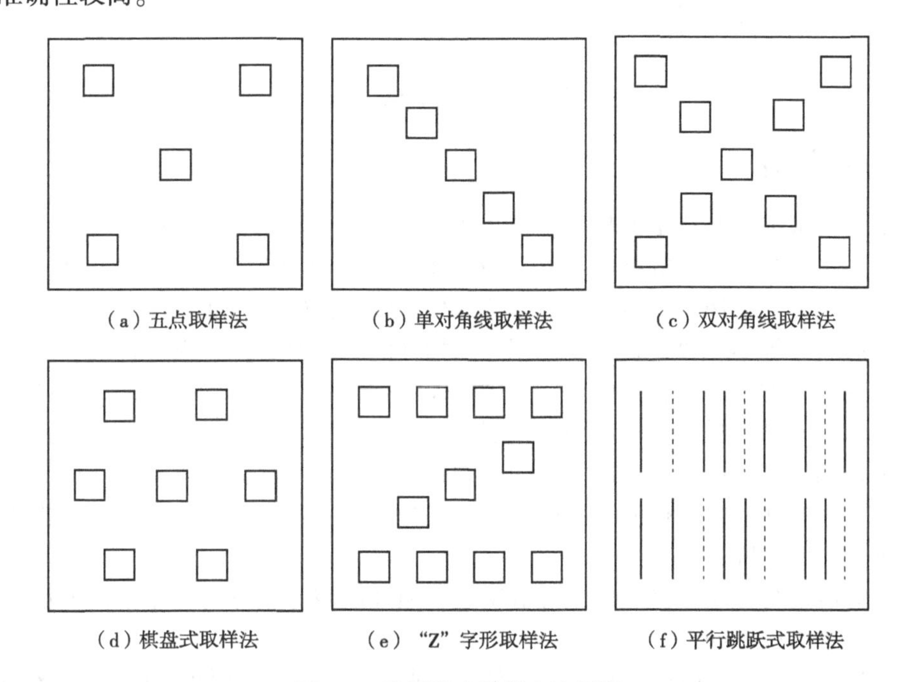


**图2-5 常用顺序抽样方法示意**

## 2.3.4 选择抽样

在调查过程中，研究者有在已发现研究对象的区域周围进行取样的倾向。这种倾向在聚集分布和个体数相当少的种群调查中表现更为突出。在对发生量较少的种群，特别是稀有种群或刚入侵种群的个体数量调查时，可采用选择性抽样方法。

选择性聚集抽样是选择抽样中的一种常用方法。该方法的准确性一般比随机抽样高。选择抽样的步骤：首先在研究区域内以样方为单位进行随机抽样，然后在随机抽取的样方中重点关注存在调查对象的样方，在其周围的样方中继续进行调查，每个方向查到直至遇到没有研究对象的样方为止。由此，形成了以随机抽取的含有研究对象的样方为中心的样方团。以样方团中的全部个体数计算出每个样方团的平均个体数，作为这一随机样方中的虫量。最后对全部随机样方的虫量进行平均，获得研究区中的平均虫量，其中随机样方中没有虫量的样方以 0 计入(图 2-6)。

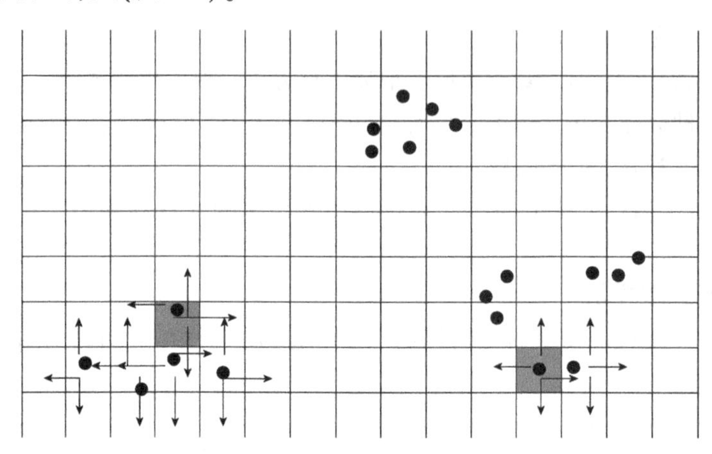

图 2-6 选择抽样示意

## 2.3.5 分层抽样

分层抽样是根据某些特定的特征，将总体分为同质、不相互重叠的若干层，再从各层中独立抽取样本，是一种不等概率抽样。分层抽样利用辅助信息分层，各层内应该同质，层间差异尽可能大。如调查区域内昆虫种群发生程度差异较大、作物品种或生长发育期不同、田间水肥管理等不一致，则需要采用分层抽样的方法对目标害虫进行调查。

下列情况可考虑采用分层抽样：研究区个体的空间分布极不均匀；研究区的环境异质性极高。例如，不同乡村、田块(品种、栽培方式、生长发育期、长势等)分别进行抽样。

分层抽样的优点：适合于不同人员同时调查总体的不同部分；可对各亚区分别进行平均数和置信区间的估计；抽样时对不同亚区可区分对待；可得到相对较为准确的结果。

分层抽样实施步骤：

①对研究区进行分层。将总体按种群密度、地理区域等划分为不重叠的亚区，亚区的面积或形状大小可以不同。

②在每层区域内采用随机抽样进行个体数的调查。总体中的个体数为各亚区的个体数之和，即

$$N=N_1+N_2+\cdots+N_L \quad (L\text{ 为亚区数}) \tag{2-22}$$

③计算每层区域的平均值和方差。

④计算研究区种群总体的平均数和方差。

平均数：

$$\bar{x}_{ST}=\frac{\sum N_h\bar{x}_h}{\sum N_h} \tag{2-23}$$

方差：

$$S^2 = \sum \frac{W_h^2 S_h^2 (1 - n_h / N_h)}{n_h} \tag{2-24}$$

式中，$N_h$为 $h$ 层的大小，即 $h$ 层的总样方数；$n_h$为第 $h$ 层的抽样数；$W_h$为各层在总体中的权重值，$W_h = N_h/N$；$N$ 为研究区的总样方数。

⑤估计总体平均数的置信区间。

### 2.3.6　多重抽样

在抽样过程中，如果样本较大且无法再缩小时，可采用多重抽样方法。样方可以划分成不同大小级别的亚样方，在同一个取样单位(如样方)中进行多次亚取样(subsampling)，称为多重抽样。对抽样单位进行不同层次的划分，每一层次为一重，如树、枝、叶，即为三重。多重抽样有多个水平，其中两重抽样是基础。

例如，对葡萄叶片上葡萄斑叶蝉种群的调查，葡萄株是最小的样本，而要想对整株葡萄上全部斑叶蝉进行计数，是不容易做到，因此，可在所抽取的葡萄样本上按上、中、下部各随机抽取几个枝条，再对每个枝条上随机抽取几个叶片进行调查，并以叶片上的斑叶蝉虫量来估计整株葡萄上的虫量。这种抽样方法中，葡萄株是样方，而枝条和叶片均为亚样方。对一些发生量大的小型昆虫，如蚜虫、粉虱、介壳虫、蓟马等，一般采用多重抽样方法。调查时以株为样方，枝或叶为亚样方。

多重抽样调查后，首先计算出每个样方中各亚样方中的平均虫量，以亚样方平均虫量乘以样方所包含的亚样方数，得到每个样方中的平均虫量，然后对各样方的虫量进行平均，得到调查区域内的平均虫量。

多重抽样在概念上容易与分层抽样混淆，但仔细分析则是针对不同的情况所采用的抽样方法，在使用时应注意区分。

### 2.3.7　间接抽样

间接抽样属于间接调查，宜用于不易观察或调查时损耗性大的害虫，如蛀虫孔、枯心苗、卷叶率、虫粪等。

## 复习思考题

1. 调查蝗蝻的分布，取样 408 个，其中虫口数为 0 的样方有 225 个，虫口数为 1 的样方有 130 个，虫口数为 2 的样方有 40 个，虫口数为 3 的样方有 10 个，虫口数为 4 的样方数有 3 个。请分别用频次比较的方法来配合泊松分布、奈曼分布和负二项分布。

2. 判断以下几种情况是否属于随机抽样：①五点抽样法；②对角线抽样法；③在调查地点划定的 64 个样方中随意抽取 5 个样方进行数量调查。

3. 调查某害虫数量，允许误差为 10 头，如先取样 50 个样，种群个体数为 15~70 头，试确定在该误差允许水平上的取样数。

# 第 3 章

# 病虫害监测

【内容提要】病虫害监测是指通过对某一种或某一类病虫害进行定期或不定期的调查，来确定病虫的发生区域、发生程度和发生动态。本章介绍了病虫害监测的概念、类型、目的和意义、发展史及监测方法等内容。

## 3.1 病虫害监测概述

### 3.1.1 概念

病虫害监测是指通过对某一种或某一类病虫害进行定期或不定期的调查，来确定病虫的发生区域、发生程度和发生动态。通常，除了调查病虫监测对象以外，还会对害虫的主要天敌、作物生长(品种和生育期)、田间气候(温度、湿度、降水量等)等情况进行监测，为病虫害的预测预报提供更多的数据支撑。对于发生范围大、流行扩散能力或迁移能力强的病虫害，特别是具有远距离传播的病害和迁飞习性的害虫，需要在不同发生区域设置监测站点，构建监测网络，以便了解病虫害发生的空间分布以及扩散迁移情况。

### 3.1.2 病虫害监测类型

病虫害监测依据调查的周期性可分为系统调查和普查。系统调查是指在病虫害常年发生区域以及农业有害生物越冬、越夏的虫源或菌源区等关键区域，选择具有代表性的地块或在其附近设置固定的监测点，对重要农业病虫害进行定期调查。例如，通过设定系统观测圃进行 3 d 或 5 d 进行一次的稻飞虱田间种群调查，系统观测圃通常种植当地广泛种植的作物品种，除不采取病虫害防治措施外，其他农艺措施基本与其他农户保持一致；或者通过设置灯光诱集装置对稻飞虱成虫发生动态进行逐日监测。普查是指在病虫害常年发生区域及虫源或菌源区等关键区域进行不定期的大面积调查。普查通常仅在病虫害发生流行的关键时间节点开展。例如，冬后调查二化螟的越冬残留数量或小麦条锈病菌越冬的菌源数量；或者是在病虫害发生流行季节，调查病虫害的发生范围和不同区域的发生程度。

### 3.1.3 病虫害监测的目的和意义

在病虫害监测中通常通过“两查两定”来制订病虫害防治方案，即通过系统调查，了解病虫害发生的时间动态，预测未来发生趋势，确定防治适期；通过大田普查，了解病虫害发生范围或不同田块的发生程度，确定防治田块。因此，通过病虫害监测可获得农业有害生物当前发生情况以及未来一段时间内的发生动态，为判断病虫害发生趋势提供依据，是害虫预测预报的基础，为制订病虫害的防治措施或农作物田间管理方案进行数据支撑。此外，长期、系统的监测资料还可为研究农业有害生物的发生规律、种群演替规律、种群暴发成灾机制甚至全球变化、生物多样性等重要科学议题提供重要的基础数据。

### 3.1.4 病虫害监测发展史

我国的作物病虫害监测工作始于20世纪50年代。1955年，农业部颁布了《农作物病虫害预测预报方案》，60年代起，农业部组织专业人员整理印发《全国主要病虫基本测报资料汇编》。1987—1990年，农业部对15种重大病虫害按照国家标准编制测报调查规范，并于1995年在全国范围内实施，成为新中国成立以来首批植物病虫害测报调查规范国家标准。在过去的70余年中，我国病虫害测报工作取得了长足的进步和发展，特别是在测报的标准化、信息化、网络化、规范化等方面成效显著，提出了电视、广播、手机、网络和明白纸“五位一体”的农作物病虫害测报结果发布模式。2009年以来，在农业部的高度重视和大力支持下，我国农作物重大病虫害监测预警信息化建设得到了快速发展，初步建成了国家农作物重大病虫害数字化监测预警系统平台；2019年，西北农林科技大学成立了我国首个作物病虫草害监测预警研究中心。

## 3.2 病虫害监测方法

### 3.2.1 病害监测

植物病害监测包括对引起病害发生的病原菌、环境、寄主抗病性和植物病害本身的监测。常用的病害监测方法有：

**(1)系统定点调查法**

系统定点调查方法是调查植物病害常用的方法之一。选定调查对象、调查地点，在植物病害始发期、盛发期至衰退期间隔一定时间，调查记录病害的发生情况，以了解病害流行的时空动态变化规律。选择的定点调查单位可以是一定面积的农作物、单个植株、单个叶片甚至单个病斑，按照一定的时间序列进行监测，即定点系统调查。一般而言，在适宜的观察期内至少进行5次调查，各次调查的方法、标准等应该一致。调查数据可以用一系列点标在以时间为横坐标。病情指数(或者其他监测内容)为纵坐标的二维坐标图上，用虚线连接这些点或者用数理统计方法模拟一条曲线，可以形象地说明病害流行在时间上的变化动态。

**(2)孢子捕捉法**

病菌孢子捕捉技术主要针对气传性真菌病害，病菌孢子体积小、质量轻，可随气流远距离传播，是病害发生和流行的关键因素。孢子捕捉依据捕捉原理可分为被动撞击和主动吸入两种；依据捕捉载体可分为玻片法或圆柱体法、培养皿法、捕捉棒法、捕捉带法和离心管法等。这些方法主要通过在载体上涂抹黏性物质来黏附空气中的孢子或通过空气动力装置将孢子收集至载体上，定期带回室内，通过显微镜人工识别、实时荧光定量 PCR (quantitative real-time PCR，qPCR)、抗体识别或图像自动识别来计数，实现病害侵染源数量的监测，结合环境、寄主抗病性等因素进行病害的预警。

国外的孢子捕捉技术研究起步较早，1952 年，Hirst 设计出了自动定容式孢子捕捉器。在该装置中，空气通过一个窄孔口被吸入，随空气吸入的孢子着落在移动速度为 2 mm/h 的玻片上，取样器带有风向标可使取样口正对风向。Hirst 孢子捕捉器后来被 Burkard 公司生产的 7 d 定容式孢子捕捉器所替代。孢子被这种捕捉器吸入后，可以着落在表面有胶带的鼓上，而鼓与一个每 7 d 旋转一圈的时钟连接，因此它可以捕捉 7 d 的孢子。1957 年，Rotorod 设计出旋转垂直胶棒捕捉器，该捕捉器是通过一对高速旋转的垂直黏性棒与孢子发生碰撞来收集孢子。国内的孢子捕捉研究始于 1956 年，晋涝和曹功懋采用载玻片涂油捕捉空气中稻瘟病菌孢子，采用染液涂染孢子以区分孢子的死活，通过显微镜观察计数，建立了孢子数量与发病情况的数量关系。小麦赤霉病菌孢子捕捉方法较多，1984 年，张华旦发明了水盘琼脂培养法，对落入的病菌孢子进行菌落培养和肉眼计数，建立了菌落数与小麦赤霉病穗率关系；1989 年，周世明等利用自制的带遮雨帽的回转式电动孢子捕捉器，镜检两个玻片之间(面积 18 mm×18 mm)小麦赤霉病菌孢子数量，证明了空气中子囊孢子数量与小麦赤霉病流行程度关系密切。在小麦白粉病菌方面，2007 年，周益林等利用车载移动式孢子捕捉器借助放有叶片的培养皿捕获小麦白粉病菌孢子，室内培养并统计每皿叶片上的侵染点数，建立了病菌孢子数与田间病情指数的关系；采用 Burkard 定容式病菌孢子捕捉器对田间空气中小麦白粉病菌孢子的日动态和季节动态进行了监测，明确了其变化规律及与气象因子的关系，发现小麦白粉病菌孢子数与菌源中心的距离呈正相关。在小麦条锈病菌方面，2018 年，马占鸿研究团队利用带有 8 个 1. 5 mL 离心管的旋转盘式孢子捕捉器对小麦条锈病菌夏孢子进行捕捉，明确了甘肃甘谷地区空气中小麦条锈病菌孢子的周年动态变化规律。

在病菌孢子捕获的基础上，计算机图像识别处理技术的应用大大提高了孢子识别技术的工作效率，在一定程度上降低了人工计数的误差。2018 年，马占鸿研究团队利用自主研发的孢子捕捉仪和高清图像处理技术对小麦条锈病菌夏孢子进行自动检测和计数，平均准确率在 95%以上。王程利(2018)开发出了基于脉冲信号的智能病菌孢子捕捉仪，实现了小麦条锈病菌的高清显微成像，并将其与物联网技术结合，初步实现了小麦条锈病的远程智能监控。

**(3)生物监测法**

生物监测是指利用病原菌感病寄主监测病害的方法。例如，对于小麦条锈病的监测，可以在监测点种植小麦高感品种‘铭贤 169’，通过观察小麦植株发病的时间及受害程度等了解病害的发生及为害程度等。

(4)现代检测技术

①分子技术。该技术可以实现对作物病害的准确检测，解决了一些用传统植物病害流行学方法无法或很难解决的问题。例如，在田间病害调查中，处于潜伏期和潜育期的病菌无法通过肉眼观察来识别，且在病害显症后才能被发现和开展防治，导致病害防治不及时、防治效果差。目前，检测菌源量常用的分子生物学方法主要有 qPCR 和数字 PCR。qPCR 由于能实现病菌的实时检测和准确定量而被广泛应用，该技术可分为基于 DNA 水平的 qPCR 和基于 RNA 水平的 qPCR。研究人员利用该技术构建了田间越冬小麦叶片中活体条锈菌量的检测方法，明确了我国甘肃省和青海省不同地区的小麦条锈菌越冬菌量，建立了田间小麦叶片中条锈菌 DNA 量的检测方法，掌握了我国陇南地区小麦条锈病菌夏孢子密度的周年动态规律。

②遥感技术。植物病害的遥感监测始于20世纪30年代初期，主要依据健康植株和发病植株在不同波段的差异性吸收和反射特性进行病害监测。根据监测距离分为近地遥感、航空遥感和卫星遥感。

近地遥感指在距离地面50 m以内，利用安装在高塔或桅杆上的光学传感器探测地物光谱信息。例如，利用地物光谱仪对小麦抽穗期及灌浆期不同严重度的条锈病光谱信息进行了监测，建立光化学反射率和病害严重度的线性回归函数；通过 ASD 高光谱数据筛选敏感光谱波长范围，建立小麦赤霉病严重程度的反演模型；利用高光谱仪对不同抗性的品种、不同种植密度下受白粉病危害后的小麦冠层光谱反射率进行了研究，可获得用于小麦白粉病监测的敏感光谱参数和时期，建立基于高光谱参数的病害监测模型，分析品种和密度对小麦白粉病监测模型的影响。此外，近地遥感还应用于番茄晚疫病、甜菜褐斑病等病害的监测。

航空遥感主要是利用飞行器、高空气球和无人机等飞行工具搭载多光谱相机、高光谱相机和红外传感器等仪器对地物进行遥感监测。例如，利用高光谱航空图像监测冬小麦条锈病，设计病害光谱指数，监测冬小麦条锈病发病程度与范围；利用多光谱相机和无人机对接种不同浓度条锈病菌的冬小麦进行时空监测，为田间病情指数调查和农田尺度的条锈病早期监测提供指导。

卫星遥感是航天遥感的重要组成部分，以人造卫星为遥感平台，主要利用光电、雷达等技术手段，从太空直接对地表目标实施侦察监视、跟踪预警。卫星遥感是指从地面到空间各种对地球、天体观测的综合性技术系统的总称。它是一种可从遥感技术平台获取病情(虫情)卫星数据，经处理与分析来判定病虫害发生情况的技术手段。卫星遥感调查具有视点高、视域广、数据采集快和重复、连续观察的特点，获取的资料为数字格式，可直接导入用户的计算机图像处理系统。卫星遥感调查具有传统的调查方法无法比拟的优势。

遥感技术在病害监测预警中具有巨大的发展潜力，但也存在一些问题。第一，在监测中可能会出现“同谱异物”和“异谱同物”现象，即生物因素和非生物因素造成的病害可能具有相同或相似的光谱，或同一病害在作物的不同生长发育期产生不同症状，造成光谱存在一定差异；第二，只有当作物受到一定程度损害并表现不同症状时，才能利用遥感技术进行监测，因此该技术存在监测滞后性；第三，遥感技术预测的准确率受监测设备自身的分辨率、高空云层遮挡、图像获取频率等因素影响较大，稳定性和准确率等方面还有待提高；第四，对于冠层以下的叶部病害、茎秆病害等，遥感监测尚无能为力。这也是导致目前基于遥感技术建立的有效预测模型较少的原因。

### 3.2.2 虫害监测

虫害监测主要是通过一定的调查手段来获得害虫的种群密度。种群密度通常分为绝对密度和相对密度。前者是指一定面积或容量内的害虫总体数量，通常以单位面积或单位体积表示其中的个体数或生物量。在实际研究或测报中，常常不能直接调查到害虫种群的绝对密度，通常是通过一定数量的小样本取样，如每株、每平方米、每千克等，来推算害虫种群的绝对密度；或者是采用一定的取样工具(如诱虫灯、捕虫网)来获得害虫种群的相对密度。相对密度通常是以一定时间为单位或以其他空间单位(诱虫灯、捕虫网)为单位表示其中个体数或生物量，或者通过虫孔、卷叶率等间接调查方法来估计种群密度或为害程度。

害虫监测中害虫种群相对密度的常用调查方法主要有直接调查法、诱捕法、吸虫器法，以及雷达监测、遥感监测等现代监测技术。

**(1)直接调查法**

直接调查法是指调查人员直接进入田间，仅采取一些简单的取样方法，如捕虫网，凭肉眼直接观察和计数。直接调查法主要有目测法、拍打法和扫网法。

①目测法。对于活动能力较弱、易于查见的害虫，可采用直接目测法。以单株或一定面积、长度、部位为样方，用肉眼观察直接对害虫进行计数。单株调查适合于植株高大的成熟期或有整齐株行距的作物。以一定面积或行长为单位进行的调查常用于作物苗期、密植作物，果树或林木通常取一定枝条或叶片进行调查。

②拍打法。用一种接虫工具(如白色盆盘或样布)，先用手拍打一定株或行长的植株，再用目测或吸虫管计数害虫种类和数量，如盘拍调查稻飞虱。对于隐匿在草丛、灌木丛中活动能力强、个体较大的昆虫，还可以先使用竹竿、木棍或其他工具去惊扰昆虫，使其起飞或跳跃，然后肉眼观察计数，例如，用竹竿赶蛾法调查稻纵卷叶螟成虫，用百步惊蛾法调查草地螟成虫、黏虫成虫和蝗虫。

③扫网法。用以捕捉和调查稻丛、灌木丛或杂草中栖息的昆虫，适用于体形小、活动能力强的昆虫(如潜蝇类、粉虱类、叶蝉类、寄生蜂、蝇类等)。扫网法按一定作物行长面积逐行调查，常以扫网面积计数，或者按顺序每隔一定距离扫网一次，常以百网虫数计算。

**(2)诱捕法**

利用引诱工具或物质通过引诱捕获来调查害虫的相对数量。通常只用来比较不同地点或时间下的种群相对数量，如用单位时间(如日或世代)累计诱捕数来比较。诱捕法主要有灯诱法、性诱法、色诱法、饵诱法和植物诱集法。

①灯诱法。利用昆虫对一定波长光源的趋性来诱捕昆虫，常用于监测成虫的相对数量。不同昆虫在波长选择上有一定的差异，但大多数集中于短光波段，即紫光或紫外光。因此，测报上常用的黑光灯，其光源波长范围为 365~400 nm，对大部分害虫有非常好的

引诱效果，但对有些鳞翅目害虫(如稻纵卷叶螟、草地贪夜蛾)的诱集效果较差。高空监测灯采用1000 W金属卤化物探照灯，可以诱集到100~500 m上空夜间飞行的昆虫，对大多数迁飞性昆虫具有非常好的诱集效果。

②性诱法。大多数雌成虫通过释放性信息素吸引雄虫前来交配，在研究确定昆虫性信息素的有效成分及其配比后，人工合成标准化合物，制成一定的性诱剂和诱芯作为诱源，再将其放在诱捕器上用于诱捕昆虫，以获得昆虫田间种群的相对数量。

③色诱法。许多昆虫对特定的颜色具有趋性，可以采用特定颜色的粘板进行诱集，如利用黄色粘板诱集蚜虫。

④饵诱法。根据昆虫对特定食物、气味表现的明显偏好，开发诱饵来诱集和捕获昆虫，获得田间种群的相对数量。例如，糖醋酒液对很多夜蛾类的昆虫具有很有诱集作用。

⑤植物诱集法。有些昆虫对寄主植物的挥发物或者特殊气味具有很强的趋性，可以利用这一趋性诱集昆虫，如利用杨树枝诱集黏虫。

**(3)吸虫器法**

目前，在害虫监测上应用较为广泛的吸虫器是泰勒吸虫塔(Taylor suction trap)。该装置主要利用轴流风机将飞经塔顶管口附近的昆虫吸入塔管(欧洲吸虫塔高12 m，美国吸虫塔高8 m，我国吸虫塔高8.8 m)，落入下部塔箱装有无水乙醇的样品收集瓶中，监测人员定时收集样品，统计目标昆虫的数量，以此分析获得其迁移的种群动态信息。该吸虫塔最早由英国洛桑实验站的Johnson和Taylor发明，1964年首次在洛桑实验站内运行。随后，在欧洲的英国、丹麦、荷兰、比利时、法国、瑞士、意大利、波兰等国相继安装运行，各国科学家协同合作，数据共享，建成了用于监测蚜虫迁飞动态的覆盖西欧、东欧的吸虫塔网络系统。2009年以来，我国在东北、华北、华东、华中、西北等地区布点，逐渐形成了覆盖我国小麦主产区和大豆主产区的吸虫塔网络系统。除了吸虫塔外，还有其他背负或手提的移动式吸虫器用于田间昆虫的采样，但应用范围均有限。

**(4)现代监测技术**

近年来，随着大数据技术、深度学习、"互联网+"等现代信息技术的发展，传统的监测手段也正朝着智能化和网络化发展，如智能化的灯诱和性诱设备，逐步实现了主要迁飞害虫的自动识别和计数以及虫情的共享和自动分析(具体内容详见第10章病虫测报仪器)。除此以外，雷达技术、遥感技术等现代信息技术也逐步应用于害虫监测中。

①雷达监测。由于昆虫体内含有水分，能够对雷达发射电磁波产生回波，因此，可以用特制的昆虫雷达对迁飞中的昆虫进行监测。早期的昆虫专用雷达为扫描雷达，运转时抛物面天线能以不同仰角做水平扫描，扫描结果以平面位置显示(plan position indicator, PPI)，可获得观测目标数量、高度、方位、飞行方向和速度等信息。不过，扫描雷达分辨率有限，无法提供目标识别的相关参数。早期扫描雷达自动化程度低，不同仰角观测均需要手动操作。20世纪90年代研发成功的昆虫垂直雷达，结构简单，可完全自动化运行，推动了昆虫雷达由研究型向实用型转变。垂直雷达的抛物面形天线垂直向上，中心的馈源围绕垂直轴做机械转动产生旋转极化波束并形成锥形扫描，可获得空中迁飞个体质量、飞

行速度、飞行方向、飞行头向、振翅频率以及空中密度等参数，目标识别能力强，成为广泛采用的昆虫雷达制式。此外，通过气象雷达也可提取到生物信息，已在鸟类迁飞研究和监测中取得巨大成功。美国基于全国范围气象雷达监测网，不仅实现了对境内鸟类迁飞的实时监测，还能准确预测未来 6 h、24 h、72 h 全国的空中迁飞量。气象雷达分辨率远不及昆虫专用雷达，但具有监测范围大、全国已联结成网的优势，可实现全境监测，在昆虫迁飞研究和监测中具有巨大的应用潜力。

②遥感监测。昆虫取食寄主植物时，寄主植物的光谱特征也会发生改变，从而可以利用遥感技术监测寄主植物的光谱特征变化来判断害虫种类和为害程度。害虫暴发通常是在一定的气候条件或生境条件发生的，因此也可以利用遥感技术通过对地表温度、田间空气相对湿度及作物长势状况等生境信息的遥感反演来间接监测害虫发生，进而预测害虫的发生发展趋势。有研究基于卫星遥感归一化植被指数(NDVI)，发现欧洲小红蛱蝶虫源区——非洲西部稀树草原区和非洲北部马格里布的冬春季植被状况(即越冬区冬春季 NDVI 值)可以作为关键预警指标，以此来预测小红蛱蝶欧洲夏季繁殖区迁入种群规模。近年来，随着高空间分辨率和高时间分辨率卫星的发射，如我国的高分(GF)系列卫星、欧洲航天局发射的哨兵系列卫星(sentinel series)，使害虫卫星遥感监测技术在不同作物害虫胁迫早期的实时、快速、非破坏性监测和识别成为可能。另外，无人机平台(如大疆)和轻小型无人机载遥感传感器(如 UHD185 画幅式成像高光谱仪)技术的不断突破，不仅极大地提高了观测分辨率(从米级提高至厘米级)，而且为一些地块破碎及多云多雨的区域提供了更为灵活的影像获取手段，为近地面遥感害虫监测技术开发提供基础。

## 3.3 病虫害监测实例

### 3.3.1 小麦条锈病监测

小麦条锈病是我国小麦上发生的最重要流行性病害之一，严重威胁我国西北、西南、华北和黄淮海、长江中下游冬麦区和西北春麦区的小麦生产，一般流行年份可造成减产 10%~30%，大流行年份可造成减产 50%以上，甚至导致颗粒无收，是小麦有害生物综合治理的主要对象。最新研究表明，陇南地区、喜马拉雅地区和云贵高原是我国小麦条锈病的主要菌源中心。陇南地区菌源可能随着气流到达四川盆地、陕西关中平原、河南南阳盆地、湖北襄阳等地进行越冬和冬繁；喜马拉雅地区菌源可能随气流到达四川盆地、青海和甘肃南部；云贵高原菌源可能随气流进入四川盆地，也可能随气流到达湖北和河南南部。因此，条锈病的监测点主要布置在条锈菌传播的路线和常年早发点上，选择在甘肃省天水市秦州区、平凉市泾川县，湖北省襄阳市襄樊区，四川省绵阳市游仙区，陕西省咸阳市武功县、永寿县和长武县安装英国 Burkard 定容式孢子捕捉仪，各孢子捕捉仪安装点每年均种植小麦，且均能自然发病。自 2018 年起，在小麦生长季节通常每 7 d 采集一次样品，采用已建立的小麦条锈菌夏孢子数量的 TaqMan qPCR 方法进行定量，绘制空气中条锈菌夏孢子密度的动态变化规律(图 3-1)。

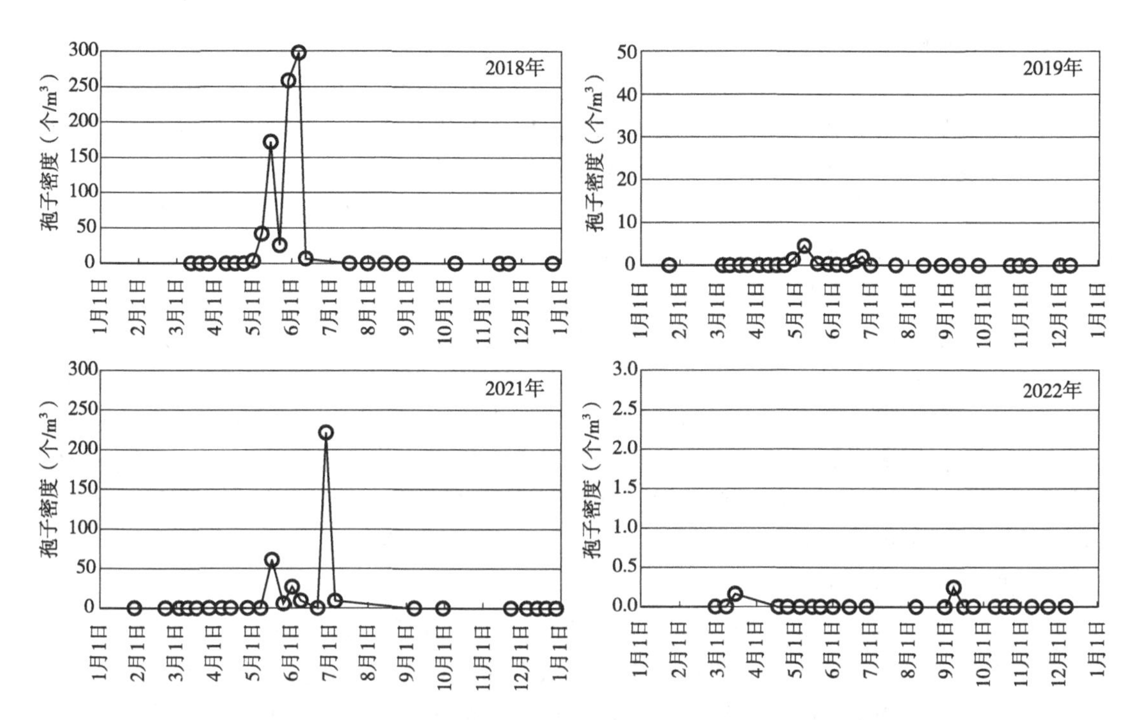


**图 3-1　甘肃天水市秦州区监测点条锈菌夏孢子密度变化规律**

（Hu et al.，2023）

### 3.3.2　稻飞虱监测

稻飞虱包括褐飞虱（*Nilaparvata lugens* Stal）、白背飞虱（*Sogatella furcifera* Horváth），是典型的迁飞性昆虫。稻飞虱是我国当前水稻为害最严重的害虫，年均发生面积超过 $2000\times10^4$ $hm^2$，每年可造成水稻产量损失近 $900\times10^4$ t，严重威胁我国以及亚洲其他国家的水稻生产和粮食安全，该虫已列入我国《一类农作物病虫害名录》。从 20 世纪 70 年代开始，我国逐渐在全国范围内建成了稻飞虱监测网络，我国水稻产区共建有 300 多个国家级病虫监测站。根据稻飞虱的迁飞习性、为害特点以及发生规律，1995 年，我国制定了《稻飞虱测报调查规范》（GB/T 15794—1995）来规范稻飞虱监测方法，2009 年又对此标准进行修订（GB/T 15794—2009）。全国水稻产区省、市、县各级病虫害监测站主要依据该国家标准对稻飞虱进行监测调查，并采用统一的模式报表通过互联网或传真机进行汇总上报。

稻飞虱的监测内容主要包括越冬调查、灯光诱测、田间虫量系统调查、田间卵量系统调查、大田虫情普查、主要天敌调查以及危害状况普查。

**(1)越冬调查**

越冬调查在稻飞虱越冬区进行，2 月中、下旬或春季耕翻之前调查 1 次。调查方法：在稻飞虱越冬适宜区随机选择 5 个样点，每个样点调查面积不小于 100 $m^2$。采用目测法调查，记录褐飞虱、白背飞虱低龄和高龄若虫及长翅成虫、短翅成虫的雌、雄数量，并折算为亩虫量。通过剥查卵条和卵粒，折算为百株卵粒量。

**(2) 灯光诱测**

灯光诱测采用200 W白炽灯作为标准光源，或采用20 W黑光灯(波长365 nm)作为光源。诱测灯安装应紧靠稻田，直径300 m范围内应无高度超过6 m的建筑物和丛林，距路灯等干扰光源至少300 m。从当地最早见虫年份的成虫初见期提前10 d开始，至常年成虫终见期后10 d结束。每天天黑前开灯，天明后关灯。逐日对诱获的白背飞虱、褐飞虱雌雄成虫分别计数，同时记录开灯时的天气状况。

**(3) 田间虫量系统调查**

田间虫量系统调查选择代表性类型田作固定系统调查田，并设定观测圃，观测圃面积不小于667 $m^2$。每月5日、10日、15日、20日、25日、30日各调查一次。秧田期主要采用目测法或扫网法随机取样。水稻移栽后，稻田调查采用盘拍法，采用33 cm×35 cm的白搪瓷盘作载体，用水湿润内壁。查虫时将盘轻轻插入稻行，下缘紧贴稻丛基部，快速拍击植株中下部，连拍3下，每点计数一次，计数两种稻飞虱不同翅型的成虫以及低龄和高龄若虫数量。每次拍查计数后，先清洗白搪瓷盘，再进行下次拍查。

**(4) 田间卵量系统调查**

田间卵量系统调查主要在双季早稻和双季晚稻主害代成虫高峰期后5~7 d各查一次；或在单季中稻和晚稻主害代前一代和主害代成虫高峰期后5~7 d各查一次。在观测田选择不同类型田块，采用平行跳跃式取样法，每点从2丛稻株中各拔取分蘖1株，主害代前一代取50株，主害代取20株，通过剥查法调查卵粒数，并记录寄生卵以及卵的发育进度。

**(5) 大田虫情普查**

大田虫情普查在主害代前一代2、3龄若虫盛期普查一次，主害代防治前和防治后10 d各普查一次，共调查3次。主要采用拍查法调查，对褐飞虱和白背飞虱不同翅型、高龄若虫和低龄若虫分别计数。

**(6) 主要天敌调查**

主要天敌调查是指在大田虫量系统调查的同时调查捕食性天敌和寄生性天敌数量。捕食性天敌以调查蜘蛛和黑肩绿盲蝽数量为主；寄生性天敌主要以调查雌成虫和高龄若虫中被螯蜂、线虫寄生的虫量，计算寄生率。

**(7) 危害情况普查**

危害情况普查是指于各类水稻黄熟期前采用大面积巡视目测法，记录调查区内有“冒穿”出现的田块数和面积。

### 3.3.3 草地贪夜蛾监测

草地贪夜蛾是2018年年末入侵我国的重大迁飞性害虫。该虫幼虫寄主植物范围广，尤其喜食玉米，该虫为害可造成玉米15%~73%的产量损失，苗期为害甚至可造成绝收。玉米是我国种植面积最大、产量最高的粮食作物，各省份均有种植。2019年，草地贪夜蛾在我国26个省(自治区、直辖市)1500多个县市发生为害，2020年和2021年再次北迁入侵27个省(自治区、直辖市)1400多个县，年发生面积均超过1600万亩，严重威胁我国的粮食生产，已被列入我国《一类农作物病虫害名录》。根据《草地贪夜蛾测报技术规范》(NY/T 3866—2021)，草地贪夜蛾的监测内容主要包括成虫调查、田间系统调查和大田普查。

**(1) 成虫调查**

草地贪夜蛾成虫调查主要采用灯诱和性诱两种诱集法进行监测。灯光诱集采用高空测报灯和常规测报灯两种。其中，高空测报灯采用 1000 W 金属卤化物灯，光源波长 500~600 nm，光柱垂直打向空中，呈倒圆锥状辐射，与地面水平线呈 45°±5°，光柱垂直高度不小于 500 m。高空灯设置在草地贪夜蛾的主要迁飞路线上，远离城镇的乡间楼顶、高台等相对开阔处。常规测报灯采用 20 W 的黑光灯，安装在玉米等草地贪夜蛾主要寄主作物田周围或病虫观测场内，要求 100 m 范围内无高大建筑和大功率光源。无论是高空测报灯还是常规测报灯，均需对雌蛾、雄蛾逐日计数。性诱采用罐形、桶形或新型干式诱捕器，使用标准诱芯(每 30 d 更换一次)在系统调查田进行诱集调查。通常设 3 个诱捕器，诱捕器间距至少 50 m。逐日记录所诱集雄蛾数量。

**(2) 田间系统调查**

草地贪夜蛾田间系统调查通常在灯诱或性诱见虫后开始，每 5 d 调查一次，至作物成熟期结束。玉米等稀植作物，抽雄前采用“W”形五点取样，抽雄后采用“梯子”形五点取样，每点调查 10 株。麦类等密植作物，全生育期采用“W”形五点取样，每点查 0.2 $m^2$。虫口密度低时可适当增加调查植株数量或面积。调查卵和幼虫时，主要采用目测法。在幼虫 6 龄盛期后 7 d 开始调查蛹，通过挖查土表层(深约 8 cm)调查，记录蛹数并判断死活。在卵、幼虫盛发期同时调查天敌种类和数量。

**(3) 大田普查**

草地贪夜蛾大田普查是在玉米等主要寄主作物苗期、喇叭口期、吐丝灌浆期 3 个受害关键期各调查一次，调查内容包括被害株数、卵块数和幼虫数。

## 复习思考题

1. 举例说明气传病害病原菌空气中孢子数量的测定方法。
2. 什么是系统定点调查法？主要有哪些事项？

# 第 4 章

# 病害预测

【内容提要】植物病害预测是在认识病害发生发展规律的基础上，利用已知客观规律展望未来的思维活动，是实现病害管理的先决条件。本章重点介绍了病害预测的概念、预测要素、预测步骤、预测原理和预测方法。

## 4.1 病害预测概述

随着生产实践经验的积累和科学技术水平的提高，人类对各种事物的预测能力不断增强，预测技术日趋成熟，预测方法也日趋丰富。植物病害预测是在认识病害发生发展规律的基础上，利用已知客观规律展望未来的思维活动。预测学着重研究信息的提取、传递和加工，已经上升为预测规律，而对植物病害系统结构的分析和建立一定的模型是预测研究的核心。病害预测是实现病害管理的先决条件，在植物病害综合治理中占有重要的地位。病害预测服务于病害防治决策和防治工作，根据准确的病情预测，可以及早做好各项防治准备工作，更合理地运用各种防治技术，提高防治效果和效益。为了贯彻落实农药化肥双减政策，病害的准确预测至关重要。

科学的预测是依据已知的科学事实、科学理论、科学思想和科学方法，揭示客观事物的发展规律，推测未来必然或可能发生的现象(马海平等，1987)。预测具有概率性，即预测分析是对未来事件或现在的事件的未来后果做出估计，以利于人类的活动。

### 4.1.1 病害预测的概念

植物病害预测是人们对病害发展趋势或未来状况的推测和判断，是在认识病害客观动态规律的基础上展望病害未来的发生趋势。而这种认识又是对大量病害流行事实所显示的信息资料进行加工和系统分析的过程，有关生物学、病理学、生态学等科学理论、科学思想和科学模式则是现有认识的结晶，也是预测的依据。预测具有概率性，其本质是对某一尚不确知的病害事件做出相对准确的表述。病害预测的目的是在可能预见的前景和后果面前，判断应该采取何种正确的防治决策。

依据植物病害的流行规律，利用经验的或系统模拟的方法估计一定时限之后病害的流行状况，称为预测，而由权威机构发布预测结果，则称为预报。有时对两者并不作严格区分，通称病害预测预报，简称病害测报。代表一定时限后病害流行状况的指标，如病害发生期、发病数量和流行程度的级别等称为预报量，而据此估计预报量的流行因子称为预报(测)因子。

### 4.1.2 病害预测的要素和步骤

开展病害预测工作的首要前提是社会需求。随着农业产业结构的调整，病害预测的对象应该是在生产上危害严重或较重的病害。从预测服务于决策的角度考虑，越是发生时间、发生频率、发生程度、发生范围变化大的病害，对其进行预测的意义越大，应优先作为预测对象。当然，病害预测也要根据用户的要求确定预测的期限、精度等，否则将失去预测的价值。病害预测研究可以归结为寻找预测规律和利用预测规律两方面。在寻找预测规律时所需要的条件即为预测的基础，而进行预测所必备的条件则为预测要素。

**(1)病害预测的要素**

①经验思考和病害系统结构模型。经验思考是指预测者的经验、植物病理学知识和逻辑思维能力，它们是预测的基础要素。很难想象，一个对于所要预测的病害一无所知的人能够做出科学的预测。预测者根据已有的经验思考可以构建预测对象的系统结构模型(或称物理模型)。它可以是存在于头脑中的抽象模型，也可以采用框图形式画在纸上。它包括该病害系统各组分之间的关系、动态过程中各阶段(状态)之间的关系，应该能够体现预测者对预测对象的总体认识。而这种关于总体的认识对于以后的资料收集、监测和建立数学模型都有重要的指导意义。预测专家则可以主要依靠这些结构模型进行预测。

在预测工作中，预测者的直观判断能力和创造性思维是十分重要的因素。由于预测是建立在主观对客观规律认识基础上的脑力劳动，面对错综复杂的生态系统，任何预测方法和计算方式都无法包揽一切情况和所有因素，这样就给人的直观判断留下广阔的空间。也正因为这一点，专家评估法在预测方法中具有不可替代的地位，而建立稳定的预测机构和提高预测者的素质也是做好病害预测工作的重要基础。

②情报资料和数学模型。情报资料是预测的重要基础和预测信息的载体。没有完整可靠的情报资料就不可能加工出好的预测模型。情报资料包括观念和数据资料。观念可以理解为对客观事物的认识。除了病理学知识和理论以外，对于具体病害发生规律以及与病害有关的气象、土壤、肥水管理等方面的研究成果、试验调查报告都会对构建病害系统结构模型发挥作用。数据资料则是开展定量研究的客观依据。一方面，通过对已有数据的科学分析，可以进一步明确病害系统内部各种组分(或状态)之间的关系，建立各种数学模型；另一方面，将现实数据输入数学模型又可以推算未来的状态。在定量预测中，如何构建符合客观发生规律的数学模型成为病害预测研究的核心问题之一。为此，既要全面和系统地收集有关数据，完善和规范调查方法，也要广泛收集各种新理论和新思想。现代通信设备和信息系统将为上述活动提供许多方便。

③科学合理的数学方法。构建数学模型需要一定的数学知识和方法，各种数学方法是人类智慧的结晶，有助于提高预测者的思维、分析和判断能力。概率论和数理统计、回归和相关分析、模糊和灰色算法等都是数据加工的有力工具，只要选择得当，就可以产生好

的数学模型。

在病害预测研究诸要素中，建立正确的数学模型是至关重要的，然而又往往被一些人忽视。因为它涉及选择什么预测因子、监测哪些项目、研究哪些关系和建立何种模型等方向性问题。具体的预测方法固然重要，但是不能代替实质的分析。好的数学模型应该是客观规律的代表，其参数又是系统特性的代表。

**(2) 植物病害预测的步骤**

①明确预测主题。根据当地农业病虫害发生情况和防治工作的需要，并结合有关病害知识，确定预测对象、范围、期限和精确度。

②收集背景资料。依据预测主题，大量收集有关研究成果、先进理念、数据资料和预测方法。针对具体的生态环境和发生特点，还要进行必要的实际调查或试验，以补充必要的信息资料。在此基础上不断完善病害系统结构模型。

③选择预测方法，建立预测模型。根据病害的具体特点和现有资料，从已知的预测方法中选择一种或几种，建立相应的数学模型。

④预测和检验。运用已经建立的模型进行预测并收集实际情况信息，检验预测结论的准确度，评价各种模型的优劣。

⑤实际应用。在生产实践中进一步检验和不断改进预测模型。

上述程序要不断反馈，通过多次循环才能形成比较合理的预测方案。

## 4.2 病害预测原理

人类要提高对植物病害的认识，就必须研究如何观察或调查客观的植物病害系统及其动态过程，按照一定目的去提取、选择、记录和传递病害及其有关因素所显示的信息。病害预测技术也不外乎是在信息提取和加工过程中去伪存真，滤除与预测主题无关的信息并尽可能减少信息量的损失。

**(1) 病害预测一般原理**

病害预测的一般原理建立在一般系统论的结构模型理论基础之上。病害系统的结构决定了系统的功能和行为，即病害流行动态。例如，根据单一侵染循环中病害过程的多寡，在病害系统结构上划分多循环病害和单循环病害，也就是确定流行学领域中的单年流行病害和积年流行病害的主要原因。在一个生长季节内，只有一次初侵染的病害其病害增长的能力总不及再侵染频繁的病害，其流行速率往往比较低。例如，我国长江中下游地区小麦经常发生的小麦赤霉病，该病以子囊孢子初侵染危害花器，阴雨天气是侵染的有利条件。当菌源量和寄主抗病性在年度间变化不大的情况下，只要在小麦扬花期到灌浆期阴雨天数较多，病害就会流行。这些经验可以作为预测规律。

病害预测分析是根据客观事物的过去和现在的已知状态及其变化过程，分析和研究预测规律，进而应用预测规律进行科学预测。植物病理学、微生物学、生态学、气象学、流行学等多学科研究成果、理论知识以及有关专家的智力经验都可以作为预测规律，再结合当地的其他环境因素的分析，共同构建预测模型。

**(2) 惯性原则和类推原则**

惯性原则是指借用物理学中的惯性定理，认为当某一病害系统的结构没有发生大的变化时，未来的变化率应该等于或基本等于过去的变化率。显而易见，生长发育进度、病害侵染过程等生物学基本规律和某些因果关系是不会改变的，那么以上假设就能成立。在惯性原则的指导下，人们可利用先兆现象进行预测，或采用趋势外推、时间序列等重要的预测方法进行预测。

类推原则是指许多事物在发展变化规律上常有类似之处，利用预测对象与其他已知事物的发展变化在时间上有前后不同、在表现形式上相似的特点，将已知事物发展过程类推到预测对象上，对预测对象的前景进行预测。由于在农田生态系统或更大的生态系统中的不同事物，特别是一些生物同时感受到环境的某些影响而同时发生一些变化；或者由于系统的整体性，某一组分的变化可以导致一系列的连锁反应，由此引发了预测的类推原则和类推预测方法。

## 4.3　病害预测依据

植物病害流行预测的预测因子应根据病害的流行规律，在寄主、病原物和环境因素中选取。一般说来，菌量、气象条件、栽培条件和寄主植物生长发育状况等是重要的预测依据。

**(1) 根据菌量预测**

单循环病害的侵染概率较为稳定，受环境条件影响较小，可以根据越冬菌量预测发病数量。对于小麦腥黑穗病、谷子黑粉病等种传病害，可以通过检查种子表面的厚垣孢子数量预测翌年的田间发病率。麦类散黑穗病则可通过检查种胚带菌情况，确定种子带菌率，预测翌年病穗率。在美国，有研究者成功利用 5 月棉田土壤中黄萎病菌微菌核数量预测 9 月棉花黄萎病病株率。菌量也用于麦类赤霉病的预测，为此需检查稻桩或田间玉米残秆上子囊壳的数量和子囊孢子的成熟度，或者用孢子捕捉器捕捉空中孢子。

多循环病害有时也利用菌量作为预测因子。例如，水稻白叶枯病病原菌大量繁殖后，其噬菌体数量激增，可以通过测定水田中噬菌体数量，用以代表病原菌菌量。研究表明，稻田病害严重度与水中噬菌体数量呈显著正相关，可以利用噬菌体数量预测水稻白叶枯病的发病程度。

**(2) 根据气象条件预测**

多循环病害的流行受气象条件影响很大，而初侵染菌源由于不是限制因子，因而对当年发病的影响较小，故通常根据气象条件预测。有些单循环病害的流行程度也取决于初侵染期间的气象条件，可以利用气象因子进行预测。英国和荷兰的研究者利用标蒙法预测了马铃薯晚疫病侵染时期。该法指出，若空气相对湿度连续 48 h 大于 75%，气温不低于 16℃，则 14~21 d 后田间将出现晚疫病的中心病株。又如，葡萄霜霉病菌，以气温 11~20℃并有 6 h 以上叶面结露时间为预测侵染的条件。苹果和梨的锈病是单循环病害，每年只有一次侵染，菌源为果园附近圆柏上的冬孢子角。在北京地区，每年 4 月下旬至 5 月中旬若出现大于15 mm的降水，且其后连续 2 d 空气相对湿度大于 40%，则 6 月将大量发病。

**(3) 根据菌量和气象条件进行预测**

综合菌量和气象因子的流行学效应作为预测的依据已用于许多病害。有时还把寄主植物在流行前期的发病数量作为菌量因子，用于预测后期的流行程度。我国北方冬麦区小麦条锈病的春季流行通常依据秋苗发病程度、病菌越冬率和春季降水情况进行预测。我国南方小麦赤霉病流行程度主要根据越冬菌量和小麦扬花灌浆期气温、降水量和雨日数进行预测。在某些地区，菌量的作用并不重要，只根据气象条件进行预测。

**(4) 根据菌量、气象条件、栽培条件和寄主植物生长发育状况预测**

有些病害的预测除应考虑菌量和气象因子外，还要考虑栽培条件、寄主植物的生长发育期和生长发育状况。例如，预测稻瘟病的流行需注意氮肥施用期、施用量及其与发病有利气象条件的配合情况。在短期预测中，水稻叶片肥厚披垂、叶色墨绿，预示着稻瘟病可能流行。水稻纹枯病流行程度主要取决于栽植密度、氮肥用量和气象条件，可以列出表示流行程度与密度和施肥量关系的预测式。油菜开花期是菌核病的易感阶段，预测菌核病流行多以花期降水量、油菜生长势、油菜始花期以及菌源数量(花朵带病率)作为预测因子。此外，对于由昆虫介导传播的病害，媒介昆虫数量和带毒率则是重要的预测依据。

## 4.4 病害预测方法

预测是预计未来事件的一门艺术、一门科学。预测方法包含采集历史数据并用某种数学模型来外推将来，也可以是对未来的主观的判断，还可以是上述二者的综合。

进行预测时，没有一种预测方法绝对有效。植物病害预测也是如此，某种预测方法对一种病害在某种环境下是最好的预测方法，对另一种病害或该病害在另一种环境下却可能完全不适用。无论使用何种方法进行预测，预测的作用是有限的，并非完美无缺。但是，凡事预则立，不预则废，病害预测对病害精准高效防控具有重要作用，所以应积极研究病害的预测方法和具体病害的预测技术。

常用的病害预测方法可按病害预测原理、方法的差异分为类推法、数理统计模型法、专家评估法和系统模拟模型法 4 种类型。这些方法的机制、应用条件、适用范围和特点见表 4-1。所列方法各有优缺点：类推法最简单，但应用的局限性很大；数理统计模型法是目前应用最普遍的一种方法，但也要注意到它在特殊情况下预测能力较差；专家评估法以专家为提取信息的对象，他们的头脑中蕴涵了大量的信息和丰富的思维推理方式，最能体现预测的本质，然而缺点是不能排除预测专家的主观性；系统模拟模型法解析能力强，适用范围广，但构建比较困难。

预测效果在很大程度上取决于所选择的预测方法。选择预测方法时除了考虑各种方法的优缺点以外，还应在充分分析预测对象及其背景的基础上考虑它们的适用性。能够满足具体预测问题的要求，较好地提取现有资料中的有效信息并且简便易用的方法最好，而非越新奇、越玄妙越好。在因素比较复杂的病害预测中，常常需要两三种方法相互补充和印证。

表 4-1　植物病害 4 种预测方法的简要比较

| 类型 | 机制 | 应用条件 | 适用范围 | 特点 |
| --- | --- | --- | --- | --- |
| 类推法 | 观察现象的简单归纳 | 环境相对稳定，系统结构简单 | ①特定地域；②相似或同步变化的事物，有易于观察的特征；③主导因素明确，有阈值 | 定性预测为主，特定场合，短期预测容易进行 |
| 数理统计模型法 | 将系统当作"黑盒"，寻找共性概率、相关性、相似性 | ①大量规范系统调查数据；②数理统计方法和计算能力 | ①有一个流行主导因素或少数几个流行主导因；②有限的地域和时期；③常规流行情况 | 定量预测，短期或长期预测较容易 |
| 专家评估法 | 利用专家直观判断能力，向专家索取信息 | ①能选到经验丰富的专家；②归纳专家意见的科学方法；③一定的背景资料 | ①涉及问题多，关系复杂；②不确定情况多(预测期长，地域广)；③缺乏完整系统的数据资料，难以建立统计模型 | 定性预测为主，古今广泛采用，长期或超长期预测容易进行 |
| 系统模拟模型法 | 系统分析与综合理论，知识和定量模型的结合 | ①系统知识比较全面并深入机制研究；②有基础生物学实验和系统监测体系；③计算机及编程能力 | ①病害流行因素多，关系复杂；②相互关系中，有线性关系，也有逻辑关系，已经基本研究清楚；③防治水平高，有进一步优化防治方案的要求 | 定量动态预测，多输入，多输出，预测比较困难 |

注：引自肖悦岩等，1998。

## 4.4.1　类推法

类推法是利用相似性原理和类比方法由一已知先导事物或现象推测另一迟发事物或现象发展趋势的一种预测方法。该法的客观基础就是千差万别、千变万化的客观事物或现象之间存在着的共性或关联。只要发现两种不同事物或现象(其一为先发，其二为后发)之间存在着若干相似或关联之处，就可利用前者的变化特征和发展过程来类推后者的发展趋势。

在植物病害预测中，类推法是利用与植物病害发生情况相关的某种现象作为依据或指标，推测病害的始发期或发生程度。常用的有物候预测法、指标预测法、发育进度预测法和预测圃法等。

**(1)物候预测法**

万物因节候而异。物候的实质就是气候关系，指生物的周期性现象(如植物的发芽、开花、结实，候鸟的迁徙，某些动物的冬眠等)与季节气候的关系，也指自然界非生物变化(如初霜、解冻等)与季节气候的关系。

在长期的生存演化过程中，植物各器官的发育变化和病虫害发生均与气候紧密相关。植物病害的物候预测就是利用预测对象与预测依据之间的某种内在联系，或利用二者对环境条件反应的异同，通过类推原理来对病害的发生时间或发生程度进行预测。例如，蚕豆赤斑病、竹叶锈病和小麦赤霉病对环境条件的要求有相似之处，所以前两者重则后者也重，而禾溢管蚜与小麦赤霉病对环境条件的要求正好相反，所以前者重则后者轻。在运用此种预测方法时，需要在工作中通过长时间的观察来积累经验，寻找比较直观的、与预测对象(病害)发生时间或程度密切相关的某种现象作为预测依据。

潘月华等(1994)在研究大棚番茄灰霉病的预测中发现，草莓和生菜较番茄更易感染灰霉病，通常草莓较番茄提早发病 13～14 d，生菜较番茄提早发病 8 d 左右。因此，每年 2 月在番茄大棚内种植少量草莓和生菜，可以利用草莓和生菜的发病始见期推测番茄灰霉病的始见期。孙俊铭等(1991)在观察安徽省庐江县 1980—1990 年油菜菌核病和小麦赤霉病的发生情况时发现，11 个调查年份中有 7 个年份两种病害的发生程度完全相同，另外 4 个年份的发生趋势也较一致，当地油菜菌核病的发生盛期一般比小麦赤霉病的始见期提早 10～20 d，所以，可用油菜菌核病的发生情况对小麦赤霉病的发生程度做出预测。

小麦扬花期的气候条件或其他现象可作为预测赤霉病发生程度的物候指标。例如，湖北省广济县 1973—1979 年观察发现，若 4 月上旬蚕豆赤斑病发生早、发生重，则小麦赤霉病发生重。另外，若 4 月上旬竹叶上有锈病出现，则小麦赤霉病发生重；竹叶的叶枯病发生重，小麦赤霉病发生也重，反之则轻。根据浙江省永康市病虫害测报站 1974—1979 年的观察结果，3 月 31 日小麦植株上禾缢管蚜的数量与当年小麦赤霉病的发生程度有一定的负相关(吴春艳等，1995)。例如，1974 年 3 月 31 日、1978 年 3 月 31 日、1979 年 3 月 31 日小麦禾缢管蚜的数量分别为平均每株 5.4 只、3.7 只和 3.16 只，这 3 年小麦赤霉病的发病率分别为 13.4%、12.9%和 4.5%；1975—1977 年同时期小麦禾谷缢管蚜的数量分别为平均每株 0.10 只、0.43 只和 0.07 只，小麦赤霉病的发病率分别为 64.3%、30.3%和 37.2%。

**(2)指标预测法**

病害预测的指标可以是气候指标、菌量指标或寄主抗病性指标等。马铃薯晚疫病的气候指标预测就是这种方法的典型案例。按照标蒙法，林传光(1956)在马铃薯晚疫病的预测研究中指出，从马铃薯开花起，如果多雨，空气相对湿度达 70%左右，就有中心病株出现的可能。利用 BLITECAST 模型进行马铃薯晚疫病预测有两个关键指标，即 10 d 的降水量超过 30 mm，5 d 的日均温不大于 25.5℃，当这种天气情况出现时，马铃薯晚疫病就有发生的可能。曹克强(1995)通过田间试验和调查，得出了田间马铃薯晚疫病菌进行大量再侵染的关键性天气条件为 24 h 之内同时满足两个指标：①至少 6 h 有降水且温度不低于 10℃；②至少有连续 6 h 空气相对湿度不低于 90%。在马铃薯生长季，中心病株出现后，当某日的天气条件满足上述指标时，田间的晚疫病菌就会大量产孢并侵染马铃薯植株，经过一个潜育期(通常为 3～5 d)之后，田间就会出现大量新鲜病斑，整个田块的晚疫病病情指数就会有一个明显的跃升。根据天气预报，在上述关键天气日之前发出预测指导用药，能达到精准防控、减少不必要的“保险药”施用。有研究根据苏北地区 12 年的观察结果，指出预测小麦赤霉病的气候指标是温度和雨日数，病害流行的温度需要日平均温度在 15℃以上，当扬花期至灌浆期的雨日数占该期总日数的 75%以上时，病害会大流行，50%～70%时为中度流行，小于 40%时则不流行。

在病害的长期和超长期预测中常利用某种气候现象作为预测指标。例如，厄尔尼诺现象是一种影响大范围气候变化的因素，是指东太平洋冷水域中秘鲁寒流水温反常升高的现象。将厄尔尼诺现象的出现作为一种指标与我国长江中下游麦区小麦赤霉病发生情况相关联，发现厄尔尼诺暖流现象出现的第二年，赤霉病大流行的概率为0.7，而且厄尔尼诺现象持续时间越长，则第二年赤霉病流行的程度越严重。

**(3)发育进度预测法**

苹果花腐病预测是利用作物易感病的生长发育阶段与病菌侵入期相结合进行预测的案例。该病不仅危害花和幼果，还危害叶和嫩枝，因此可根据感病品种‘黄太平’或‘大秋果’的萌芽状态进行叶腐病防治适期预测。当花芽萌动后，幼叶分离、中脉暴露时为防治适期；花腐则是始花期至初花期，为防治适期；果腐则是在盛花期至花末期，防治较好。实际上，这是利用作物易感病时期与病原物侵入期相结合的预测方法。另外，可收集病果2000~3000个，放置于湿度较大的地方，并用适当的方法保湿，从4月中旬开始，每天观察100个病果上子囊孢子的产生情况，当子囊盘开始放射子囊孢子时，即为防治适期，这是利用病菌子囊壳的发育进度作为病害侵染期预测的依据。油菜菌核病、小麦赤霉病都可借鉴这种方法，预测病害的侵染时期。又如，苹果树干液流流动时(萌芽前)，正是苹果腐烂病病斑迅速扩大的高峰期，因此，根据春季气温变化推测苹果树干液流流动期，对苹果腐烂病进行及时防治也可算作发育进度预测法。

**(4)预测圃法**

预测圃是在容易发病的地区种植各地生产上的主栽品种和感病对照品种，同时创造利于发病的条件，诱导病害发生。当预测圃的作物发病后，即可对大田相应的品种进行调查，依据调查结果决定是否需要防治或何时进行防治，也可依据预测圃的发病情况直接指导大田的病害防治。利用预测圃进行病害发生始期和防治时期预测是一种简便易行的预测方法，而且效果也比较理想。但是，在建立预测圃时一定要注意确保预测圃地点和种植品种的代表性。例如，在水稻白叶枯病的预测中，可在病区设置预测圃，创造高肥、高湿条件，诱导病害发生，以此来预测病害的发生始期，同时采用不同抗病性品种的组合种植，还可以预测病菌新小种的出现情况及小种的动态变化。

## 4.4.2 数理统计模型法

我国在病害预测工作中应用数理统计预测开始于20世纪60年代，它的优点是只要有足够的可靠数据，就可简单地组建模型，使用方便。对一些发生规律比较简单，主导因素比较明确的病害，用这种方法进行预测可以收到较好的效果。

### 4.4.2.1 应用过程

数理统计模型法的内容很多，其一般过程可分为资料整理、因子选择、模型组建和拟合度检验等(肖悦岩等，1998)。

**(1)资料整理**

植物病害的预测需要能够反映病害发生规律的系统资料。完整、可靠的历史资料是建立良好预测模型的基础。预测资料包括病害的发生期、发生量、发生过程和影响病害发生的生物与非生物因素等资料。预测资料的整理过程一般包括资料的收集、分析、列表和处理4个阶段。

整理预测资料时首先要从有关部门收集种植作物的品种、各品种的种植面积(尤其是感病品种的种植面积)、耕作制度、栽培措施、灌溉情况、单产信息，同时收集病害的发生面积、发病率、发生程度(如病情指数)及相应的气象资料。在收集资料的过程中，经常会遇到缺少某一项数据的情况，此时需要进行调查、访问或运用平滑法插值补充。从本质上讲，统计模型为经验模型，一般需要较多的数据资料，但在分析具体问题时并非积累资料的年代越长越好。对收集好的数据不能一概而论地拿来制作模型，尤其是存在对病害发生有较大影响的品种更换、耕作制度的变化等因素情况下。

例如，某地区前 10 年没有灌溉条件，而后 10 年增加了灌溉条件，此时若将前后 20 年的资料放在一起，分析病害的发生规律时，必然会得出不正确的结论；又如，麦棉轮作和麦棉套作情况下的病虫害发生情况也有较大差异。类似这样多年的数据一定要进行分析、归类，才容易从中发现内在的规律。

**(2)因子选择**

预测因子的选择是保证预测效果的关键。在病害预测模型的建立过程中，由于涉及的因子很多，不可能将全部因子都用于统计分析的计算过程，所以，对预测因子必须进行选择。预测因子选择不当，则不可能预测准确。选择预测因子的方法很多，尽管有一些统计方法在计算的过程中也包含了重要因子的选择，但使用这些方法时，进入运算的因子往往是经过事先选择的。通常选择因子的方法有直接选择法、符合度比较法、相关分析法、主因素选择法、通径分析法和层次分析法等，这里主要介绍前 3 种。

①直接选择法。根据病害流行的规律及影响因素，直接从中选出影响病害流行的主要因素作为预测因子。例如，在小麦赤霉病的预测中，考虑赤霉病菌主要在小麦的扬花期侵入寄主，因此扬花期的降水量或雨日数应该是影响病菌侵染的主要影响因子，而灌浆期的气象条件是影响病害发生扩展的主要因子，所以用此时的降水量或雨日数作为病害的预测因子一般可以收到较好的效果。

②符合度比较法。将初步选择的数个预测因子与预测对象进行列表比较，不需要进行计算，直接观察各预测因子与预测对象的波动关系。凡是与预测对象的波动状态符合程度最高(正相关)或者不符合程度最高(负相关)的因子就是预测的主要影响因子，然后选择第二、第三个次要因子。例如，根据对冀中平原不同年份 7 月下旬至 8 月中旬的 10 组观测资料作初步分析，发现夏玉米小斑病发展的日增长率可能与这段时间的降水量、雨日数、露日数、气温等因素有关(表 4-2)，用符合度比较法选择影响此期间病害日增长率 $r$ 的主要因子。

**表 4-2　玉米小斑病日增长率及相关气象因子观察值**

| $r$ 值 | 0.225 | 0.227 | 0.229 | 0.285 | 0.445 | 0.427 | 0.340 | 0.409 | 0.535 | 0.570 |
|---|---|---|---|---|---|---|---|---|---|---|
| 降水量(mm) | 1.43 | 3.19 | 3.33 | 4.62 | 4.65 | 5.16 | 7.02 | 8.75 | 10.88 | 17.56 |
| 雨日数(d) | 0.17 | 0.48 | 0.42 | 0.35 | 0.46 | 0.50 | 0.45 | 0.63 | 0.40 | 0.70 |
| 露日数(d) | 0.61 | 0.84 | 0.42 | 0.15 | — | 0.90 | — | 0.69 | 0.80 | 0.60 |
| 气温(℃) | 8.10 | 28.2 | 28.3 | 27.0 | 27.8 | 28.1 | 27.2 | 27.3 | 25.7 | 27.8 |

第一步，求取各因子的平均数，各观察值大于平均数的标“+”号，小于平均数的标“-”号，这样表 4-2 可以变化为表 4-3。

第二步，比较各预测因子与预测对象（$r$ 值）波动的符合程度。由表 4-3 的比较结果可知，雨日数与 $r$ 值波动程度符合程度最强，为 80%；其次为露日数，其符合度为 75%；再次为降水量，为 70%；气温与 $r$ 值波动程度的符合度最低，仅 40%。因此，可以将雨日数作为第一预测因子，其次是露日数和降水量。注意，若有一个因素与预测对象的波动程度完全相反，说明它们之间呈负相关关系，也可以将其作为重要的预测因子使用。

**表 4-3　玉米小斑病日增长率及相关气象因子符合表**

| $r$ 值 | - | - | - | - | + | + | - | + | + | + | 符合度(%) |
|---|---|---|---|---|---|---|---|---|---|---|---|
| 降水量(mm) | - | - | - | - | - | - | + | + | + | + | 70 |
| 雨日数(d) | - | + | - | - | + | + | - | + | - | + | 80 |
| 露日数(d) | - | + | - | - |  | + |  | + | + | - | 75 |
| 气温(℃) | + | + | + | - | + | + | - | - | - | + | 40 |

③相关分析法。计算初步选出的数个预测因子与预测对象之间的单相关系数，将相关系数最大的因子作为预测的主要因子。如表 4-2 中的几个气象因子（降水量、雨日数、露日数、气温）与预测对象 $r$ 值之间的单相关系数依次为：0.8453、0.6071、0.3390 和 0.4794。从相关分析法与符合度比较法的分析结果可以看出，两种选择方法得到了完全不同的选择结果，其原因可能是在符合度比较法中将各因子分为“+”和“-”两个等级，显然太简单，掩盖了其中许多细节问题。这样在进行因子选择时要注意运用不同的方法，然后用不同的选择结果进行预测，以取得最佳的预测效果。

在选择预测因子时要注意所选的因子必须是可以得到的有效因子，否则会组建一个无效预测模型。例如，空气相对湿度与病害的发生程度通常有着非常重要的关系，若在 5 月预测 6 月病害的发生情况，预测因子中有 3 月或 4 月的空气相对湿度，这是可行的，因为 3 月和 4 月的空气相对湿度是已经测得的因子。但是若用 5 月或 6 月的空气相对湿度作为预测因子，那么 5 月和 6 月的空气相对湿度是无法获得的，因为气象部门尚无空气相对湿度的长期预报业务，所以这两个因子就是无效因子，含有这种因子的预测模型就是无效预测模型。

**(3) 模型组建**

当影响病害发生程度的主要因素确定以后，就可以依据主要因子与病害之间的数理关系选择数理统计模型的基本形式。在选择模型的形式之前，需要对常用的模型形式有一定的了解，因为不同模型形式各有特点和不同的应用范畴，它们对数据资料的要求也有所不同。常用的方法是绘制相关图，根据相关图可以知道预测因子与病害之间的相关性（是呈正相关还是负相关，是呈线性相关还是非线性相关）。若预测因子与病害发生程度之间呈非线性相关，就可利用函数图像的知识大致确定预测模型的曲线形式，然后便可开始建立预测模型。在预测模型的研制过程中，一般要制作多个不同形式的预测模型，将它们进行比较，选择预测效果较好的模型试用。

回归预测模型是常用的病害数理统计预测模型之一，根据预测选择因子的数量可以分为单因素回归预测模型和多因素回归预测模型。单因素回归分析又可进一步划分为一元线性回归分析和一元非线性回归分析(曲线回归分析)；多因素回归分析也可进一步划分为多元线性回归分析和多元非线性回归分析。在计算机普及之前，我们通常运用人工计算或计算器来建立回归模型，这就要求个人具有一定的计算能力，并且需要投入大量时间进行数据计算。目前，我们可借助计算机软件进行此项工作，对个人计算能力的要求降低很多，省时省力。自 20 世纪后期兴起的人工神经网络等人工智能方法也被用于建立病害预测模型，其本质仍属于数理统计模型，因为它也是建立预测因子与预测对象之间的数量关系，只不过这个关系是通过人工神经网络等人工智能方法来建立的。虽然我们不知道它建立的模型具体形式，但其本质是两组数据之间的统计关系。

**(4)拟合度检验**

拟合度检验是对已制作好的预测模型进行检验，比较它们的预测结果与病害实际发生情况的吻合程度。通常是对多个预测模型同时进行检验，选择拟合度较好的模型进行试用。常用的拟合度检验方法有剩余平方和检验、卡方检验和线性回归检验等。

#### 4.4.2.2　注意事项

数理统计模型预测是利用生物统计学方法制作预测模型，统计数据均来自历史积累的资料，所以，尽管形式上是模型预测，但实质上属于经验预测。因而往往可能因为经验不足、资料不全或资料的代表性欠佳等其他原因而使预测带有一定的片面性。另外，数理统计模型预测一般只做简单的因果关系推理，将整个系统作为“黑盒”处理，所以在应用上适应性较差，原则上只适用于建模数据所取自的地区或与之条件相似的地区，而且只能内插，不宜外延或外延过多。

预测因子选择的合适与否，直接影响预测的准确程度，尽管前面已经介绍了一些选择预测因子的方法，但在具体应用时选择预测因子必须与专业知识相结合，所选择的预测因子与预测对象之间必须符合植物病害发生的原理，否则只凭统计运算，便成了纯粹的“数字游戏”，可能选出一些毫无意义或无法应用的因子。另外，统计模型一般引入的预测因子有限，这也是限制其应用范围的一个原因，往往因某些特殊年份或特殊情况而使预测失败。相反，预测因子并非越多越好，引入贡献不大的因子，不但不能提高预测模型的显著水平，反而会增大预测误差。数理统计模型也往往因对预测因子与病害发生程度之间的关系(预测模型)估计失妥而使预测结果失真。

目前常用数理统计模型法的共同缺陷是，它们对用来建模的数据拟合效果可能很好，但预测效果并非十分理想，这需要对病害的发生规律开展更深入的研究，并在预测方法以及对未来因素的估计等方面多下功夫。

### 4.4.3　专家评估法

专家评估法，顾名思义，就是根据预测的目的和要求，向相关领域专家提供一定的背景资料，请其就病害未来的发展趋势做出判断，并给出定性(或定量)的估计。该预测方法的依据是建立在专家的学识和专业知识基础之上，事实也已证明，借助专家知识、经验和能力，可取得较准确的预测结果。按照操作方式不同，专家评估法主要包括专家会议会商法和专家函询法等两类方法。此外，将专家知识与计算机技术相结合而形成的专家系统已经被广泛应用于病虫害测报、农业生产管理以及其他行业。本节将对上述 3 种方法作简要介绍。

#### 4.4.3.1　专家会议会商法

专家会议会商法，也称专家座谈法，是指针对预测对象由具有较为丰富知识和经验的人员组成专家小组进行座谈讨论，相互启发、集思广益，最终形成预测结论的方法。选择合适数量的专家是决定预测结论可靠性和全面性的关键一步。所谓专家，一般是指在某些专业领域积累丰富的知识、经验，并具有解决该专业问题能力的人。

**(1) 操作步骤**

专家会议会商法的操作步骤：①选择专家、确定专家人数和会议时间。②创造宽松气氛，专家充分讨论。③综合专家意见，确定预测结论。

**(2) 特点**

专家会议会商法是目前我国病虫害中长期预测中最常采用的方法，其优点有简便易行，信息量大，考虑的因素比较全面，参加会议的专家可以互相启发。当然，运用专家会议会商法进行病虫害预测也存在一些缺点：一是由于参加会议的专家人数有限而影响代表性；二是有时会议易受个别权威专家的左右，形成意见一边倒现象；三是有的与会专家可能由于不愿发表与多数人不同的意见或不愿当场发表，或具有特殊的心理状态等而影响意见的表达等。

**(3) 应用实例**

目前，由全国农业技术推广服务中心组织进行的我国主要农作物的重大病虫害年度和关键时期发生趋势预测多采用专家会议会商法。例如，每年的一类农作物病虫害全国发生趋势预测、小麦中后期重大病虫害发生趋势预测、玉米中后期病虫害发生趋势预报、早稻病虫害发生趋势预报、中晚稻病虫害发生趋势预报和北方马铃薯晚疫病发生趋势预报等。这些会商会是由全国农业技术推广服务中心组织全国相关农作物主产省份测报技术人员及有关科研、教学单位专家进行专题会议会商(线上或线下)。

#### 4.4.3.2　专家函询法——特尔斐法

特尔斐(Delphi，又译为德尔斐)法是由美国著名的智囊集团——兰德公司首先提出的一种专家书面咨询法。从 1964 年开始，兰德公司采用特尔斐法对几十个重大课题(如人口问题、战争问题等)进行了预测，大多取得较好的预测结果，后来便迅速推广到世界各国。目前，特尔斐法在国外各类预测方法中占有相当重要的地位，国内也正在推广。

该方法的突出优点是简单易行。它的基本方法是对专家进行多轮的书面咨询，首先制订一个关于需要咨询的问题的咨询表，请专家“背靠背”地回答。咨询表回收后，对回收结果进行统计处理，将统计结果寄给专家并提出新的咨询。通过如此几轮咨询后，一般可以得出比较集中和正确的结论。一般认为，对于一些基础资料不全、影响因素较多、政策性较强、难以采用其他预测方法进行预测的综合性问题，适宜采用特尔斐法进行预测。如果方法正确、专家支持，则有可能对咨询的问题得出一些有价值的建议和比较正确的结论。

**(1) 操作步骤**

该方法的操作主要包括 3 个步骤：选择专家、明确预测内容、进行多轮次的征询和反馈。

①选择专家。特尔斐法调查结果是集中所选专家的意见而得出的，因此一般会根据情况和预测的内容选择有关专家。可以根据以下原则选择专家：专家具有高超的学术水平，并且具有多年实践工作经验，对所预测或讨论的内容有具体突出贡献；选择专家的范围要广，可以选本领域的专家，也可选跨界专家；专家有精力、有时间对该问题进行预测；专家人数要适当。

②明确预测内容。领导小组根据预测目的和内容设计预测一览表，使参加预测的专家在工作时目的更加明确。

③进行多次的征询和反馈。需要对预测的目的和内容进行多次的征询和反馈，一般要经过 3~4 轮。在第一轮将全部预测的结果和意见进行收回，统计处理求出专家总体意见的概率分布，然后把统计结果反馈给专家，进行第二轮征询；专家可以根据第一轮的结果对自己的意见或建议进行一次评估，采用类似方法再对第二轮的结果进行处理，开始第三轮征询，最终得出结论(图 4-1)。

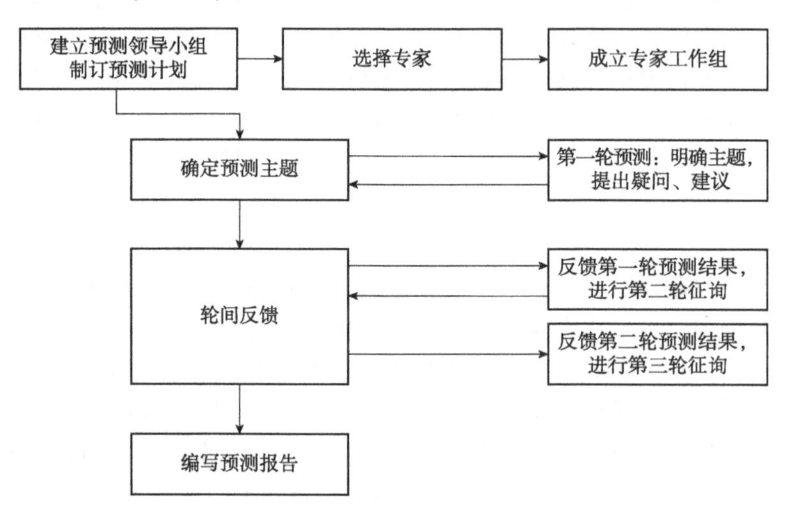


**图 4-1 特尔斐法预测过程**

（仿肖悦岩等，1994）

**(2)特点**

该方法有 3 个显著特点：匿名性、反馈性和统计性。

①匿名性。它不同于专家会议会商法召集一组专家开会进行面对面讨论，特尔斐法所采用的方式是专家通过信函匿名发表意见，这样一来，专家可以独立做出自己的真实判断和评价，不受权威或其他人员和因素的影响；若专家需要修改或完全变更自己的观点、主张、结论时，也不会对自己的权威和名誉造成影响，因为组织者会为其保密。

②反馈性。特尔斐法不同于一般的民意调查，它需要达到沟通交流的目的。因为匿名调查达不到相互交流的目的，所以它需要进行多次反馈沟通，一般要经过 3~4 轮。组织者将上一轮征集到的意见和情况进行反馈给各位专家，专家再对这些意见和情况进行正反两方面分析论证、推理并做出结论，使问题的答案逐渐统一。

③统计性。典型的专家组预测结果反映了多数人的观点，少数派的观点至多概括地提

及一下，但这并不能体现专家组不同意见的状况。而统计回答却不是这样，它报告 1 个中位数和 2 个四分点，其中一半落在 2 个四分点之内，一半落在 2 个四分点之外。这样，每种观点都包括统计中，从而避免专家会议会商法只反映多数人观点的缺点。通过定性分析，以评分等方式进行定量化处理，是该方法的重要特点。

特尔斐法的运用，也存在一定的局限性，主要表现在 3 个方面：该方法通常所需时间较长，对时间要求严格的项目不一定合适；该方法仍属于专家预测法，所以很难避免专家的主观因素对预测主题的影响；该方法对于组织者要求比较严格，除了需要妥善处理与专家之间的各种联系外，更需要对咨询的结果进行统计分析，从而把握大局来制订各轮的问卷及咨询表，保证咨询顺利进行。

**(3) 应用实例**

特尔斐法在经济发展等宏观领域和产品营销等微观领域的预测中应用较多，在我国农作物病虫害预测方面应用还较少，仅在 20 世纪 90 年代有少数的应用尝试。1993 年，在“重大病虫长期运动规律及超长期预测协作研究”课题执行期间，由北京农业大学(现中国农业大学)、全国农作物病虫害测报站和有关省市协作，针对全国小麦条锈病等重大病虫，在发生趋势的超长期预测中进行了应用。项目组首先确定了预测工作领导小组，然后由领导小组选择了全国 15 位相关领域的专家组成了专家组，最后通过 2 轮函询对 1994 年全国小麦条锈病发生趋势进行了预测，与第一轮次相比，第二轮次的预测意见更加趋于集中(表 4-4)。

**表 4-4 特尔斐法预测 1994 年全国小麦条锈病发生趋势专家意见人数**

| 函询轮次 | 专家意见人数(人) | | | | |
| --- | --- | --- | --- | --- | --- |
| | 大流行 | 中偏重流行 | 中度流行 | 中偏轻流行 | 轻流行 |
| 第一轮 | 0 | 1 | 5 | 6 | 3 |
| 第二轮 | 0 | 1 | 3 | 9 | 2 |

注：仿肖悦岩等，1994。

目前，在全国和省市层面的农作物病虫害预测方面基本没有应用该方法，还有待农作物病虫害预测方面进行尝试和应用。

### 4.4.3.3 专家系统预测法

专家系统(expert system，ES)是一种计算机程序系统，其内部存储有大量的某个领域专家水平的知识和经验，能够利用人类专家的知识和解决问题的方法来处理该领域问题。简而言之，专家系统是一种模拟人类专家解决所在领域问题的计算机程序系统。

**(1) 特点**

专家系统与人类专家相比，拥有综合性的知识和高速处理知识的优势，且不受时间、空间的限制和人类情感等因素的影响。农业专家系统不仅可以保存、传播各类农业知识和农业信息，并且能够把分散、局部的单项农业技术综合集成起来，经过智能化信息处理，针对不同的生产条件，为各类问题给出系统性和应变性很强的解决方案，为农业生产的全过程或某一生产环节提供专家水平的服务，从而促进农业生产的发展。

**(2)研究与应用现状**

国际上对于农业专家系统的研究是从20世纪70年代末开始的，以美国最为先进和成熟。1978年，美国伊利诺伊大学开发的大豆病虫害诊断专家系统(Plant/ds)是世界上应用最早的植物病虫害诊断专家系统。到80年代中期，专家系统研究从单一的病虫害诊断转向作物生产管理、经营决策与分析以及生态环境影响等方面。我国农业专家系统的研究开始于20世纪80年代，许多科研院所、高等院校和地方部门都开展了农业专家系统的研究、开发和推广应用。表4-5和表4-6列出了国内外已报道的农业专家系统。

**表4-5 部分国外研制的农业专家系统**

| 名称 | 应用场景 | 研制者 | 时间 |
|---|---|---|---|
| Plant/ds | 大豆病虫害诊断 | 伊利诺伊大学 | 1978 |
| Plant/cd | 地老虎危害预测 | 伊利诺伊大学 | 1983 |
| MICCS | 番茄病害诊断 | 千叶大学园艺部 | 1983 |
| COMAX | 棉花综合管理 | J. M. Mckiaion 等 | 1985 |
| POMME | 苹果园害虫及果园管理 | J. W. Roach 等 | 1985 |
| Plant/tm | 草坪杂草识别 | Fermanian 等 | 1985 |
| SEPTORIA | 小麦斑枯病产量损失估计 | D. C. Sands 等 | 1986 |
| EPIN2FORM | 小麦病害预测 | Caristi | 1987 |
| EPRPRE | 谷物病虫害预测与管理 | 瑞士 | 1996 |
| PRO2PLAMT | 小麦等作物病害预测 | 德国 | 1998 |
| KMS | 农业环境保护培训 | Gareth | 1993 |
| EXGIS | 土地评价 | Yialouris | 1997 |
| HYDRA | 灌溉管理 | Jacucci | 1998 |

**表4-6 部分国内研制的农业专家系统**

| 名称 | 应用场景 | 研制者 | 时间 |
|---|---|---|---|
| 作物病虫害防治地理信息系统 | 作物病虫害防治 | 蒋文科 | 20世纪80年代 |
| 棉田有害生物综合治理多媒体辅助系统 | 棉田有害生物综合治理 | 杨怀卿 | |
| 玉米病虫害诊治专家系统 | 玉米病虫害诊治 | 彭海燕 | |
| 大豆病虫害诊断专家系统 | 大豆病虫害诊断 | 王亚东 | |
| 果蔬病害检索系统 | 果蔬病害识别 | 孙亮 | |
| — | 棉花栽培 | 王增光 | |
| — | 棉花害虫管理 | 纪力强 | |
| 小麦条锈病预测系统 ESYRE | 小麦条锈病预测 | 肖长林、曾士迈 | |
| WSPES | 上海地区小麦赤霉病预测 | 欧阳达等 | |
| ESRICE | 水稻害虫管理 | 胡金胜 | |
| 梨黑星病预测及管理系统 ESPSPMR | 梨黑星病预测及管理 | 李保华等 | |
| NWSRMS | 西北地区小麦条锈病预测及管理 | 孙慎侠等 | |

（续）

| 名称 | 应用场景 | 研制者 | 时间 |
|---|---|---|---|
| VPRDES | 北京地区蔬菜病虫害诊治及管理 | 邵刚等 | 2006 |
| 农业病虫害预测预报专家系统 | 农业病虫害预测预报 | 刘明辉等 | 2009 |
| 玉米病虫草害诊断系统 | 玉米病虫草害诊断 | 刘同海等 | 2012 |
| 设施蔬菜作物病害诊断与防治管理专家系统 | 设施蔬菜作物病害诊断与防治管理 | 孙敏等 | 2014 |
| 中国农作物有害生物监控信息系统 | 中国农作物有害生物监控 | 全国农业技术推广服务中心 | 1999 |
| 检疫性有害生物风险分析系统 | 检疫性有害生物风险分析 | | 2002 |
| 农作物重大病虫害数字化监测预警系统 | 农作物重大病虫害数字化监测预警 | | |

**(3)植物病害预测专家系统的一般结构**

通常，植物病害预测专家系统包括系统知识库、系统推理机、预测预报模块、知识库管理模块、案例库管理模块和预测结果解释模块等。系统功能包括系统专家知识库的维护、推理确认、病虫害预测预报结果显示、案例库管理(包括案例确认、补充信息和案例统计)及预测结果解释等(图4-2)。

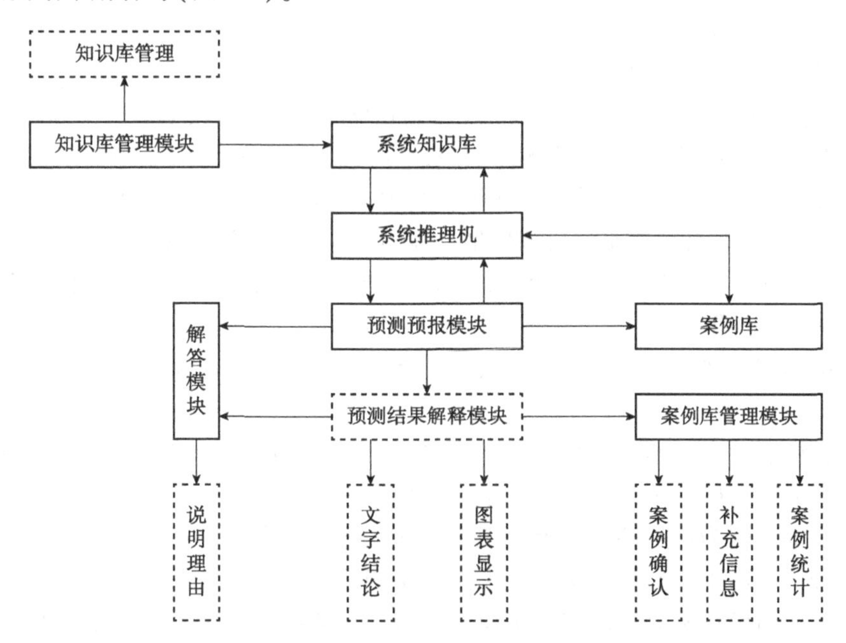


**图4-2　植物病虫预测专家系统结构与功能示意**

(仿高灵旺等，2002)

## 4.4.4　系统模拟模型法

系统模拟就是把研究对象作为一个系统，全面分析系统的组成部分(组分)，针对每个组分的发展变化建立定量模型，并根据不同组分间的相互关系用定量模型将其关联起来，用这个复合的模型系统来模拟研究对象的发展动态。系统模拟模型是在计算机出现之后才发展起来的，因为它需要大量的计算，在计算机出现之前几乎是不可能实现的。因为系统模拟与之前所说的数理统计模型(黑箱)相比，系统的每个过程阶段和不同组分之间的关系均采用数学模型进行描述，即每个环节都很“透明”，所以被称为“白箱”模型，也称机理模型(mechanistic model)。植物病害流行的模拟模型是利用系统分析的方法，明确植物病害流行的诸多因子及它们之间的相互关系和互相作用，对各环节进行定量化(子模型)，最后组建病害流行的动态模型。运用系统模拟模型对植物病害发生和流行进行预测的方法即为系统模拟模型法。

**(1)特点**

系统模拟模型因为是“白箱”模型，所以其优点主要表现为理论上比经验模型(黑箱)在不同地区和不同条件下的适用性要广；系统模拟模型可对病害的发展做出动态预测，而经验模型通常是定性预测或对某一时间点的定量预测。然而，任何事物都有两面性，与经验模型相比，系统模拟模型的研发过程要复杂得多，人力、物力和时间成本也高得多，模型输入信息较多、准确性要求较高，并且必须要有计算机才能运行和使用模型，其初期预测效果不一定很好，有时甚至还不如经验模型准确。

**(2)研究和应用现状**

自从1969年Waggone和Horsfall发表了植物病害流行的第一个电算模拟模型EPIDEM(番茄早疫病流行模拟模型)以来，已经有不少关于植物病害的电算模拟模型问世，开始了对植物病害流行模拟的时代。目前，国内外已报道的植物病害系统模拟模型有40多个，多用于预测气传多循环病害，如马铃薯(番茄)晚疫病和早疫病、小麦条锈病、小麦叶锈病、小麦白粉病、大麦锈病、稻瘟病、稻纹枯病、玉米小斑病、葡萄霜霉病、葡萄灰霉病、梨黑星病、黄瓜霜霉病、花生锈病、白菜病毒病等，其中一些模型已经用于指导生产。例如，意大利皮亚琴察大学开发的葡萄霜霉病机理模型已经多年应用于指导农场的病害防控，与当地农业技术顾问的决策建议相比，在防控效果相当的情况下，模型指导的用药次数更少。

**(3)模型建立步骤**

系统模拟模型的建立主要包括确定目标、系统分析、模型组建、系统组装和模拟应用等步骤。

①确定目标。确定要预测的目标(发生时间、发生区域、发生程度)，根据预测目的对预测对象进行分析，确定预测的输出结果、表现形式，以及输入数据、信息和方式等。这个步骤非常关键，因为这是整个系统模拟模型建立的依据和应用基础。

②系统分析。对于要预测的植物病害进行系统分析，明确该系统的各个组分及其之间的相互关系，从而确定所要组建的系统模拟模型的总体结构。这一过程主要是依据病害的侵染过程进行，同时也要考虑寄主植物的生长发育过程，分析每个过程的各个环节和影响因素。在全面分析基础上，结合预测目的确定系统模型的总体结构。例如，小麦条锈病的电算模拟模型TXLX(曾士迈等，1981)由两个子模型构成：一个是显症率，另一个是日传染率。前者的输入为健康叶片数，输出为潜育病叶数，这一过程受露时、露温、病斑平均面积、叶面积指数、抗病性参数和总叶数等因素的影响；后者的输入为潜育期病叶数(前者的输出)，输出为传染性病叶数，这一过程受抗病性参数、日均温等因素影响(图4-3)。需要指出的是，系统分析和结构确定必须以病害的生物学原理为依据，所设计的系统模拟模型结构必须符合生物学逻辑，否则就不是一个真正的系统模拟模型。

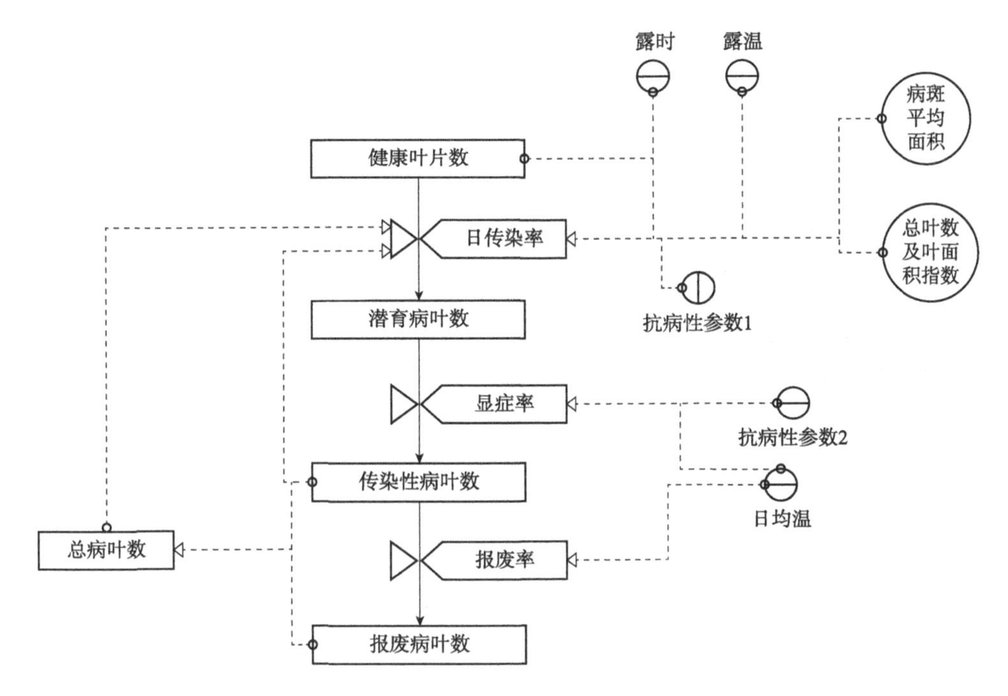


**图 4-3　小麦条锈病模拟模型 TXLX 简要流程**

（仿曾士迈等，1981）

③模型组建。在上述系统分析的基础上，确定总体结构设计，然后对每个过程(或子系统)的输入和输出进行定量分析，建立定量模型。子模型是整个模拟模型预测准确性的主要决定因素。定量模型的组建过程通常需要通过试验来获得相关数据，然后采用前述的数理统计模型建立方法而获得。在各个子模型建立后，还要对其进行检验，以保证每个子模型的可靠性和准确性。只有每个子模型的可靠性和准确性符合要求，最终的系统模拟模型才有可能获得较好的可靠性和准确性。

④系统组装。根据系统结构设计，利用计算机程序把各个子模型有机组装成最终的系统模拟模型。该过程需要很多计算机和编程方面的知识与技术，往往由植保专业人员与计算机专业人员合作完成。需要注意的是，在此过程中一定要保证计算机程序算法完全符合系统模型设计的生物学逻辑，否则很难实现设计初衷。在系统模拟模型组装完毕后，就要对其进行测试，通常需要利用多组已知相互关系的输入数据和输出结果进行测试，还需要利用一些极端值或边界值进行测试，检验模拟过程的逻辑是否正确，各项输出结果是否正确等。

⑤模拟应用。系统模拟模型组建完成并经过检验后就可以进行应用测试，也就是在实际条件下运行和应用模型。在此过程中，需要通过实际调查对模拟结果进行检验，对模型的应用效果进行评价，根据检验和评价结果对模型参数进行必要的修正或对子模型进行修改完善。模拟模型在运行过程中始终需要进行检验—修正—再检验—再修正，因为植物病害和农业生产条件及气候总是变化的，只有不断检验修正才能使模拟更符合实际情况。

## 复习思考题

1. 如何选定植物病害预测的依据？
2. 植物病害预测包括哪些步骤？
3. 简述几种专家预测法的优缺点。
4. 为何我国目前主要病害的中长期预测仍多采用专家会议会商法？
5. 如何提高专家系统预测的准确性？
6. 如何保证系统模拟模型的预测效果？
7. 简述类推法中各种预测方法的特点。

# 第 5 章

# 虫害预测

【内容提要】虫害预测是指对害虫发生期及发生量进行预测。害虫发生期预测是指预测某种害虫的某一虫态或虫龄发生的时间或为害的时期；害虫发生量预测是指预测某种害虫的发生数量或田间虫口密度。本章重点介绍虫害预测的概念、原理和方法。

## 5.1 虫害预测概述

虫害预测包括害虫的发生期预测及发生量预测。害虫发生期预测就是预测某种害虫的某一虫态或虫龄发生的时间或为害的时期，对具有迁飞和扩散习性的害虫，也包括其迁出或迁入本地时间的预测。害虫发生量预测就是预测某种害虫的发生数量或田间虫口密度。发生期和发生量的预测是确定害虫防治适期和防治措施的依据。

## 5.2 虫害预测原理

害虫发生期和发生量的预测基于害虫种群的生物学特性及种群数量的时空表现，没有种群生物学特性的支撑，再好的预测手段与方法，也只能是空中楼阁。其中昆虫的发育、昆虫发育历期与温度的关系、昆虫的休眠和滞育、昆虫的扩散和迁飞、昆虫种群数量动态、昆虫种群的生长型和生命表等生物学、生态学理论是开展虫害预测的理论基础。

### 5.2.1 昆虫的发育

了解昆虫的发育阶段与生活史是虫害预测的基础。昆虫根据个体发育类型可分为全变态昆虫(即卵—幼虫—蛹—成虫，如家蚕、蝶类、蛾类、蝇类等)和不全变态类昆虫(即卵—若虫—成虫，如七星瓢虫、蝽类、粉蚧类、蚜虫类等)。昆虫的各个发育阶段也就是发育历期(卵、幼虫、蛹、成虫)还可进一步划分为可分辨的更细的时期，例如，卵期可以按级别划分为 1 级、2 级、3 级等，幼虫可以按龄期划分为 1 龄幼虫、2 龄幼虫、5 龄或 6 龄幼虫等；蛹期可以按级别划分为 1 级蛹、2 级蛹等，成虫阶段的卵巢发育也可按级别来划分。

**(1) 卵的发育等级**

对于卵期较长的昆虫，在进行发生期预测时最好对卵的发育进行分级，通常以胚胎发育为基准，结合容易观察的特征划分卵级。卵发育级别的观察方法可以先用药液处理卵壳，然后在放大镜或解剖镜下检查胚胎发育情况。例如，飞蝗卵可用10%漂白粉溶液浸泡2~3 min，待卵壳溶解后取出，用清水洗净，直接镜检。针对椿象、螟虫等小型卵，可在80%乙醇溶液中洗清，用细针剔除或刺破卵壳，直接镜检，或用硼砂-洋红染色，脱水后用加拿大胶或中性树胶封盖，在显微镜下观察。针对叶组织内的昆虫，可以利用通用染色法来观察，该方法对菜豆蛇潜蝇、叶蝉寄主植物叶内的卵染色非常有效。

彩图 1

高粱长蝽卵的胚胎发育可分为胚盘期、胚带期、眼点期、反转期、胸节期、腹节期和胚熟期 7 个时期(郝康陕等，1993)。绿盲蝽的卵可为 4 级(彩图 1)(羌烨等，2014)。

**(2) 幼虫的发育等级**

幼虫分龄的方法以蜕皮为依据最为准确，两次蜕皮之间所经历的时间即为该龄的历期。蜕皮观察较困难的昆虫可利用头壳宽度、体长、身体斑纹来区分，也可利用口钩的长宽来区分。例如，草地贪夜蛾幼虫不同龄期形态特征之间存在差异，头宽在各龄期间均无重叠，可作为幼虫龄期鉴定的重要指标；头长、体长和体宽可作为龄期划分的辅助和验证指标(图 5-1)。草地贪夜蛾幼虫分为 6 龄，在 23℃下，幼虫历期为 15~16 d,其中 1 龄幼虫龄期 3 d、2 龄幼虫龄期 2 d、3 龄幼虫龄期 2 d、4 龄幼虫龄期 2 d、5 龄幼虫龄期 2~3 d、6 龄幼虫龄期 4~5 d(李林妤等，2022)。

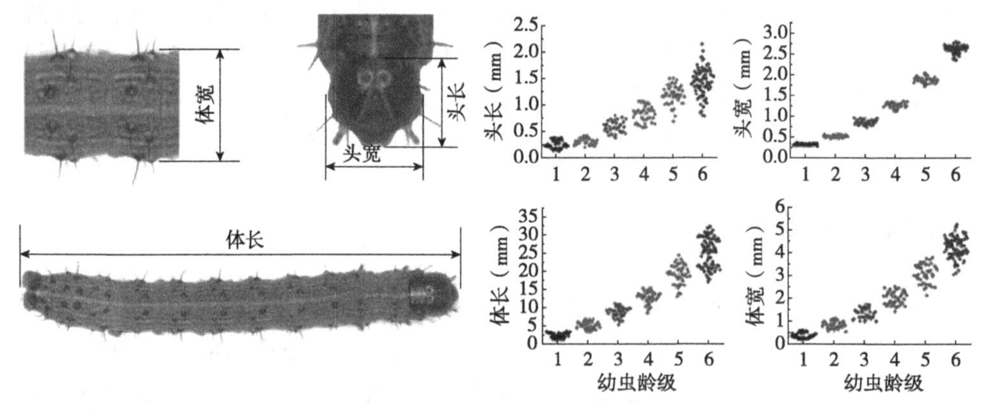


**图 5-1 草地贪夜蛾各龄幼虫形态测量值**

(李林妤等，2022)

彩图 2

橘小实蝇幼虫分为 3 个龄期，各龄幼虫在形态特征上存在明显差异，口钩长度和宽度在龄期之间存在显著差异，口钩可作为幼虫龄期鉴别和划分的重要形态特征，而幼虫体长、体宽因重叠严重、变异性大，不适合作为龄期划分的标准(彩图 2)(周小妹等，2017)。

**(3) 蛹的发育等级**

彩图 3

蛹的分级多根据蛹的颜色、复眼的颜色和位置，以及附肢的形态特征来划分。红颈常室茧蜂是一种绿盲蝽若虫的优势内寄生蜂，利用超景深三维显微系统进行显微观察，红颈常室茧蜂蛹期为 12~15 d，根据其形态特征，可将蛹期划分为预蛹期、第一蛹阶段、第二蛹阶段、第三蛹阶段(彩图 3)(田苗苗等，2019)。

**(4) 成虫卵巢的发育等级**

卵巢发育进度表征成虫的发育进程。一般来说，刚羽化的成虫其卵巢发育处于低级阶段，而产卵后的卵巢则处于较高的级别。卵巢分级可根据卵巢管长度、卵巢管内卵粒的成熟度和排列状态、色泽及脂肪的消耗情况等特征来划分，通常可将卵巢发育进度分为 5~6 级，级数越高，表明成虫已经历的时间越长。例如，桃蛀螟的雌性生殖系统由 1 对卵巢、1 对侧输卵管、1 根中输卵管、1 个交配囊和 1 个受精囊组成。依据雌性生殖系统发育的典型特征，即卵巢小管形态、卵粒的成熟度、脂肪体的数量及形态，可以将卵巢发育过程分为乳白透明期(Ⅰ级)、卵黄沉积期(Ⅱ级)、成熟待产期(Ⅲ级)、产卵盛期(Ⅳ级)及产卵末期(Ⅴ级)5 个发育时期(彩图 4)(张胜男等，2021)。

彩图 4

**(5) 昆虫的发育进度**

发育进度指昆虫在某一时期所达到的发育阶段，如卵期、幼虫期、蛹期或成虫期。在个体发育上，昆虫的发育进度先后表现为卵—幼虫—蛹—成虫或者卵—若虫—成虫。在种群数量上，昆虫某一虫态在田间的消长规律表现为从少到多再由多到少，直至消失，即开始时为零星发生，然后数量逐渐增加，增加到一定程度后数量急剧增加而达到高峰，随后数量又急剧下降，下降到一定程度后变为缓慢下降，直到绝迹。如果把这种变化以日期为横坐标、数量或者该数量所占百分比为纵坐标的坐标系表示，则不同日期昆虫的发生数量或数量百分比的点线图接近于正态分布。如果以累计发育进度(即某一虫态的累计百分比)为纵坐标，正态曲线则变为对称的“S”形曲线。其中“S”形曲线的两个拐点对应的发生量累计百分比分别为 16%和 84%，对应的发生日期分别为始盛期和盛末期。“S”形曲线的中点，发生量累计百分比达 50%，对应的横坐标日期称为高峰期(图 5-2)。

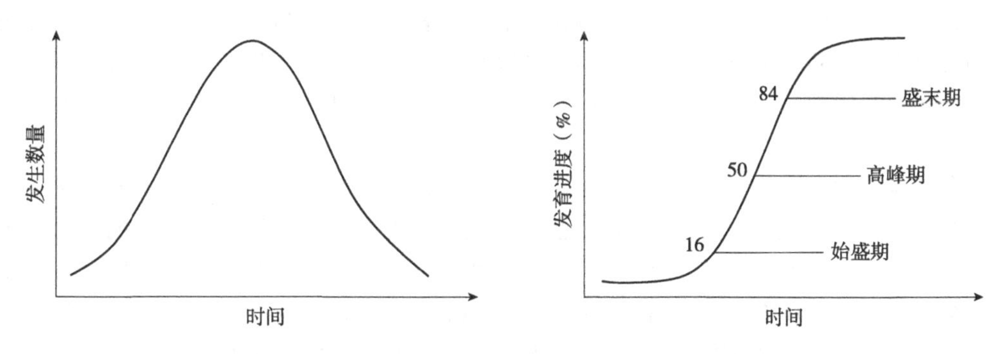


**图 5-2　害虫种群的发生数量和发育进度与时间的关系**

## 5. 2. 2　昆虫发育历期与温度的关系

昆虫是变温动物，其发育速率随环境温度变化，在正常生存的整个温度范围内，昆虫的发育速率与温度的关系呈典型的“S”形曲线(刘树生，1986)。在适温区内，昆虫发育速率才随着温度的上升而呈现线性增大(图 5-3、图 5-4)，所以常使用有效积温法则来描述温度对昆虫发育速率的影响(时培建等，2011)。

**(1) 温度对昆虫的发育历期的影响**

发育历期是指昆虫完成一定发育阶段(一个世代、虫期或龄期)所经历的时间，通常以

“日”为单位。在不同的温度条件下，昆虫的发育历期存在差异。在20℃、25℃及30℃的条件下，桃蛀螟卵巢达到Ⅰ级的历期差异不显著，达到Ⅱ级至Ⅴ级卵巢发育的历期差异均显著，在30℃下桃蛀螟卵巢发育最快(张胜男等，2021)。

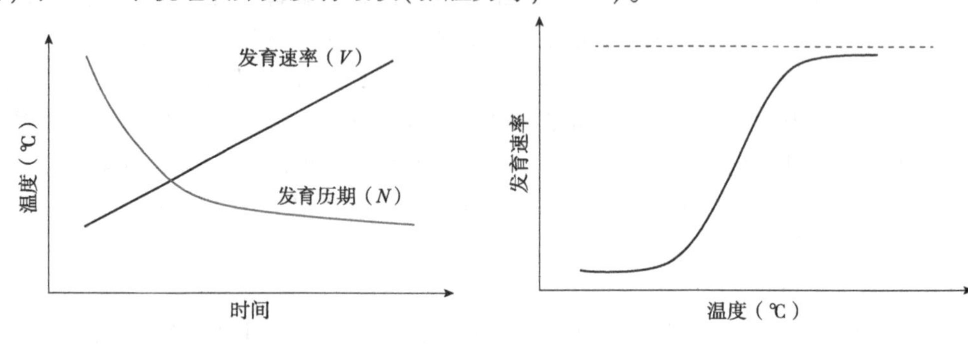


**图5-3 最适温区内温度与发育历期及发育速率的关系**

**图5-4 适温区内温度与发育速率的关系**

**(2)利用有效积温估算发育历期**

昆虫开始发育的某一特定温度称为发育起点温度，以 $C$ 来表示。昆虫在生长发育过程中需要从外界摄取一定的热量，也就是积温，用常数 $K$ 来表示：

$$K=N(T-C) \tag{5-1}$$

式中，$K$ 为有效积温(d·℃)；$N$ 为发育历期(d)；$T$ 为发育期间的平均温度(℃)；$T-C$ 为有效平均温度(℃)。

一般采用试验和统计分析的方法来测定昆虫的发育起点温度和有效积温，在不同温度下饲养某种昆虫(或某虫态)，得出不同温度下的发育历期，再进行统计分析。已知某种昆虫(或虫态)的发育起点温度和有效积温，可以来预测害虫的发生期，也可以预测某一地区某种害虫可能的代数，还可以预测害虫在地理上的分布界限和长期预测某种害虫来年的发生程度。

有效积温法则在应用上也有一定的局限性：①对于一年严格发生一代的专性滞育昆虫和多年发生一代的昆虫及有迁飞习性的昆虫，利用有效积温推算其一年发生的代数没有意义；②当昆虫栖息场所小气候的温度与百叶箱测得的大气温度有所差异时，应确立两者的函数关系，测报时予以纠正；③昆虫不同地理种群的发育起点温度不完全相同，应用有效积温法则时需注意；④在定温和自然变温条件下，昆虫的发育速率有所不同；⑤温度虽然是影响昆虫发育速率的主要因素，但湿度、食料等也有一定影响。

### 5.2.3 昆虫的休眠和滞育

休眠和滞育是昆虫生长发育相对停滞的状态，是昆虫对外界不良环境条件在时间上延滞的一种适应，是昆虫适应外界环境的主要策略。休眠是指在昆虫个体发育过程中，当遇到不良环境条件时其生长发育暂时停止，不良条件一旦消除且又能满足其生长发育的要求时便可立即恢复活动的现象。滞育是昆虫在温度和光周期等外界因子的诱导下，通过体内生理编码过程控制的发育停滞状态，一般在滞育期间即使给予适宜的条件昆虫仍不能恢复活动，是昆虫长期适应不良环境而形成的遗传特性。昆虫的滞育分为专性滞育和兼性滞育。专性滞育为昆虫在固定时间发生滞育，一化性昆虫常采取此种滞育方式，如舞毒蛾；兼性滞育为不在固定时间发生的滞育，采取此种滞育方式的主要为多化性昆虫。影响昆虫滞育的环境因素包括光周期、温度、湿度、食物等。了解昆虫的休眠和滞育，对于分析害虫和天敌种群数量变动，预测预报具有重要意义。

### 5.2.4 昆虫的扩散和迁飞

昆虫对环境的适应还表现在空间迁移特性方面，主要是扩散和迁飞两种情况。

扩散是指昆虫个体在一定时间内发生空间变化的现象，可分为主动扩散和被动扩散。主动扩散是指由于觅食、求偶、寻找产卵场所、躲避天敌等因素由原发地向周边地区转移分散的过程。被动扩散是指由于外力(风力、水力、人为活动)引起的被动空间变化。了解害虫的扩散习性在测报中有助于选择调查类型田。

迁飞又称迁移，指昆虫成群地从一个发生地长距离转移到另一个发生地的现象，是昆虫在长期进化中形成的一种生存对策。迁飞性害虫如飞蝗、黏虫、草地螟、稻飞虱、稻纵卷叶螟、棉铃虫、草地贪夜蛾等是我国主要农作物的重大害虫。迁飞昆虫可以分为 4 种类型：①无固定繁育基地连续性迁飞类型，农业害虫中大部分为此类害虫，如黏虫、草地螟、稻纵卷叶螟、褐飞虱、白背飞虱等；②有固定繁育基地的迁飞类型，大多数飞蝗属于此类害虫；③越冬或越夏迁飞类型，如七星瓢虫和异色瓢虫等；④蚜虫迁飞类型，蚜虫在生境恶化时常出现大量有翅成虫，如棉蚜、桃蚜等。

### 5.2.5 昆虫种群数量动态

昆虫种群数量动态是指昆虫种群沿着时间维和空间维表现的数量变动。昆虫种群数量变动主要取决于种群基数($P_0$)、种群增殖速率($R$)、种群死亡率($d$)和种群迁移率($M$)，由其构成了昆虫数量动态理论模型的基本结构，可用以下公式表示(张孝羲等，2005)：

$$P=P_0[R(1-d)(1-M)]^n \tag{5-2}$$

式中，$P$ 为种群数量；$n$ 为世代数。

昆虫种群增殖速率($R$)取决于繁殖力($e$)和种群性比，式(5-2)可改写为：

$$P=P_0\left[e\frac{f}{m+f}(1-d)(1-M)\right]^n \tag{5-3}$$

式中，$e$ 为单雌平均产卵量；$f$ 为雌虫数；$m$ 为雄虫数。

因此，预测害虫发生量时必须考虑以下几方面因素。

①种群基数($P_0$)。即种群起始数量，也就是前一代或前一时期某一发育阶段(卵、幼虫、蛹或成虫)在一定空间的数量或单位时间内该种群所有年龄个体的总数，是通过调查获得的。

②种群增殖速率($R$)。指一个种群在单位时间内增加个体数的最高理论倍数。由种群内雌性平均繁殖力和性比决定。

例如，棉铃虫平均每头雌虫一生可产卵 800～1000 粒，性比为 1∶1。则其发展到第二代种群的增殖速率为：

$$R=\left(200\sim300\times\frac{1}{1+1}\right)^2=10\ 000\sim22\ 500\text{ 倍}$$

从理论上来看，棉铃虫一年内种群数量可增长 10 000~22 500 倍，但实际上种群数量会因为种内竞争、遗传变异、气候、天敌、寄主种类、寄主生育期及种群密度等而引起大量的死亡或迁移。例如，通过调查不同生育期棉株上棉蚜的种群数量发现，在棉株不同生育期内棉蚜的增殖速率也不同，苗期为 13.4，蕾期为 21.2，花期为 29.5，铃期为 11.5。又如，调查发现不同密度下饲养的棉铃虫产卵量(2 日龄产卵量)不同，当密度为 10 对时，单雌平均产卵量为 145 粒，当密度为 1 对时，单雌平均产卵量为 36 粒。说明种群增殖数量不是种内各个体繁殖数量的总和，而是种群与周围环境相互作用的结果。

在自然情况下，种群增殖速率的变化幅度分为以下几种情况：$R=1$，种群上下代(单位时间)数量相等；$R<1$，种群下一代数量降低；$R>1$，种群下一代数量上升。

对某地常年种群增殖速率进行统计，得到平均值后，基于当时的种群基数可以预测该害虫的下代发生量。

$$下代发生量=上代残留虫量\times该代平均自然增殖速率 \tag{5-4}$$

例如，多年实测数据显示，山东省东亚飞蝗第一代夏蝗到第二代秋蝗的自然增殖速率为 7.2，现实查得夏蝗的残留蝗为 80(头/$hm^2$)，则可预测秋蝗发生量为：$80\times7.2=576$(头/$hm^2$)。

③种群死亡率($d$)。指在单位时间内种群死亡个体数占总数的百分率。在测报中也常用存活率($S$)来表示环境因素对昆虫种群数变动的影响，$S=1-d$。

研究种群的生存率通常使用一条曲线表示一个种群所有个体的死亡和存活动态变化，这条曲线称为种群存活(生存)曲线。种群的存活曲线以生物相对年龄(绝对年龄除以平均寿命)为横坐标，以各年龄的存活率为纵坐标所画出的曲线，是由生命表统计得出，而生命表是由分年龄个体的死亡率和存活率编制的。Pearl 和 Oering(1928)首次提出 3 种存活曲线(图 5-5，A、$B_2$、C)。Odum(1978)提出了 5 种类型生存曲线，如图 5-5 所示。许多大型哺乳动物的存活曲线属于 A 型，表现为幼期及中期存活率高，但一旦达到老年时死亡率上升。B 型表现为各年龄都有相对稳定的存活率。其中 $B_2$ 型表示各年龄期的存活率完全相等，而这在自然界是不存在的。而 $B_1$ 型表现为阶梯式下降式存活曲线，是昆虫中最常见的类型，即卵期或成虫期存活率陡降。$B_3$ 型表现为“S”形存活曲线，常见于鸟类、老鼠和兔子等，即幼期死亡率大，而成年期存活率稳定。C 型曲线表现为幼期死亡率极大，到中后期死亡率较小，常见于鱼类、无脊椎动物、寄生虫等。研究种群存活曲线可以判断各种昆虫种群最易受伤害的年龄而人为地选择最有利时间有效地控制害虫种群的数量，达到防治的目的。

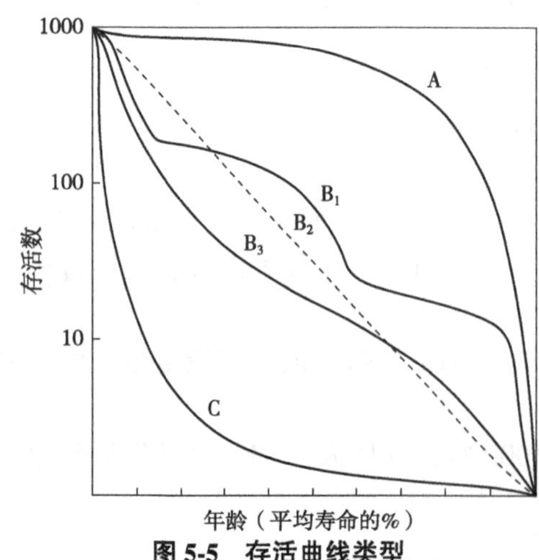

**图 5-5 存活曲线类型**
(仿 Odum，1978)

④种群迁移率($M$)。昆虫种群的个体常具有迁移能力，尤其是具翅成虫的活动性常影响种群的数量变动。迁入率和迁出率统称迁移率，即一定时间内种群的迁出数量与迁入数量之差占种群总数的百分率。

$$M=\frac{\text{迁出数}-\text{迁入数}}{\text{总虫数}}\times 100\% \tag{5-5}$$

依据 $M$ 值的正负可判断种群是迁入还是迁出。迁出数等于迁入数时，$M=0$；迁出数大于迁入数时，$M$ 为正值；迁出数小于迁入数时，$M$ 为负值。目前，对种群迁移率的测量方法研究尚少，尤其是要把种群的迁出与死亡区分开，把迁入与出生率分开则更为困难。一般情况下，若种群无明显的扩散和迁移，其迁移率可视为零。

种群迁移率的测定方法主要有标记重捕法和分格调查法两种。

a. 标记重捕法：使用标记回捕法估计种群大小可按照式(5-6)算出(张孝羲等，2005)。

$$\frac{M}{N}=\frac{R}{C},\ N=\frac{CM}{R} \tag{5-6}$$

式中，$N$ 为种群大小；$M$ 为第一次标记个体数；$C$ 为第二次回捕个体数；$R$ 为第二次回捕个体中标记的个体数。

例如，在时间Ⅰ时，释放红色标记虫 1000 头，时间Ⅱ时回收捕捉到 50 头虫，其中有 5 头是红色虫，同时又标记蓝色虫 1000 头，时间Ⅲ时回捕 50 头，其中红色 4 头，蓝色 6 头。

时间Ⅱ时的种群数量为：

$$N_2=\frac{CM}{R}=\frac{50\times 1000}{5}=10\ 000(\text{头})$$

时间Ⅲ时的种群数量为：

$$N_3=\frac{CM}{R}=\frac{50\times 1000}{6}=8333(\text{头})$$

$$\text{时间Ⅱ～Ⅲ间生存率}=\text{红色虫Ⅲ}/\text{红色虫Ⅱ}\times 100\%$$
$$=4/5\times 100\%=80\%$$
$$\text{时间Ⅲ时理论总虫数}=10\ 000\times 80\%=8000(\text{头})$$
$$\text{迁入虫数}=8333-8000=333(\text{头})$$

从理论上来看，时间Ⅲ时种群总数由 10 000 头降至 8000 头。但实际上，在时间Ⅲ时测得种群总数为 8333 头。可见在时间Ⅱ～Ⅲ时除了死亡或迁出外，还有新生或迁入虫 333 头。用这种方法可以在种群数量消长中将新生加迁入或死亡加迁出区分开来。但是，对于死亡与迁出或者新生与迁入之间还不能加以区分。

b. 分格调查法：先选择并划定一块方形取样区域，再将其划分为 4 个大小相等的方形小区。小区面积视种群的迁移能力而定。由于 4 个小区的周界的总长是大周界的 2 倍，因此，小区的迁出率和迁入率也是大区的 2 倍(图 5-6)。

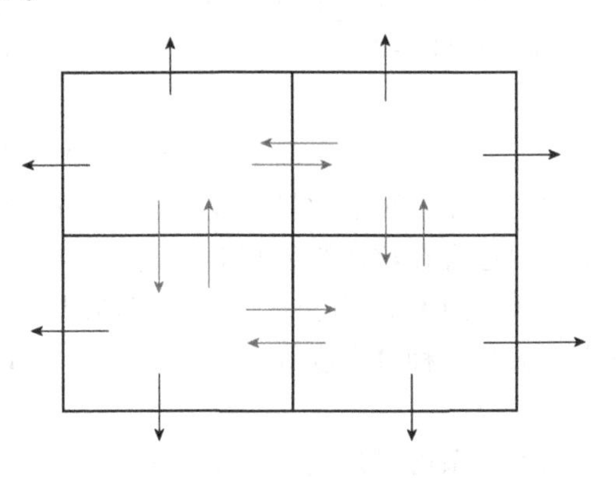

图 5-6　分格调查法

**【例】**通过调查，3 天内小区的虫口密度降低 20%，而大区内降低 15%，计算种群迁出率。

小区迁出率：

$$\text{死亡率}+2\times\text{迁出率}=20\%$$

大区迁出率：

$$死亡率+迁出率=15\%$$

小区迁出率减去大区迁出率得到大区种群的迁出率为5%，则

$$死亡率=15\%-5\%=10\%$$

因此，该方法可将种群减少数中的死亡和迁出加以区分。

综上所述，种群数量变化与各因素的关系如图5-7所示。

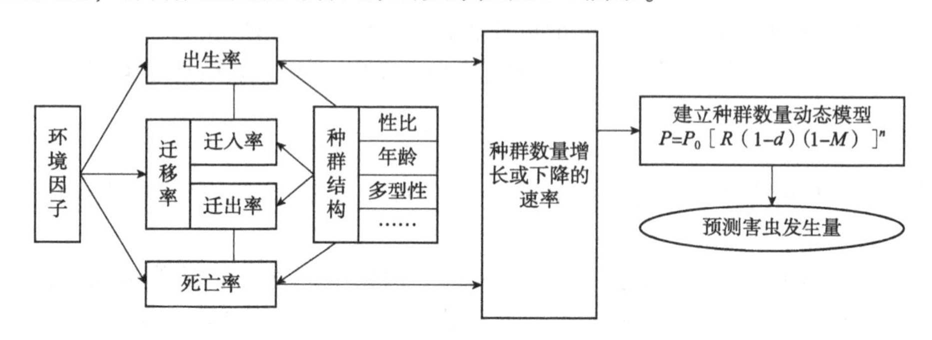


**图5-7　种群生长速率与各因素间关系模式**

（仿张孝羲，1979）

### 5.2.6　昆虫种群的生长型

昆虫种群的生长型是用来描述昆虫种群数量随时间变化而变化的理论模型，可以用于预测害虫未来种群数量动态，即害虫发生量预测模型。昆虫种群的生长型按照时间函数的连续性或不连续性可分为两类。

**(1)世代离散性生长型**

1年只发生1代或1年内只有一个繁殖季节，或世代不重叠的多代性昆虫种群，常表现为简单的单峰，可用下式表达：

$$N_{t+1}=R_0N_t \tag{5-7}$$

式中，$N_t$为第$t$世代的种群数量(种群基数)；$N_{t+1}$为第$t+1$世代的种群数量；$R_0$为种群的净增殖率，即每雌虫每代所产生的后代数。

①净增殖率$R_0$为恒量。用式(5-7)表示，例如，$N_0=100$，$R_0=1.2$，由此可预测$N_1$和$N_2$的种群数量分别为：

$$N_1=1.2\times100=120(头)$$

$$N_2=1.2\times N_1=1.2\times120=144(头)$$

由此可见，种群数量的变动取决于净增殖率($R_0$)和种群基数($N_0$)。但需要注意的是，恒量法只适合在耕作制度相对稳定、气候无异常的年份使用。

②净增殖率$R_0$为变量。在许多情况下，净增殖率$R_0$常常不是恒定的常数，常受气候、寄主、天敌、种群密度等因素影响。所以$R_0$与这些变动因素呈函数关系，用式(5-8)表示：

$$R_0=f(x) \tag{5-8}$$

函数关系可以是线性关系、曲线关系、一元回归关系或者多元回归关系。将式(5-8)代入式(5-7)，即

$$N_{t+1}=f(x)N_t \tag{5-9}$$

例如，沈进松(1999)研究表明，苏北地区棉铃虫第四代产卵量($N_{4E}$)取决于第三代残留虫量($N_{3A}$)以及8月中旬温湿系数($X$)，即

$$N_{4E}=15.8728+0.215N_{3A}-2.9855X+0.2236$$

**(2)世代重叠的连续性生长型**

世代重叠指一年内昆虫发生多代或昆虫具有多年生生活史，即在同一时间内昆虫各个虫态都存在。蓟马、蚜虫、螨虫和寄生蜂都属于世代重叠类型。连续性生长型曲线是连续的，常用微分方程表示。首先要假定种群在 $t$ 时间的生长只与 $t$ 时间的环境条件有关。这种连续性的生长曲线有两种情况。

①在无限环境中的几何增长。该种群增长类型的繁殖速率恒定(“J”形生长曲线)。首先假定在任何短瞬间 $\mathrm{d}t$，每个个体具有 $b\mathrm{d}t$ 的概率来生产出新的个体。在此同时短瞬间也存在 $d\mathrm{d}t$ 的个体死亡概率。在此瞬间的种群数量可用以下微分式表示：

$$\mathrm{d}N/\mathrm{d}t=bN-dN=(b-d)N \tag{5-10}$$

式中，$N$ 为种群数量；$t$ 为时间；$b$ 为瞬时出生率；$d$ 为瞬时死亡率。

$b-d$ 称为种群的内禀增长能力，它代表在一定非生物的和生物的环境条件作用下，种群所固有的内在增长能力(张孝羲，2005)，可以用 $r$ 表示，则式(5-10)可表示为：

$$\mathrm{d}N/\mathrm{d}t=rN \tag{5-11}$$

对式(5-11)移项积分后可表示为：

$$N=N_0\mathrm{e}^{rt} \tag{5-12}$$

式(5-12)即为种群在无限自然资源中的几何增长函数，也称为“J”形生长曲线。“J”形生长曲线可用于微生物以及蚜虫、螨虫、蓟马、寄生蜂等这类生活史短、增长速度快的昆虫。“J”形生长曲线表现为种群开始按指数迅速增加，一定时间后由于受到环境因素的冲击造成种群数量突然锐减。例如，迁飞性害虫(如黏虫、稻飞虱、稻纵卷叶螟等)从外地迁入并迅速繁殖时，其迁入地种群数量呈倍数激增，但在作物成熟、气温升高或下降、光照缩短时，可引起下一代成虫大量迁出到另一个适生地繁殖，而使当地的种群密度突然锐减的现象，就符合“J”形生长曲线。

②在有限环境条件中的逻辑斯谛曲线增长。该种群增长类型的繁殖速率依赖于种群密度(“S”形生长曲线)。无限环境中的几何增长型是假定其环境中资源(食物及空间等)的供应是无限的，但实际上，种群常常生存在有限的资源条件下。随着种群个体数量的增多，对有限资源的种内竞争加剧，种群的死亡率增大，繁殖率减少，种群的增长速率也随之减小。当种群数量增长到其资源供应状况所能够维持的最大密度 $K$(即环境负荷量)时，种群不再继续增殖而稳定在 $K$ 值附近，这就是逻辑斯谛曲线。该曲线是由 Verhulst 和 Pearl 提出的。它假设当种群中每增加一个个体时，将瞬时地对种群产生一种压力，使种群的实际增长率 $r$ 下降为一个常数 $c$，此常量称为拥挤效应。因此，当种群数量为 $N$ 时，种群的实际增长率为 $r-cN$；当 $N\to K$ 时，种群的实际增长率便趋于零，可用下式表示。

$$\mathrm{d}N/\mathrm{d}t=N(r-cN) \tag{5-13}$$

当 $N=K$ 时，对式(5-13)积分得

$$N=K/(1+e^{a-rt}) \tag{5-14}$$

式中，$K$ 为环境饱和容量；$r$ 为内禀增长率；$a$ 为常数；$t$ 为时间；e 为自然对数的底数。

对式(5-14)移项取对数后得

$$a-rt=\ln[(K-N)/N] \tag{5-15}$$

令

$$y=\ln[(K-N)/N] \tag{5-16}$$

则

$$y=a-rt \tag{5-17}$$

首先要确定 $K$ 值，然后将各 $N$ 值换算为 $\ln[(K-N)/N]$，便可以用最小二乘法求得常数 $a$ 和 $r$ 的值。$K$ 值的求法有多种，常用的有选点法和回归法(张孝羲等，2005)。

a. 选点法：选取时间间隔等距的 3 个时间点 $t_1$，$t_2$，$t_3$，其相对应的虫口数量分别为 $P_1$，$P_2$，$P_3$，按下式可计算出 $K$ 值：

$$K=\frac{2P_1P_2P_3-P_2^2(P_1+P_3)}{P_1P_3-P_2^2} \tag{5-18}$$

此法所求的 $K$ 值易受选点位置的影响，所以可以用回归法计算 $K$ 值。

b. 回归法：先将各 $t$ 时间的 $N$ 值换算为 $N_t/N_{t+1}$ 项，然后将 $N_t$ 对 $N_{t+1}$ 两项配成一直线回归式：

$$N_t/N_{t+1}=A+BN_t \tag{5-19}$$

按最小二乘法求得常数 $A$ 和 $B$。当 $N_t/N_{t+1}=1$ 时，即 $N_t=N_{t+1}$，表示种群数量不再增长。此时的 $N_t$ 值即可视为环境饱和容量 $K$。

例如，表 5-1 列出蚜虫在有限环境下种群的数量动态。

**表 5-1　蚜虫在有限环境下种群的数量动态**

| 时间 $t$ | 平均蚜量 $N_t$ | $N_t/N_{t+1}$ | $\ln[(K-N)/N]$ |
| --- | --- | --- | --- |
| 0 | 10 | 0.625 | 2.18 |
| 1 | 16 | 0.64 | 1.64 |
| 2 | 25 | 0.50 | 1.08 |
| 3 | 50 | 0.625 | -0.032 |
| 4 | 80 | 0.941 | -1.470 |
| 5 | 85 | 0.944 | -1.844 |
| 6 | 90 | 0.978 | -2.367 |

用选点法求 $K$ 值：分别取时间 $t=2$，4，6 时，种群数量分别为 $P_1=25$，$P_2=80$，$P_3=90$，代入式(5-18)，则 $K=90.6$。

用回归法求 $K$ 值：先求 $N_t/N_{t+1}$(表 5-1)。再以 $N_t$ 对 $N_t/N_{t+1}$ 项求直线回归，用最小二

乘法则求 $A$ 和 $B$。

$$A=\frac{\sum x^2\sum y-\sum x\sum y}{n\sum x^2-\left(\sum x\right)^2}=0.4881$$

$$B=\frac{n\sum xy\sum y-\sum x\sum y}{n\sum x^2-\left(\sum x\right)^2}=0.0052$$

即

$$N_t/N_{t+1}=N_t/N_{t+1}=0.4881+0.0052N_t$$

当 $N_t/N_{t+1}=1$ 时，代入上式得

$$1=0.4881+0.0052N_t$$

$$N_t=(1-0.4881)/0.0052=98.46=K$$

令

$$y=\ln[(K-N)/N]$$

利用最小二乘法求常数 $a$ 和 $r$，则 $y=a-rt$，$a=2.3652$，$r=0.8271$。在该条件下，蚜虫种群的生长曲线为：

$$N=98.44/(1+e^{2.3652-0.8271t})$$

## 5.2.7　昆虫种群生命表

在昆虫种群研究中，生命表是指按种群年龄(发育阶段)或种群生长时间，研究分析种群的出生率(生殖率)、死亡率(存活率)、死亡原因以及死亡年龄的一览表。目前，生命表方法已广泛应用于建立昆虫种群生命系统数学模型，该方法不仅为害虫种群数量测报提供数据支持，还可应用于评价各种害虫防治措施的效果，为选择综合防治措施、协调各种措施的控制作用提供科学根据。因而生命表方法在昆虫生态学和害虫预测方面具有相当重要的应用价值。

昆虫生态学研究中的生命表主要有两种形式，即特定时间生命表(垂直生命表)和特定年龄生命表(水平生命表)。这两类生命表的结构和用途都有所不同，分别适应于不同特点的研究对象。

### 5.2.7.1　特定时间生命表

特定时间生命表是指在一定时间间隔内，系统调查种群在 $x$ 时间开始时的存活数量和 $x$ 期间的死亡数量以及各时间间隔内每一雌体的平均产雌数量。从生命表中可获得种群在特定时间内的死亡率和出生率，用以计算种群的自然内禀增长力 $r_m$ 或周限增长率 $\lambda$ 和净增值率 $R_0$。其中周限增长率指每一头雌虫在实验条件下，经过单位时间(如周)后的增长倍数。从而可以用指数模型来预测未来时间的种群数量变化，也可以应用 Leslie 矩阵方法建立种群预测模型，但这类生命表不能分析死亡的主要原因或关键因素。特定时间生命表适用于世代重叠、种群年龄组配比较稳定的种群，尤其适用于对实验种群的研究。例如，表 5-2 列出了金龟子的特定时间生命表。

表 5-2 金龟子特定时间生命表

| 时间 $x$(周) | 存活率 $l_x$ | 单雌产雌量 $m_x$ | $l_x m_x$ | $x l_x m_x$ |
|---|---|---|---|---|
| 0 | 1.0 | — | — | — |
| 49 | 0.46 | — | — | — |
| 50 | 0.45 | — | — | — |
| 51 | 0.42 | 1.0 | 0.42 | 21.42 |
| 52 | 0.31 | 6.9 | 2.13 | 110.76 |
| 53 | 0.05 | 7.5 | 0.38 | 201.40 |
| 54 | 0.01 | 0.9 | 0.01 | 0.54 |
| 总计 | | 16.3 | 2.94 | 152.86 |

则

$$净增殖率\ R_0=\sum l_x m_x=2.94$$

$$种群平均寿命\ T=\left(\sum l_x m_x x\right)/\left(\sum l_x m_x\right)=51.99(周)$$

$$内禀增长率\ r_m=\ln R_0/T=0.0207$$

$$周限增长率\ \lambda=e^{r_m}=2.718\ 28^{0.0207}=1.021(倍)$$

由上可知，理论上金龟子每周应以 1.02 倍的速度增长，其种群倍增所需的时间 $t=\ln 2/r_m=33.48$(周)。

### 5.2.7.2 特定年龄生命表

特定年龄生命表是按照昆虫的年龄或发育阶段顺序作为划分时间的标准，系统地记载种群的死亡原因和虫口变动情况整理而成的生命表。特定年龄生命表是从同一种群中定期取样获得的。在调查或制成的表中，在一定阶段内只出现该年龄阶段的个体，不像在特定时间生命表中，于同一时间阶段存在各种年龄个体的组合。可以根据表中的数据分析影响种群数量变动的关键因素，估算种群趋势指数($I$)和控制指数($k_i$)，从而组成一定的预测模型。这类生命表适用于世代隔离清楚的昆虫，更多地应用于自然种群的研究(表 5-3)。

完成生命表的制作后，可进一步进行分析并计算出相关生命表参数。

**(1)种群内禀增长能力**

种群内禀增长能力($r_m$)指在给定的物理和生物条件下，具有稳定年龄组配的种群的最大瞬时增长速率。$r_m$可以使用积分方程计算法和以生命表为基础的实验生物计算法求得(张孝羲等，2005)。

令 $T$ 为种群经历一个世代的生长周期，$N_0$为开始时的虫量，$N_T$为经过一个世代的虫量，则 $r_m$为：

$$N_T=N_0 e^{r_m T} \tag{5-20}$$

$$\ln(N_T/N_0) = \ln R_0 = r_m T \quad (5\text{-}21)$$

$$r_m = (\ln R_0)/T \quad (5\text{-}22)$$

式中，$r_m$为平均每一个雌虫的瞬时增长率，由于$T$的计算是近似的，所以得的$r_m$值也是近似的。

**表5-3 白菜上小菜蛾第三世代生命表**

| 年龄/发育阶段 | 年龄开始时的存活数 $l_x$ | 死亡原因 $d_xF$ | 年龄阶段中的死亡数 $d_x$ | 死亡百分率 $100q_x$ | 阶段内的存活率 $S_x$ |
|---|---|---|---|---|---|
| 卵($N_1$) | 1154 | 未受精 | 14 | 1.2 | 0.99 |
| 幼虫($L_1$) | 1140 | 降雨 | 536 | 47 | 0.53 |
| 幼虫($L_2$) | 604 | 寄生 | 140 | 23.2 | 0.59 |
| 幼虫($L_3$) | 890 | 降雨 | 77 | 12.7 | 0.64 |
| 预蛹 | 387 | 寄生 | 198 | 51.2 | 0.58 |
| 蛹 | 189 | 寄生 | 53 | 28.2 | 0.72 |
| 蛾 | 136 | 性比 | 27 | 19.9 | 0.8 |
| 雌蛾×2($N_3$) | 109 | 光周期 | 52.4 | 48.1 | 0.52 |
| 正常雌蛾×2 | 56.6 | 成虫死亡 | 48.1 | 85 | 0.15 |
| 世代总和 | | | 1145.5 | 99.3 | |

注：引自 Ottawa，1967。

**(2)种群数量趋势指数**

种群数量趋势指数($I$)是指在一定条件下，下一代或下一虫态的数量($N_{n+1}$)占上一代或上一虫态数量($N_n$)的比值，即存活指数。

$$I = N_{n+1}/N_n \quad (5\text{-}23)$$

由于种群的消长有明显的阶段性，因此要进一步作组分分析，即

$$I = \frac{N_2}{N_1} \times \frac{N_3}{N_2} \times \cdots \times \frac{N_n}{N_{n-1}} \quad (5\text{-}24)$$

式中，$I$表示种群消长趋势。

当$I=1$时，种群下一代的数量与当代相似；当$I>1$时，下一代种群数量将比当代有所增加；当$I<1$时，下一代种群数量将比当代减少。

求得$I$值后，利用得到的上代种群数量可以预测下代种群数量，即

$$N_{n+1} = I \cdot N_n \quad (5\text{-}25)$$

但需要注意的是，这种中期预测模型必须在环境条件相对稳定的情况下应用。

**(3)关键因子分析**

种群数量的变动是其本身的遗传特性与外界环境因子之间相互作用的结果。在一定条件下，常有一两种外界环境因子起主要作用，即称为关键因子。又因为昆虫的生活有严格的阶段性，因此，同一种因子在昆虫生活的不同阶段所起的作用也是不同的。凡是某一阶段的数量变动能极大地影响整个种群未来数量变动的阶段称为该种群的关键阶段。需要注意的是，生命表的某一最高死亡率(或生存率)所对应的因素或阶段不能作为关键阶段的因

子或关键阶段。而判定关键因子主要看这个因子或阶段所引起的种群死亡率变动与整个种群数量变动间的相关和变异程度(张孝羲，2005)。Morris(1963)指出，影响昆虫种群数量的因子有两个类型：一类因子在各年份同次世代所引起的死亡率没有明显变化，即使这类因子对 $I$ 值影响很大，其对种群数量动态的影响也比较小；另一类因子在各年份同次世代所引起的死亡率有明显的波动，而且波动的幅度与种群数量变化的幅度相似，这类因子即使有时对 $I$ 值的影响较小，但对种群数量变化的影响却是比较大的。在后一类因子中，对种群数量变动作用较大的因子称为关键因子。关键因子常用的分析方法主要有以下两类。

①$K$ 值图解相关法。该方法的设计依据是关键因子的致死作用在年份间有明显变化，运用某一阶段的死亡率 $K_i$ 值与全世代总死亡率 $K$ 值的变化关系来核定关键因子。$K$ 是指前后相邻的两个阶段存活虫数的比值，常取其对数值。

$$K_i = \lg(l_{x_i}/l_{x_{i+1}}) = \lg l_{x_i} - \lg l_{x_{i+1}} \tag{5-26}$$

$$K = \sum K_i = K_1 + K_2 +, \cdots, K_n \tag{5-27}$$

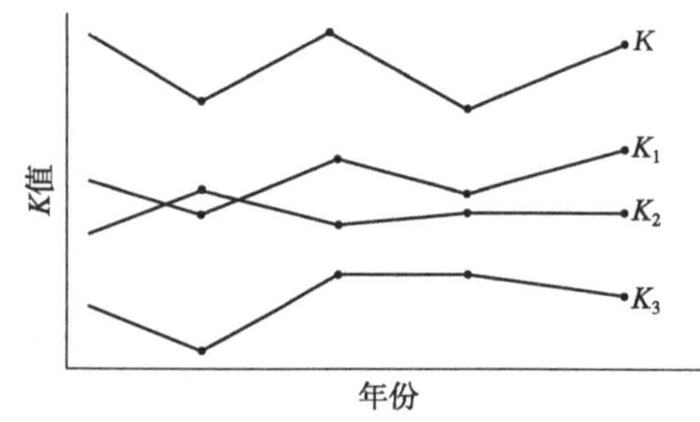

图 5-8　$K_i$ 值和总 $K$ 值随年份变化的趋势

然后绘制 $K_i$ 值和总 $K$ 值随年份变化的趋势图(图 5-8)。与总 $K$ 值变化趋势相同或相似的 $K_i$ 值($K_3$)所对应的因子或阶段即为关键因子或关键阶段。

②相关回归分析法。相关回归分析是以决定系数($r^2$)或回归系数($b$)为标准来衡量关键因子或关键阶段的作用程度。

决定系数($r^2$)法：

$$r^2 = \frac{\left[\sum xy - \left(\sum x\right)\left(\sum y/n\right)\right]^2}{\left[\sum x^2 - \left(\sum x\right)^2/n\right]\left[\sum y^2 - \left(\sum y\right)^2/n\right]} \tag{5-28}$$

式中，$x$ 为所要测验的因子或阶段的存活率(或死亡率)；$y$ 为下一代的数量或种群趋势指数($I$)。

运用多年生命表中的数据进行回归分析，求得直线回归式的决定系数 $r^2$。$r^2$ 值大的因子为关键因子。$r^2$ 的变化可以表示这个因子或阶段对整个种群数量变动的作用程度。

$$b = \frac{\sum xy - \left(\sum x\right)\left(\sum y\right)/n}{\left[\sum x^2 - \left(\sum x\right)^2/n\right]} \tag{5-29}$$

回归系数($b$)值法：以 $K_i$ 值为自变量，$K$ 值为因变量，运用生命表数据，进行回归分析，求出回归系数 $b$。$b$ 值最大的 $K_i$ 所代表的致死因子或阶段即为关键因子。

进行以上两种计算时，都要把变量做对数变换，以稳定方差，使曲线变为直线。

**(4)种群的系统化模型**

①Morris 和 Watt 的 $I$ 值系统模型。Morris 和 Watt(1963)提出种群数量趋势指数($I$)可以用世代阶段的存活率和繁殖力的乘积来表示：

$$I = S_E \times S_{L_1} \times S_{L_2} \times \cdots \times S_{PP} \times S_A \times F \times P_♀ \times P_F \tag{5-30}$$

式中，$S_E$，$S_{Li}$，$S_{PP}$，$S_A$分别为卵、各龄幼虫、蛹、成虫的存活率，$i=1, 2, \cdots, n$；$F$为雌虫最高产卵量(生殖力)；$P_♀$为在成虫中的雌性比率；$P_F$为实际产出率，即实际生殖力与最高生殖力的比值。

在有些生命表中，把每一虫期的存活率分解记为各致死因子作用后种群的存活率(各期存活率)并编号顺序排列，即$I$值的组成成分，则$I$值可以表示为：

$$I=S_1 \times S_2 \times S_3 \times \cdots \times S_x \times F \times P_♀ \times P_F \tag{5-31}$$

从式(5-31)可以看出，$I$值与$S_i$、$F$、$P_♀$、$P_F$有关，除了$F$为人为规定以外，其他因子都会因不同条件发生变化，进而引起$I$值的变化。利用数学模型对$I$值及其组分分析，可以找出引起种群数量变动的主要因子或时期。

由于$I=N_{n+1}/N_n$，所以

$$N_{n+1}=N_n(S_1 \times S_2 \times S_3 \times \cdots \times S_x \times F \times P_♀ \times P_F) \tag{5-32}$$

式(5-32)就是以生命表为基础的 Morris 和 Watt 的$I$值系统预测模型。

例如，周鑫(2011)对实验室内饲养的葱蝇种群数量进行调查，编制和分析了葱蝇实验种群的生命表(表 5-4)。

**表 5-4 葱蝇实验种群生命表**

| 参数 | 卵 | 幼虫 | 蛹 | 成虫 | 雌蝇 | 正常雌蝇 | 平均产卵量(粒) | 最大产卵量(粒) | 雌性比(%) |
|---|---|---|---|---|---|---|---|---|---|
| $l_x$ | 100 | 48 | 33 | 12 | 13.44 | 9.21 | 146 | 213 | 56 |
| $d_x$ | 52.00 | 15.00 | 21.00 | −1.44 | 4.23 | | | | |
| $100q_x$ | 52.00 | 31.25 | 63.64 | −12.00 | 31.47 | | | | |
| $S_x$ | 0.4800 | 0.6875 | 0.3636 | 1.12.00 | 0.6853 | | | | |
| $T$ | 3 | 15 | 18 | 21 | | | | | |

依据式(5-23)可以求得$I$值为：

$$0.48 \times 0.6875 \times 0.3636 \times 1.12 \times 0.56 \times 213 \times (9.21/13.44) = 10.99$$

利用组分分析公式找出对$I$值影响较大的时期。

$$M_{S_i}=I_{S_i}/I=1/S_i \tag{5-33}$$

式中，$M_{S_i}$表示去除存活率($S_i$)后的种群趋势指数($I_{S_i}$)与原种群趋势指数$I$比值，$S_i$越大，则$M_{S_i}$越小。

根据葱蝇生命表中的数据可以得出各$M_{S_i}$值分别为 2.08、1.45、2.78、0.89，其中$M_{S_3}$最大，说明对$I$值影响最大的时期为蛹期，成虫产卵前期影响最小。

②Leslie 转移矩阵模型。Leslie(1945)用矩阵法计算种群数量增长的方法，它可以将生命表中研究出来的种群结构、各年龄的存活率及年龄的生育力作为矩阵的元素，在计算机的帮助下，计算出任一时刻的种群各年龄的数量及总数量。

先调查得到在$t$时间各种群的一个特定的年龄结构：$N_0$为年龄 0~1 的个体数；$N_1$为年龄 1~2 的个体数；$N_k$为年龄在$K$到$K+1$(最大年龄级)之间的个体数，可表示为：

$$\vec{N}_t = \begin{bmatrix} N_0 \\ N_1 \\ N_2 \\ \vdots \\ N_K \end{bmatrix} \tag{5-34}$$

这是 $n$ 维列向量，其中 $N_i$是矩阵的元素，代表各年龄的个体数量。

$S_x$是从年龄组 $x$ 到年龄组 $x$+1 的总存活概率。$f_x = S_x m_x$ =某年龄雌虫平均生产的并能存活到下一年龄时间 $x$+1 的雌后代数($m_x$为生命表中的 $x$ 年龄平均生产雌虫数)。所以，在时间 $t$+1 时的新个体数为：

$$f_0N_0 + f_1N_1 + f_2N_2 + \cdots + f_kN_k = \sum f_kN_x \tag{5-35}$$

时间 $t$+1 时，第一年龄级的个体数为 $S_0N_0$，第二年龄级的个体数为 $S_1N_1$，第 $x$ 年龄级的个体数为 $S_xN_x$；这种关系可列成矩阵 $\boldsymbol{M}$，可表示为：

$$\boldsymbol{M} = \begin{bmatrix} f_0 & f_1 & f_2 & f_3 & f_4 & \cdots & f_{K-1} & f_K \\ S_0 & 0 & 0 & 0 & 0 & \cdots & 0 & 0 \\ 0 & S_1 & 0 & 0 & 0 & \cdots & 0 & 0 \\ 0 & 0 & S_2 & 0 & 0 & \cdots & 0 & 0 \\ \vdots & \vdots & \vdots & \vdots & \vdots & & \vdots & \vdots \\ 0 & 0 & 0 & 0 & 0 & \cdots & S_{K-1} & 0 \end{bmatrix} \tag{5-36}$$

矩阵 $\boldsymbol{M}$ 是由年龄特征生育力与年龄特征生存率组成的方阵。它是一个 $n$ 阶矩阵，其第一行为年龄特征生育力$f_x$，在 $\boldsymbol{M}$ 矩阵中的对角线元素 $n-1$ 阶矩阵的对角线元素为年龄特征存活率 $S_x$。在$f_x \geqslant 0$ 和 $S_x$为 0~1 时，当查得该种群在 $t$ 时间的各年龄的比例及数量后，在任何未来的时刻($t+x$)，该种群各年龄的数量可用下列数学式来表达：

$$\begin{aligned} \vec{N}_{t+1} &= \boldsymbol{M}\vec{N}_t \\ \vec{N}_{t+2} &= \boldsymbol{M}\vec{N}_{t+1} \end{aligned} \tag{5-37}$$

例如，某蚜虫的年龄组的生育力和存活率(表 5-5)，起始种群数量为 100 头，则未来各天各虫龄的数量为：

$$\boldsymbol{M} = \begin{bmatrix} 2 & 3 & 3 \\ 0.6 & 0 & 0 \\ 0 & 0.7 & 0 \end{bmatrix} \quad \vec{N}_0 = \begin{bmatrix} N_0 \\ N_1 \\ N_2 \end{bmatrix} = \begin{bmatrix} 100 \\ 0 \\ 0 \end{bmatrix}$$

$$\vec{N}_1 = \boldsymbol{M}\vec{N}_0 = \begin{bmatrix} 2 & 3 & 3 \\ 0.6 & 0 & 0 \\ 0 & 0.7 & 0 \end{bmatrix} \begin{bmatrix} 100 \\ 0 \\ 0 \end{bmatrix} = \begin{bmatrix} 200 \\ 60 \\ 0 \end{bmatrix}$$

$$\vec{N}_2 = \boldsymbol{M}\vec{N}_1 = \begin{bmatrix} 2 & 3 & 3 \\ 0.6 & 0 & 0 \\ 0 & 0.7 & 0 \end{bmatrix} \begin{bmatrix} 200 \\ 60 \\ 0 \end{bmatrix} = \begin{bmatrix} 580 \\ 120 \\ 42 \end{bmatrix}$$

则时间为 1 d 时各年龄蚜虫总数分别为 280 头，2 d 时为 742 头。

表5-5 某蚜虫各年龄组的生育力和存活率

| 年龄组(d) | 生育力$f_x$ | 存活率$S_x$ |
| --- | --- | --- |
| 0~1 | 2 | 0.6 |
| 1~2 | 3 | 0.7 |
| 2~3 | 3 | 0 |

## 5.3 发生期预测

在害虫发生期预测中，通常将害虫某一虫态的发生期按种群数量在时间上的分布进度划分为始见期、始盛期、高峰期、盛末期和终见期。始见期和终见期分别表示该虫态或虫龄在一定空间和时间内首次出现和最后出现的日期，在统计学上，通常把某一虫态或虫龄的发生数量百分率分别达16%、50%和84%左右的日期作为划分害虫发生的始盛期、高峰期和盛末期的标准。预测害虫发生期的方法主要包括昆虫发育进度预测法、期距预测法、有效积温预测法、物候预测法等。这些方法主要用于害虫的短期预测和中期预测，已广泛应用于生产实践。

### 5.3.1 发育进度预测法

发育进度预测法就是以调查时的害虫田间发育进度为基准曲线，加上相应虫态的历期，通过曲线向后平移，作出下一个或下几个虫态的发育进度曲线，从而得到发生期预测值。这种方法用作短期预测的准确性一般比较高。利用害虫发育进度预测发生期的方法有多种，目前常用的方法有历期预测法、分龄分级预测法、卵巢发育分级预测法等。由于昆虫种类繁多，同一虫态历期不仅因害虫的种类不同而异，即使同一害虫也会因不同世代、同一世代所处环境(如温度、食料等)等不同而变化，因此发育进度预测的重要基础工作是查清害虫的历期和发育进度，只有得到准确的发育基准曲线和历期资料，才能对下一个或几个虫态的发生期做出准确的预测。

基准曲线数据往往来源于实际调查资料。在实际调查中，一是要根据害虫的发生规律和为害特点，选择合适的调查时期和时间间隔，确保在主要虫态的发生初期开始调查，以不漏查始盛期、高峰期和盛末期为原则；二是要确定主要类型田，对多食性害虫的主要寄主田和同种作物不同品种、不同长势的田块要分别调查，计算各类型田发育进度的平均值；三是要注意具有滞育、休眠、迁飞等习性的害虫，在此期间不能利用发育进度法调查。对于不便采取田间实地调查的害虫或某个虫态，可以采用诱集和室内外饲养等方法。例如，用灯光诱集成虫来调查鳞翅目害虫的发蛾期，或模拟田间条件罩网饲养观察一定数量的蛹，得到羽化进度资料。

害虫的发育资料可以通过文献资料和试验观测得到。对于大多数重要农林害虫的生物学特性已有充分研究，可以查到各虫态的历期资料，结合当地该虫态发生时的温度，推算当地该虫态的历期。

**(1)历期预测法**

历期预测法是通过对害虫前一虫态田间发育进度(如孵化率、化蛹率、羽化率等)的系统调查，当调查到其百分率分别达始盛期、高峰期和盛末期时，分别加上当时气温下各虫态的历期，预测其后一个或几个虫态的发生始盛期、高峰期和盛末期。

如预测蛾类害虫的卵孵化始盛期时，可用黑光灯或性诱剂等诱集成虫，或在田间集中观察一定数量的蛹，调查蛹的羽化情况，然后根据产卵前期和卵历期来推算卵的孵化期，卵孵化始盛期=发蛾始盛期+产卵前期+卵历期。

**(2) 分龄分级预测法**

害虫的某些虫态(如幼虫期和蛹期)一般较长，常造成田间发育进度参差不齐，在预测发生期时，如果均从某虫态(如1龄幼虫、化蛹初期)开始计算历期，预测结果往往比实际偏晚，因此需详细查明昆虫的发育进度，如1龄、2龄等各龄幼虫所占比例以及发育到下个虫态所需时间，再根据历期预测法预测后面虫态的发生期，这就是分龄分级预测法，即根据各虫态的发育阶段与其外部形态或解剖特性的关系，按幼虫龄期、蛹或卵细分为若干发育级别，再根据各级别至下一级别或虫态所需时间，预测下一级别或虫态的发生期。该方法多应用于某些虫态发育历期较长的昆虫。

在实际预测中，常调查主害代前一个世代的幼虫或蛹的发育进度，再加上当代调查的各级虫态的历期，预测后一级别或虫态的发生期。方法步骤：①选择当地代表性的虫源田，抽样调查和采集田间活虫，不宜少于100头；②对照各虫态的分龄分级标准对活虫进行分级，记录各龄幼虫和各级蛹的数量；③计算各虫态数量占总活虫数的比例(即发育进度)；④从调查得到的最高一级发育级别所占比例向低级至低龄幼虫依次累加；⑤找到接近始盛期、高峰期、盛末期的级或龄；⑥用调查日期分别加上各接近标准的级或龄发育到高一级(龄)的历期的1/2，再加上下一级(龄)发育到成虫羽化的历期，便可计算出成虫羽化的始盛期、高峰期、盛末期。

**(3) 卵巢发育分级预测法**

对于具有迁飞习性的害虫，如小地老虎、黏虫、稻纵卷叶螟、褐飞虱、白背飞虱等，以及成虫期较长的鞘翅目、双翅目等害虫，常根据雌虫卵巢发育级别与实际产卵状况或羽化后时间关系对卵的发生期和孵化期等进行预测。

在调查得到各级卵巢雌虫数量及其所占比例后，再根据历期预测法和分龄分级预测法预测昆虫的产卵、孵化及2、3龄幼虫的发生期，从而做出防治适期的预报。有的害虫也可以通过各级雌蛾数量与产卵期的关系，对产卵高峰期等进行预测。

根据卵巢发育级别不仅可以预测防治适期，而且可以判断某地迁飞昆虫是属于迁入种群还是迁出种群。例如，连续解剖得到的雌虫卵巢发育级别是以发育初期的1、2级为主，表明该种群为迁出种群；如果发育级别以发育后期的级别为主，则表明该种群为迁入种群，需要严密监测该种群雌虫数量的消长变化，及时预测产卵及孵化高峰期以指导田间防治。

## 5.3.2 期距预测法

期距与害虫的各虫态历期有关，但并不等同于期距。历期是通过饲养观察得到的某一虫态或世代发育时间的平均值，其随饲养温度、害虫代次而变化；期距是通过多年观测得到的田间害虫两种生物学现象之间或者一些自然现象与害虫的某种生物学现象之间必然出现的时间间隔，还可以是害虫某时期与某自然现象之间的时间间隔等。由于同一时期的温度等因素会有年度间的变化，在确定期距时要根据当地多年积累的历史资料，总结出当地各种害虫前后两个世代或两个虫态之间的经验值(平均值、标准差等)，作为发生期预测的依据，历史资料积累的年代越久，统计分析出的期距经验值越可靠，预测的准确性越高。另外，由于各地气候条件、耕作制度、作物品种等对害虫发生期的影响，两种现象之间的期距差异会很大，因此期距具有较强的地域性，在实践中，需找到适合当地发生期预测的期距，并辅以田间调查来进行校正。发生期预测时，调查日期加上期距就是后一现象出现的时间。

期距预测法具有预测准确、简单实用、便于测报人员掌握等优点，在实际生产中各地相关部门应用较多。期距来源于长期历史资料的积累，要求测报部分系统调查和掌握当地害虫的实际发生期，并把每年的发生情况都作为翌年预测的基本数据之一，还要注意当年同期温度的变化趋势，若低于常年平均温度可用预报的上限值，若高于常年平均温度可用预报的下限值。

## 5.3.3　有效积温预测法

在测得害虫的发育起点温度 $C$ 和有效积温 $K$ 后，可利用 $N=K/(T-C)$ 对某虫态或虫龄的发生期进行预测。$T$ 为温度，$T$ 的来源不同，计算方法和结果也会有差异。

温度($T$)可以为当地当年害虫发生期每日温度的观测值，从查得某一虫态始盛期或高峰期开始，逐日有效积温累计值 $\sum(T-C)$ 累计达到该虫态有效积温 $K$ 的日期，就是完成该虫态发育的日期，也即预测的下一个虫态的始盛期或高峰期。由于累加的是实际观测的有效温度，因此预测的准确性高，但预测期限短，达不到预测预报的效果。温度($T$)也可以是当地当时旬均温、月均温的预报值，也可以是当地常年同期的旬均温或月均温。在实际预测工作中，根据各地经验，有的直接利用常年某期的平均气温而不考虑温度的变动范围。根据有效积温预测害虫的发生期主要考虑的是温度对害虫的影响，但其他环境条件如湿度、光照、食物等也能影响害虫的生长发育，害虫的迁飞、滞育等能使预测结果发生很大偏差，因此，有效积温预测法多限于适温区和受其他环境影响较小的虫态或龄期的预测。

例如，1989 年 6 月，在广西岑溪一柑橘园调查后得知，6 月 20 日是潜叶蛾化蛹的高峰日。据气象预报，6 月下旬的平均气温为 28 ℃，将 $T=28$ ℃分别代入预测式 $N=K/(T-C)$得，$N_1$(蛹期)= 114.5/(28−10.1)= 6.4 d，$N_2$(产卵前期)= 33.7/(28−10.6)= 1.9 d，$N_3$(卵期)= 30.8/(28−11.8)= 1.9 d，蛹期、产卵前期和卵期之和为 10.2 d，即 10 d 之后 6 月30 日该果园潜叶蛾进入卵孵化高峰期。这样在 6 月 20 日就可预测 6 月 30 日是潜叶蛾卵的孵化高峰日。最后，实际调查的卵孵化高峰日是 7 月 1 日，与预报吻合，为适时防治提供了准确的预报(刘兆雄，1993)。

## 5.3.4　物候预测法

与害虫某一虫期发生相关的其他某一生物的表现形式，称为害虫发生的物候。害虫发生的物候预测法是指利用物候预测害虫发生期的方法。例如，“榆钱落，幼虫多；桃花一片红，发蛾到高峰”，就是利用物候预测小地老虎发生期的简易方法。确定某地害虫发生的物候之后，对以后年份的预测就只需观察物候出现的时间便可判断害虫的发育情况。这种方法是长期经验的总结，有一定的地域限制。物候预测法操作简单、便于使用，但需要通过科学的观察和检验来确定害虫发生期与物候的关系，目前有两种方法：

①与害虫生物学和生理学有直接联系的物候现象。如害虫的某虫期与其寄主植物的一定生长阶段常同时出现，可依据寄主生育期来预测害虫的发生期，如"木槿吐绿，棉蚜孵化""梨树开花盛期到，梨实蜂成虫盛发来"。

②与害虫无直接关系的物候现象。此类物候现象与害虫发生期无直接关系，但发生时间具有长期稳定的同步性，即某种现象出现后的一定时间内，害虫某一虫期即会发生。如吉林省发现高粱蚜越冬卵孵化期约在杏花含苞时，有翅蚜第一次迁飞在榆钱成熟时。

在研究害虫发生与物候的关系时，主要是观察当地动植物优势种的生育过程与主要害虫发生间的关系，如华北地区研究花椒与棉蚜的关系。还应注意，物候对象最好选择木本植物或季节性活动的动物，也可以选害虫的寄主植物或与其生态关系密切的植物，系统观察其生育过程，或观察当地某些动物(如候鸟)的季节性活动规律。分析害虫发生期与物候的关系是直接还是间接，要在积累多年经验资料的基础上，所得结论还需接受异常气候和有其他特殊生态因素的影响考验。物候预测具有严格的地域性，在同一地区的指示动植物也会受地势、地形、品种及营养状况等差异的影响，虽然简单易行，但只能预测一个趋势或作为田间调查的依据，预测的准确性不够稳定。

## 5.4　发生量预测方法

害虫发生量预测是决定防治地区、防治田块面积及防治次数的依据。由于影响病虫害发生量的因素比发生期因素更复杂，因此发生量测报的难度更大。发生量的预测方法主要有有效基数预测法、气候图方预测法、经验指数预测法、形态指标预测法等。

### 5.4.1　有效基数预测法

害虫的发生数量通常与前一代的基数有密切关系，因此，可以通过调查上一代有效虫口密度、生殖力、存活率来预测下一代的发生量。预测公式为：

$$N_{n+1}=N_nR_0 \tag{5-38}$$

$$N_{n+1}=N_nI \tag{5-39}$$

式中，$R_0$为增殖率；$N_n$为种群基数；$I$为种群数量趋势指数。

$I$和$R_0$需用多年或多点的调查统计基础上获得的平均值及标准差。基数越大，下一代的发生量往往也越大。三化螟、棉红铃虫以及玉米螟越冬后的幼虫基数也可作为预测第一代发生量的依据。对许多主要害虫的前一代防治不彻底或未防治时，由于田间残留的基数高，则下一代的发生量往往增大。

### 5.4.2　气候图预测法

当害虫处于适宜气候条件时，种群数量通常会迅速增长，猖獗成灾。许多害虫在食料条件满足的条件下，种群数量动态主要以气候中的温度、湿度为主导因素。对这类害虫可以通过绘制气候图预测其发生量。

气候图是在某害虫发生期间以月(旬)总降水量或空气相对湿度为 $x$ 坐标，月(旬)平均温度为 $y$ 坐标。将各月(旬)的温度、降水量或空气相对湿度组合绘制坐标点，然后用直线按月(旬)先后顺序将坐标点连接成不规则多边形的封闭曲线，即气候图。将被测报的害虫各代发生的适宜温湿度范围方框绘在图上，两图叠加，就可比较研究温湿度组合与害虫发生量的关系。当气候条件与害虫的适宜气候相吻合时，害虫发生量重，基本吻合时发生中等，而完全不吻合时发生较轻(图 5-9)。气候图与害虫发生季节结合起来绘制就是生物气候图，其绘制方法与自然气候图一致，但要使用不同类型代表害虫不同虫态。

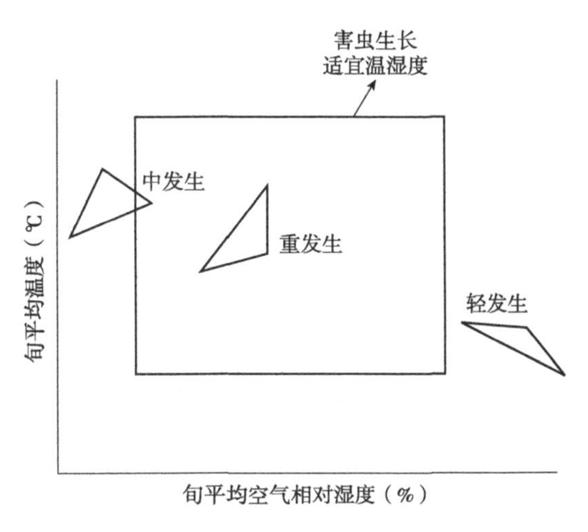


**图 5-9　气候图**

利用多年的气候图，可分析出各害虫轻发生、中等发生、重发生或特大发生年的模式气候图，并根据气象预报值则可预测当年的发生情况。如果用多年的气候图难以找出与害虫发生的关系，则说明气候不是影响害虫数量变动的主导因子，就应该从营养、天敌等其他因素的影响进行分析。在实际应用时可根据当地中、长期或近期气象预报，制成气候图，与目标害虫不同世代的适宜温湿度方框进行回归分析，同时对目标害虫发生前与发生中的气象条件也进行回归分析。预报时仅根据发生前的气象数据就可预测该害虫当年(当代)的发生量。但由于气象预报往往不准，所以预测的发生量比实际也常有些偏差，值得注意。此法也可作为昆虫地理分布的预测方法。

聚点图预测法与生物气候图法相似，但生物气候图法仅可用作发生程度的定性分析和预报，而聚点图法还可用于总结和量化与发生程度有关的气候指标，如平均数附近的常年发生情况以及远离平均值的异常发生量。聚点图预测法利用历史虫情和气候条件，总结出各气候因素组合下害虫的发生程度。根据不同年份气候因素的组合值及害虫发生情况，分析出虫情发生的预测指标，然后根据预测指标对某年发生情况进行预测。该法多用于对发生情况较为特殊时的预测，如大发生、蛾少虫多的情况。具体方法：首先对历年各世代种群发生程度的资料归纳分级，然后选择一组与发生程度相关的气候因素，如平均温度、最高(最低)温度及发生天数($X$)，降水量、雨日数、空气相对湿度($Y$)，并作为聚点图的坐标轴，制成二维平面坐标图。统计各年与害虫发生相关的某阶段的两气候因素值，并绘于坐标图中。最后求出各年份两个气候因素的平均值，并在坐标图上画出平均值线条。

从图 5-10 可知，虚线分别框出虫少蛾多或虫多蛾少的位点区，从而分析得出影响蛾、虫发生程度不一致的原因，主要受蛾迁入后的气温及空气相对湿度的影响。在气温高于常年均温($\overline{T}$)1 个标准差 $\sigma_{n-1}$，空气相对湿度极低于常年均值($\overline{RH}$)2 个标准差 $\sigma_{n-1}$ 时，会发

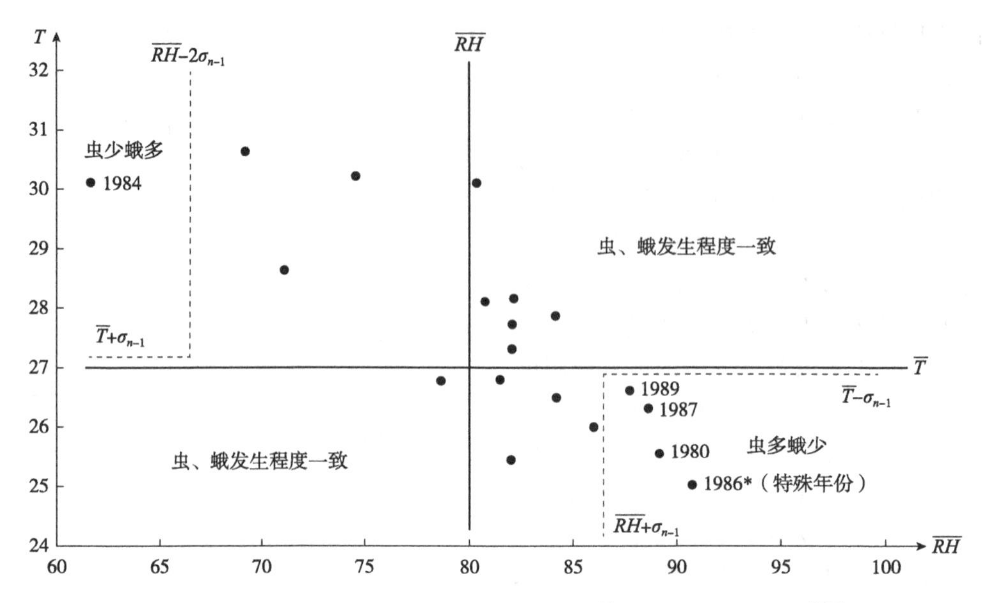


**图 5-10 稻纵卷叶螟二代蛾高峰日前后 3 d 平均气温($\overline{T}$)与空气相对湿度($\overline{RH}$)历年分布**

（费惠新，1995）

生蛾多虫少；在气温低于常年均温($\overline{T}$)1 个标准差 $\sigma_{n-1}$，空气相对湿度高于常年均值($\overline{RH}$) 2 个标准差 $\sigma_{n-1}$ 时，会发生蛾少虫多。

## 5.4.3 经验指数预测法

害虫经验指数预测法是指用害虫猖獗发生的主导因素预测害虫发生量的方法。常见的经验指数有温湿系数、气候积分指数、综合猖獗指数、天敌指数等。因其地区性较强，不同害虫及其不同发育阶段的主要生态影响因子不尽一致，所用的经验指数也不同。

**(1) 温湿系数**

一些害虫在其适生范围内要求一定的温湿度比例，害虫发生期内的平均空气相对湿度或降水量与平均气温的比值，称为该时段的温湿(雨)系数。用公式表示为：

温湿系数 $Q$：

$$Q=RH/T \quad 或 \quad RH/(T-C) \tag{5-40}$$

温雨系数 $R$：

$$R=P/T \quad 或 \quad P/(T-C) \tag{5-41}$$

式中，$RH$ 为月或旬的空气相对湿度(%)；$P$ 为月或旬的平均降水量(mm)；$T$ 为月或旬的平均温度(℃)；$C$ 为该虫的发育起点温度(℃)。

例如，吉林省吉林市大豆食心虫从化蛹至产卵期的降水量与日平均气温比值($R$)可作为为害程度的预测因子，预测式为 $y=-2.78+0.71x$，当 $R$ 增大或减小 0.5 时，则有虫株率增加或减少 0.4%。经过 20 年的资料检验，证明所得预测值与实测值基本相符。

**(2) 气候积分指数**

气候积分指数包含气候因子值及其在不同年份间的变化差异。如水分积分指数由常年雨日数和降水量及其标准差组成。水分积分指数计算方法如下：

$$W=(x/\delta_x+y/\delta_y)/2 \tag{5-42}$$

式中，$W$ 为水分积分指数；$x$ 为降水量(mm)，$y$ 为雨日数(d)；$\delta_x$为常年雨量标准差；$\delta_y$为常年雨日标准差。

**(3) 综合猖獗指数**

根据多年不同发生程度年份的气候因子与虫口密度的关系得到预测式。例如，棉绿盲蝽猖獗指数 $P_4/10\,000+R_6/S_6>3$ 时，严重发生；$1<P_4/10\,000+R_6/S_6<2$ 时，中等发生；$P_4/10\,000+R_6/S_6<1$ 时，轻发生。其中，$P_4$为 4 月中旬苜蓿田中每亩虫数，$R_6$为 6 月降水量(mm)，$S_6$为 6 月日照时数，10 000 为常年苜蓿田平均虫量。

**(4) 天敌指数**

通过分析当地多年天敌与害虫种群数量变动的资料，结合试验测定，求出天敌指数。计算公式为：

$$P = x/\sum(y_i\, e_{y_i}) \tag{5-43}$$

式中，$P$ 为天敌指数；$x$ 为目标害虫平均密度；$y_i$为 $i$ 种天敌平均密度；$e_{yi}$为 $i$ 种天敌对目标害虫的每日取食量，由室内测定得到。

天敌功能指数($EF$)是指综合考虑多种天敌共存时的联合作用，能够在群落水平上反映天敌对害虫的控制作用。其计算式为：

$$EF=(S+P)^{S/P} \tag{5-44}$$

式中，$S$ 为天敌数量；$P$ 为害虫数量。

这一指数既考虑了害虫和天敌的数量，又考虑了两者数量的比值大小。

### 5.4.4　形态指标预测法

形态指标预测法是指以某种害虫的形态变化和生理状况作为预测指标，预测害虫未来发生量的趋势的方法。这种方法较多应用在具有多型现象害虫的发生量预测中。例如，一般在食料、气候条件适宜时，无翅蚜多于有翅蚜，二者的比例可以预测未来蚜量的变化趋势。当稻田短翅型稻飞虱多时，易大发生。因此，可以根据这些形态指标预测未来害虫种群数量。

**(1) 体重、体长指标法**

一般情况下，害虫的体重能反映其对环境的适应力，体重大的个体往往表现较强的繁殖力和生存力，未来可能发生严重，特别是越冬虫态。例如，吴林等(1998)对安徽合肥园林植物上的角蜡蚧的产卵量($Y$)与体长($x_1$)、雌虫体重($x_2$)的关系研究表明，两者均与产卵量呈正相关。其关系式分别为：$Y_1=-10\,356.46+1983.39x_1(r=0.8436)$，$Y_2=-571.250+50\,078.3x_2(r=0.9719)$。只要测量该虫体长和体重，便可预测出下一代产卵量。

**(2) 多态性指标法**

有些昆虫种群具有多态性，因此，可以利用种群中不同表型个体出现的比例可预测种群以后发生的趋势。例如，蚜虫存在有翅型和无翅型，无翅蚜繁殖力高于有翅蚜。当蚜虫处于不利条件下，蚜群中的无翅蚜的比率会下降。若棉田中棉蚜有翅率达 30%时，则在

7~10 d 后将大量迁飞。因此，可以根据有翅蚜比率的增减估测有翅成蚜的迁飞扩散和种群数量的消长。飞虱具有短翅型和长翅型，在良好的营养和气候条件下，短翅型飞虱比例较高，且其繁殖力高于长翅型。如湖南地区 5 月下旬至 6 月上旬期间，若每 100 丛稻丛中短翅型成虫达 4~10 头，则 15~20 d 后该地区稻田褐飞虱会严重发生。

## 复习思考题

1. 简述害虫发生期预测和发生量预测的生物学原理。
2. 简述害虫发生期预测的方法。
3. 简述害虫发生量预测的方法。
4. 害虫发生期预测和发生量预测应注意哪些事项？

# 第6章

# 植物病害损失估计

【内容提要】损失估计是研究植物病害发生量或流行程度与其造成的作物减产和(或)品质降低之间的关系，也称损失预测。损失估计是病害防治决策的重要依据，能够有效避免盲目防治或防治滞后。本章从流行学的角度出发，首先对植物病害损失进行了概述，然后从病情指数与病害损失的关系出发，介绍了植物病害发生量与损失在不同病害体系中的关系；阐述了植物病害损失估计的概念，介绍了植物病害损失估计的研究方法，并通过具体事例说明损失估计模型组建的一般方法。

## 6.1 植物病害损失概述

### 6.1.1 植物病害损失的概念

植物病害损失(disease loss)一般情况下是指由于病害的发生和流行造成的产量下降和品质的降低。当品质降低可忽略不计时，损失主要是指由植物病害导致的产量损失(yield loss)。植物病害导致的损失可以分为直接损失和间接损失。

**(1)直接损失**

直接损失是指由于植物病害流行导致植物产量下降和品质降低。其中产量和品质造成的影响转换成植物产品的价格以及病害防治过程中损失的金额，即为经济损失。例如，苹果轮纹病可以导致苹果产量降低，病原菌在侵染果实的时候可以导致果实产生腐烂病，导致品质下降；而苹果产量和品质的下降造成了苹果价值的下降，造成了果农收入损失。

**(2)间接损失**

间接损失是指由于在病害流行的国家或地区，受病害流行影响导致粮食歉收而造成的粮价上涨，以及由于过度使用化学农药而造成的环境污染等生态损失。例如，1950—1960年，我国发生了大规模的小麦条锈病，导致我国小麦的大面积减产，造成了小麦的歉收和粮价上涨，人们为了防治小麦条锈病而盲目用药，进而造成很多地区土壤环境的污染。

植物病害流行导致的损失还可以分为当代损失和后继损失。当代损失是指植物病害导致的生产过程中的损失，而后继损失是指采收后损失或影响后代的正常生长。例如，马铃薯晚疫病不仅造成生长季的减产，也会引发储藏期烂窖，因此该病害造成的损失既属于当代损失，又属于后继损失；小麦散黑穗病不仅可以造成当年的减产，还会导致种子带菌，进而引发下一年病害的流行；对于多年生果树的病害如梨黑星病，当年的发病程度会直接影响下一年的初侵染菌量。

可见，植物病害损失非常复杂，通常状况下难以全面衡量。故此，通常讨论的植物病害损失及其估计主要针对直接损失和当代(生长季)损失；而间接损失和后继损失往往难以估量，故本章不再讨论。

### 6.1.2 植物病害损失的类型

根据植物病害造成损失的表现形式，可将植物病害损失分为 3 种类型：产量损失型、品质降低型和综合损失型(产量品质型)。

**(1)产量损失型**

该类型的病害损失主要表现为产量的下降，而对品质的影响可以忽略不计。这种情况下，病害损失基本等于产量损失。例如，小麦纹枯病、谷子白发病、玉米褐斑病、水稻白叶枯病和黄瓜枯萎病等所导致的植物病害损失，主要表现是产量下降，而对小麦、谷子、玉米、水稻和黄瓜的品质没有明显的影响。

**(2)品质降低型**

该类型的病害损失主要表现为品质的降低，对产量的影响较小或产量的损失可以忽略不计。观赏植物叶部病害造成的损失一般情况下属此种类型。此外，果树和蔬菜作物的病害也应属于此类型，如疮痂病、炭疽病、煤污病，在病情指数较小的情况下，主要该类病害影响果品和蔬菜的质量(等级)；再有，禾谷类作物的病害，如小麦赤霉病，在病情指数较小情况下，减产往往并不严重，而病原菌产生的毒素导致小麦品质降低是造成损失的主要原因。

**(3)综合损失型**

该类型病害造成的损失既有产量降低又有品质下降，并且两者造成的损失同等重要。大多数果树病害和蔬菜病害造成的损失属于这一类型。例如，苹果花叶病毒导致的苹果果实花脸病，既可以造成产量的下降，又因为影响了果实的颜色、大小等品相，导致品质降低，果实单价下降；马铃薯晚疫病既可以导致马铃薯整体产量的下降，还会造成单个的马铃薯腐烂，导致品质下降；西瓜细菌性条斑病既可以造成西瓜的产量降低，还会导致果实腐烂，导致品质降低，单价下降；白菜细菌性软腐病不仅造成白菜产量下降，还会使单株白菜发出恶臭，导致品质下降。

综上所述，植物病害损失的类型与作物的属性、作物产品的特点以及人类对于作物产品的使用目的都有密切的关系。

### 6.1.3 植物病害损失的计量

根据植物病害损失类型的不同，植物病害损失采用不同的计量方法。

**(1)产量损失型的计量**

产量损失的计量以减产量作为评价标准，即某作物品种在当地栽培管理条件下无病害发生时的最大产量(最高实际产量)与发生病害后产量的差值。实际上，最高实际产量往往只有在试验小区和人为保护的条件下才有可能获得，在通常的大规模生产条件下无法实现，所以在实际工作中使用起来有一定困难。鉴于此，一般情况下，可以用当时当地未发生病害或病害极轻时同一品种的产量均值来代替，进行减产量和减产率的计算。

**(2)品质降低型的计量**

作物的品质降低直接导致的结果是经济损失，其计量较为复杂。品质的优劣及其等级划分受主观判断影响，属于经济行为，受市场因素的影响很大，不同等级产品之间的市场价格往往不成比例，有些情况下差别很大。例如，一级苹果的价格可能为 10 元/kg，二级苹果的价格为 7 元/kg，而三级苹果的价格可能仅为 2.5 元/kg，甚至更低。

为了更好地评价品质降低造成的损失，使用品质指数(quality index，$QI$)和品质损失率(quality decrease rate，$QDR$)对品质降低导致的损失进行计量。

品质指数($QI$)的计算方法如下：

$$QI = \frac{\sum(\text{各等级产品数} \times \text{相对品质指数})}{(\text{调查总产品数} \times 1)} \tag{6-1}$$

式中，相对品质指数=该等级产品市场价格/最高等级产品市场价格。

品质损失率($QDR$)的计算方法如下：

$$QDR(\%) = \left(1 - \frac{QI}{QI_{max}}\right) \times 100\% \tag{6-2}$$

$QI_{max}$(最高实际品质指数)为该作物品种在当地栽培管理条件下无病虫害时的品质指数，在实际工作中，可以用未发生病害或病害极轻的同一品种的品质指数来代替。

**(3)综合损失型的计量**

由于综合损失型表现为产量和品质两方面的下降，因此与此前的计量方法均有所差异。为了更好地评价综合损失型的计量，这里引入综合损失率(complex loss rate，$CLR$)来对综合损失型进行计量。具体计算公式如下：

$$CLR(\%) = \left[1 - \frac{\sum(\text{各等级产品数} \times \text{相对品质指数})}{\sum_{max}(\text{各等级产品数} \times \text{相对品质指数})}\right] \times 100\% \tag{6-3}$$

式中，$\sum_{max}$(各等级产品数×相对品质指数)是指该作物品种在理想栽培条件下无病害发生时的综合产值，可以用相同生长季内无病害或病害极轻的相同品种的综合产量均值来表示。

# 6.2　植物病害危害与作物损失的关系

## 6.2.1　植物病害损失构成因素

植物病害损失由两个方面的因素构成：一是影响植物的生理功能，通过为害植物叶片、茎秆、枝条和根部等生长器官，造成植物的产量或品质下降，进而造成损失；二是造成既得产量(产值)的损失，在近成熟期、成熟期、采收期和储藏期等发生的一些病害造成的损失，主要危害果实、块茎和籽粒等收获器官。

**(1)影响植物的生理功能**

在作物生长的关键时期，病害干扰了作物正常的生理功能，从而造成作物生长发育失调，并最终导致作物的个体数、个体产品数、单个产品质量和总体产品质量等产量(产值)形成因素受到影响。例如，小麦叶锈病菌侵染小麦叶片后，破坏了小麦叶片的叶绿体，干扰小麦正常的光合作用，加剧蒸腾作用，最终导致小麦产量和品质降低；小麦根腐病通过阻碍植物根部对水分和无机盐的吸收，造成小麦发育不良，使产量和品质降低，严重时还可以造成小麦单株个体死亡，从而减少植株的数量；棉花黄萎病通过破坏维管束系统，影响植株水分和养分的正常传导和运输，轻者破坏叶绿体，影响植株的光合作用，导致落叶，降低光合面积，重者导致植株死亡，最终导致棉花整体数量、铃数和铃重的减少和品质的降低，棉花纤维的品质下降。

**(2)造成既得产量(产值)的损失**

在作物的果实、籽粒收获之后，病原物通过为害作物产品，直接破坏已经形成的产品(产值)，造成收获后产量和品质的下降，一旦病害发生，损失往往较重，病害流行程度越重，造成的损失越大。例如，苹果炭疽病可以在近成熟期危害果实，病害在较低水平时，会影响果实品质，降低果品的市场价值；如严重发生，则可导致大量烂果，造成严重减产；稻曲病可以直接危害水稻籽粒，病害发生后会造成不同程度的减产以及水稻单株品质的降低；小麦赤霉病和玉米穗腐病均危害穗部，病害不仅造成籽粒腐烂，导致减产，而且通过产生真菌毒素，降低籽粒的品质和食用价值；苹果轮纹病危害果实以后，造成烂果，导致果品产量减少和品质下降，并且在储存过程中还会导致进一步出现大量烂果，造成更大的经济损失。

### 6.2.2　植物病害流行程度与损失的关系

植物病害流行程度用病情指数来表示。病情指数指在一个生长季内病害流行全程病情的代表值(如病害造成损失的关键期病情指数)或综合值。植物病害损失与植物病害流行程度之间的关系通常有以下 3 种情况：

**(1)敏感型**

病害损失与病情指数趋向于线性关系，如图 6-1 中直线甲所示。对于这类病害，其发病部位通常是作物的收获部分，并且通常在生育期的后期发生，如小麦赤霉病、散黑穗病、腥黑穗病，以及水稻稻曲病和苹果炭疽病等。

**(2)耐病型**

病害损失与病情指数呈“S”形曲线，如图 6-1 曲线乙所示，在前后两端具有两个病情指数阈值(damage threshold)——$T_1$ 和 $T_2$。当病情指数小于或等于 $T_1$ 时，无病害损失；当病情指数处于大于 $T_1$ 而小于 $T_2$ 时，病害损失随病情指数的增大而增大；病情指数大于或等于 $T_2$ 以后，损失趋于饱和，不再随病情指数变化或变化非常小。果实或籽粒与叶部病害损失往往属于这种类型，如小麦白粉病、小麦锈病、小麦叶斑病、苹果褐斑病和苹果斑点落叶病等。

病情指数小于 $T_1$ 时，未造成损失的主要原因是产量与损失之间存在产量饱和效应和补偿效应。产量饱和效应是指植物的产量与其光合面积之间存在饱和现象。在一定的光合面积范围内，光合产量随光合面积的增加而增加，但超过一定的光合面积以后，光合产量便保持一定的水平而不再增加了。这种现象称为产量饱和效应，这个光合面积临界点称为光面积饱和点。对于大多数作物来讲，在健康植株的成熟期，其全部的实际光合面积大于其光面积饱和点，因此有一部分的光合面积对于实际产量来讲属于冗余光合面积，而当叶部病害的病情指数小于或等于 $T_1$ 时，实际危害的是冗余光合面积，因此不会造成产量的直接损失。

补偿效应体现在两个方面，即植株个体水平和作物群体水平。在植株的个体水平中，如小麦灌浆期叶片受害使光合面积减少时，叶鞘和颖片可起某种程度的补偿作用，这种补偿属于个体水平的补偿效应。在作物群体水平上，如棉花枯(黄)萎病、小麦秆黑粉病和小麦丛矮病等病害，在病株染病较早且生长较弱时，相邻的健株可获得更大的空间、光照以及土壤养分和水分，因此会发育得比一般植株更为旺盛，从而起到了群体补偿的作用。因此在作物的群体水平上，当病株率不高(病情指数小于 $T_1$)，且分布高度分散时，群体补偿作用往往很大，整个群体并不会显著减产。

**(3)超补偿型**

病害损失与病情损失之间也表现为“S”形曲线，如图 6-1 曲线丙所示。超补偿型与关系耐病型的区别在于，当病害较轻时不但不会导致减产，反倒略有增产作用。这种情况的具体原因尚未完全探明，有研究认为植物(超)补偿作用是造成这种情况的原因之一。例如，危害花和幼果的果树病害，一定数量下的病害能起疏花疏果的作用，从而比不发生病害时有所增产。当苹果收获后发生的斑点落叶病可以帮助果树提前落叶，保存更多的营养物质在树体内，为来年的生长储备更多的能量。当然，在实际生产中，超补偿型的出现要远少于前两种情况。

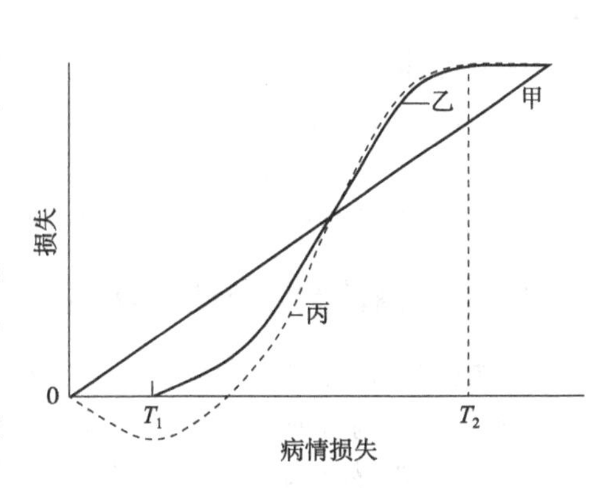


**图 6-1　损失与病情指数的 3 种关系**
(曾士迈等，1986)

## 6.2.3　影响植物病害损失的其他因素

对于某个特定的病害，同样的病害程度对于不同品种或不同环境的作物所造成的损失存在明显的差异，因为病害造成的损失还会受到其他因素的影响。影响植物病害损失的其他因素主要是非病理因素，包括寄主品种、植物生长发育状况和环境条件等。

例如，杨之为等(1991)在 1987—1989 年对小麦条锈病造成的损失进行测定时发现，病害对不同小麦品种的损失存在差异，得出 3 个不同的方程：

对病害特别敏感品种的损失方程为：

$$L(\%)=7.561+0.3597X \qquad (R^2=0.8747) \tag{6-4}$$

一般感病品种‘甘麦 8 号’的损失方程为：

$$L(\%)=5.3692+0.4247X \qquad (R^2=0.7167) \tag{6-5}$$

较耐病品种的损失方程为：

$$L(\%) = 0.3408 + 0.4247X \quad (R^2 = 0.9398) \tag{6-6}$$

当然，同一品种在不同栽培条件下，发病程度相似，其所致产量损失也可能因为环境的不同而导致差异显著。例如，黄汝国等(1988)研究发现，小麦锈病发病程度相同，但是不同气候条件下产量损失差异较大，在扬花期有干热风的年份损失更为严重。

# 6.3 植物病害流行损失估计

## 6.3.1 植物病害损失估计的概念

损失估计是植物病害防治中不可缺少的一项工作，除了局部地域发生的检疫性病害之外，植物病害的防治必须讲求经济效益，把危害控制在经济允许水平之下。损失估计是病害综合治理工作程序中一个必要环节，为防治决策提供依据。决定某一病害是否需要防治和如何防治，并不单纯取决于发病严重情况，而主要取决于将会造成的经济损失、防治效果和防治成本的综合考量。从植物病害综合治理的角度出发，以最小的投入获得最大的经济效益。

植物病害损失估计主要是对病害造成的产量和产值损失的预测，曾士迈等(1986)提出植物病害损失估计(disease loss assessment)的概念：通过调查或试验，实地测定或估计某种程度的病害流行所致的损失。当这种测定或估计已进行多次后，便可以根据经验或根据由实测值组成的各种模型，由病害流行程度预测出其所致损失。

## 6.3.2 植物病害损失估计研究方法

防治植物病害保障农业生产，研究病害对作物的危害而引起的损失，以便制订合理的防治措施。植物病害所造成的损失是多种多样的，是各种因素相互作用的结果，是一个复杂的问题。需要寻求病害流行与产量(品质)损失的相互关系，组建损失估计模型。这就需要大量的田间数据进行支撑，使模型更为可靠。按试验方法一般可分为单株法和群体法。

**(1)单株法**

单株法(single plant method)是目前应用较多的一种损失估计研究方法。选择具有代表性的田块，从中选择发病程度不同的个体进行调查。实际由于田间植株个体间发病程度和生长发育很难满足调查需求，因此需要调查大量的植株。在植株整个生长过程中多次调查各个植株发病情况，收获后分别测定各株的产量，从中找出与产量损失关系最大的一次或者数次病情指数数据，将其作为损失预测的依据。这种方法可以在田间自然发病的情况下使用，比较省时省力。但是个体存在差异较大，影响结果的准确性。

盆栽试验法是将土壤先经过药剂或高温处理，然后人工接种不同剂量的病菌，处理后的土壤装入盆中，埋入土壤，其他因素保持与自然生长环境相似。一般来讲，将盆栽试验法也纳入单株法中。这种方法能够通过人为因素控制病原密度和土壤理化性质的差异，因此在土传病害的产量损失研究中应用较多。该方法容易控制菌量和环境，试验结果较准确，但是相比较而言更加费时费力。

**(2)群体法**

群体法(field population experiment)是与单株法相对而言的，在田间小区或更大的面积上进行。选择具有代表性的田块进行调查，将试验田块/小区按照发病程度的不同划分为不同的田块/小区，然后分别调查各田块/小区的发病情况，并统计产量，得出两者之间的对应关系。在利用群体法研究损失估计时，一般利用 3 种试验方法在小区间获得不同等级的发病情况，包括定期使用杀菌剂控制病情、人工接菌和采用不同抗病性的同源基因系品种。这种方法最大的优点是考虑田间的群体效应(如群体补偿作用)，与田间实际情况更加吻合。可在田间进行标准化的小区试验，易于控制，数据便于统计。在进行田间小区试验时，除了注意各小区试验条件的均一性外，还应保持各试验小区之间病害发生程度的差异，发病等级应从无病开始，到发病最严重结束。

研究损失估计的方法除了单株法和群体法外，还有其他的一些方法。例如，整体法可以囊括田间多种性状的共同作用。近年来，高空遥感技术在植物病害的损失估计中取得了较好的效果，应用前景广阔。

当然，在利用田间试验研究作物病害损失时，应注意试验中出现的各种影响因素，使试验数据更为可靠。有研究表明田间试验时，增加病害严重程度的等级可能比增加试验重复次数更为重要。例如，10 个病害等级与 2 次重复的设计比 4 个病害等级与 5 次重复设计的效果要好，结果更能反映病害与损失之间的真实关系。另外，要重点关注病害发生程度较低和较高时的病害等级。因为病害发生程度较低时，有利于确定造成损失的最低点，或从中发现群体补偿作用。病害发生程度较高的点，有利于确定病害损失的阈值。在布局试验时，还应避免试验小区之间的相互干扰。例如，对于气传病害，病原菌可以通过气流传播，应尽量防止发病严重的试验小区对轻病区产生影响。

### 6.3.3 损失估计模型

损失估计模型就是通过田间调查数据，表示病害发病情况与产量或品质之间的定量关系的数学模型。在农业生产中，通过损失估计模型可以为植物的综合防治决策提供参考依据。植物病害流行与产量损失常常受到品种、地区和栽培条件等因素的影响，损失估计模型需要充分考虑病情指数、产量和环境等因素。损失估计由于其复杂性，因此需要建立不同的模型来对生产中植物病害造成的损失进行估计。Kirby et al. (1927)基于多年的观察和试验，建立了早期的小麦秆锈病损失估计模型，虽然该模型存在诸多缺点，但是其推动了病害损失估计的相关研究。随后，研究者针对各种作物病害建立了各种经验模型。

由于植物病害流行损失估计研究非常复杂性，因而进展缓慢。近年来，由于综合防治的需要，才更加对其重视起来。按照组建模型的原理可将病害损失估计模型可分为两大类，即经验预测模型和系统预测模型。

**(1)经验预测模型**

经验预测模型多种多样，其中研究和应用较多的是回归预测模型。回归预测模型是以病情指数(或加上品种和环境等其他因素)为自变量，以病害所致损失为因变量，根据大量田间数据，建立损失估计的回归预测方程。回归预测模型按照自变量的不同可分为：关键期病情模型、多期病情模型、流行曲线下面积模型和多因子模型等。

①关键期病情模型(critical point model，CPM)。关键期是指此时期的病情在决定损失上作用最大，如小麦赤霉病以灌浆期病穗率为关键期病情。关键期的选择一般可根据经验

或通过相关性分析来确定，关键期病情模型只包含一个自变量，即关键期的病情指数。该模型的基本形式为：

$$Y=b_0+b_1X \tag{6-7}$$

式中，$Y$ 为损失；$X$ 为关键期病情指数(或其数学转换值)。

这种损失估计模型最为简便，对于导致既得产量(产值)损失且多在中后期发生的病害，用该类模型便可进行较为准确的损失估计。但是该模型未考虑病害流行曲线的形式，不计流行开始早晚和流行速度，只能运用于季节流行曲线形式固定的病害。

Madden(1981)认为，韦布尔模型(Weibull model)可广泛用于作物病害所致损失的曲线拟合，能够表达产量与影响因素直接的相互关系。该模型在病害损失估计中也有较多应用。韦布尔方程作为损失估计模型，基本形式为：

$$L=1-\exp\left\{-[(X-a)/b]^c\right\} \tag{6-8}$$

式中，$L$ 为损失比率；$X$ 为病害关键期或最终发生数量(比例数)；$a$ 为达到损失阈值时病害发生数量(比例数)；$b$ 为损失模型曲线的斜率参数；$c$ 为损失模型曲线的形状参数。

丁克坚等(1992)研究表明，中稻黄熟期纹枯病病情指数($X$)与稻谷减收率($Y$)的关系最为密切，组建了不同品种的韦布尔损失模型，模型参数见表 6-1，具有较高的可靠性。

**表 6-1 不同品种的损失模型系数表**

| 品种 | 模型参数 | | |
|---|---|---|---|
| | $a$ | $b$ | $c$ |
| 先锋 1 | 0.000 049 | 1.725 94 | 1.777 74 |
| 二九青 | 0.000 049 | 1.784 29 | 1.397 43 |
| 浙辐 802 | 0.000 036 | 2.346 01 | 1.401 50 |
| 二九丰 | 0.000 028 | 2.043 10 | 1.584 61 |
| 湘早籼 3 号 | 0.000 039 | 2.157 90 | 1.467 76 |
| 双矮早 | 0.000 028 | 2.822 22 | 1.265 80 |

注：引自丁克坚等，1992。

②多期病情模型(multiple point model，MPM)。是指利用作物生长季节中两个时期或更多个时期的病情指数作为自变量来组建模型预测损失，能弥补关键期病情模型的不足之处。此类模型形式为多元回归式：

$$Y=b_0+b_1X_1+b_2X_2+\cdots+b_nX_n \tag{6-9}$$

式中，$Y$ 为损失；$X_1$，$X_2$，…，$X_n$分别为不同时期的病情指数(或其数学转换值)；$b_n$ 为作物生长季的不同时期。

多期病情模型适用于病情指数在流行期间变化多样、不同时期为害减产机制有所不同的病害。例如，小麦丛矮病可根据秋苗期、拔节期和抽穗期 3 个时期的病情来预测损失。

③流行曲线下面积模型(area under disease progress curve model，AUDPCM)。这类模型实际是多期病情模型的进一步扩展，基本形式为：

$$Y=b_0+b_1X \tag{6-10}$$

式中，$Y$ 为损失；$X$ 为流行曲线下面积。

Hikishima et al. (2010)利用近地高光谱技术测量了亚洲大豆锈病危害后的反射率值，根据归一化植被指数(NDVI)与流行曲线下面积(AUDPC)的关系，建立了大豆锈病产量损失模型，精度高达 91.5%。该模型的局限性在于把同一病情水平在不同生育期的减产作用错误地同等对待了，实际上不同形式的流行曲线可以有相同的流行曲线下面积，造成的损失未必相同。

关键期病情模型、多期病情模型和流行曲线下面积模型这 3 种损失估计模型都属于单因子模型，以病情指数这一个因子作为自变量来预测损失，忽略了寄主生长发育状况、栽培管理条件和环境因素等非病理因素对于病害所致损失的影响。因此，该类模型的应用往往具有很大局限性，通常只能是针对一些特殊病害类型，并且需在寄主、栽培和环境等条件变化不大的情况下使用。

④多因子模型(multiple factor model，MFM)。该模型的自变量除病情指数外，还包括寄主的品种特性(包括耐病性和相对抗性等)、栽培条件和气候条件等，其形式为：

$$Y=b_0+b_1X_1+b_2X_2+\cdots+b_nX_n \tag{6-11}$$

式中，$Y$ 为损失，$X_1$，$X_2$，…，$X_n$ 分别为病情指数、品种、栽培条件和气候条件等，有时还需要包括种间互作项，其形式为：

$$Y=b_0+b_1X_1+b_2X_2+\cdots+b_nX_n+b_{12}X_1X_2+b_{13}X_1X_3 \tag{6-12}$$

当然，在组建损失估计多因子模型中，并非选取的因子越多越好，因为因子越多，它们之间的内部相关也越常见，势必造成模型的稳定性差。因此，在建模过程中对于选定的因子，必须综合考量。

**(2)系统预测模型**

病害损失估计系统模型是指用系统分析或系统模拟的方法建立的损失估计模型。植物病害系统是植物、病原物、环境条件和人类干预所组成的复杂系统，研究病害所致损失需要用系统的观点和系统分析的方法。植物生长和发育过程中有许多因素会对产量和品质产生影响，植物产量和品质的形成是一个过程，病害所致损失的形成同样也是一个过程，若将植物产量形成过程作为一个系统，病害过程则是影响产量的一个因素，是产量形成的一个子系统。病害流行开始后，在不同时期以其发生程度影响寄主植物的生理生化、生长发育，从而直接或间接地影响产量形成因素，最后综合于一体，造成产量损失。植物生长和病害的流行受到千变万化的环境条件影响，是三方相互作用导致的损失，其过程非常复杂。

对于植物病害危害与损失的关系，采用较多的方法是通过大量调查研究，采用植物的某一个或几个生育期的病情指数为自变量，建立回归方程用于损失估计。但是病害的损失估计相当复杂，有时仅仅依靠病情指数这一个因素进行预测与真实情况相差甚远，即便采用多因子回归模型也要充分考虑多个因子的相互作用，是一项量大、费时、耗力的工作。并且多因子回归模型构建复杂，运用困难，其适用性和准确性存在一定的局限。为了解决经验预测中的问题，系统模型逐渐运用到损失估计中，尤其对于复杂病害的损失估测。即运用系统模拟的方法，将损失形成过程进行系统分析，组建模型，并纳入植物生长发育

(产量形成)的系统模型之中，来对病害造成的损失进行预测。同时由于病害危害是一个动态发展的过程，系统动态模型更能发挥其优势作用。由于这种模型比经验模型更接近真实情况，故又称为真实性模型(也称逼真模型或仿真模型)。

建立损失估计模型时，在进行田间实地调查和试验的过程中，病情估测、产量(产值)计算、损失计量和环境条件监测的方法和标准必须力求合理和统一，否则所得数据难以用于建立可靠的损失估计模型。同时也应注意，任何一个模型的建立都是基于特定的环境，要注意忽略品种、地区和栽培条件等因素的影响，不应随意扩大模型的适用范围。同时模型在使用过程中，要不断地进行修正，使之应用更为简单，估测结果更贴近事实。

### 6.3.4　多种病害混合发生的损失估计

当前，植物病害损失估计研究较多的是以单一病害为对象估测其所致损失的估计，然而，在实际当中田间情况远远比这复杂。两种或多种病害同时发生或相继发生的现象相当普遍，这种情况下，作物的损失来自不同的病害，并且不同的病害之间还有可能存在互作。多种病害复合危害的损失可能不仅仅是单一病害造成损失的简单相加，损失估计工作就变得更加复杂。国内外研究者对于多种病害侵染引起产量损失的研究很多，有累加效应，即产量损失为各病害产量损失之和的；有协同效应，即大于各病害产量损失之和的，也有抑制效应，即小于各病害产量损失之和的。

例如，傅俊范等(2016)通过小区人工接种试验表明，花生褐斑病和网斑病在田间混合发生时，病害间存在着相互抑制的现象。病害发病初期，发病较轻时，病害间的抑制作用不明显，两种病害在混合发生和单独发生时的病情指数差异不显著。随着病情强度的增加，这种抑制现象越来越明显。病害互作主要对小区产量和百果重有显著影响，对百仁重影响不显著。病害互作造成的产量损失小于各种病害单独发生造成的产量损失之和。马连坤等(2019)通过田间试验研究了不同施氮水平下蚕豆单作、小麦与蚕豆间作种植模式下，蚕豆赤斑病和锈病的复合危害情况及蚕豆产量损失的差异。通过强制回归分析，得出赤斑病对蚕豆产量的影响大于锈病，但无法明确赤斑病和锈病的互作关系及其对产量损失的影响。赤斑病的整体危害程度比锈病更加严重，两种病害复合危害下，赤斑病是造成蚕豆籽粒产量损失的主要病害。

当然，田间实际情况远比这复杂得多，有时不仅有病害危害，还可能有病虫草害等同时或相继发生，这就使损失估计变得更为复杂。由于病虫害在空间生态位上的竞争，相互之间可能存在拮抗作用。对于多种病虫草危害，可以先从单个有害生物危害入手，然后了解不同病虫草害的危害机制及其相互影响，最终组装成混合危害的损失估计模型。由于混合危害损失估计复杂，系统模型在模拟的全面性和仿真性方面特点突出，因而在推测多种有害生物危害的损失估计方面运用前景广阔。植物病虫草害对农作物产量损失的估计，是农业生产活动中对有害生物进行综合防控的重要环节。要做到准确估测相当困难，尤其是多种病虫草混合危害的损失估计影响因素多，工作非常庞杂。该工作目前还处于起步阶段，还需要进一步结合现代计算机技术，找出一种省时省力的科学估测方法，多角度更加准确地进行估计，为农业生产服务。根据植物与有害生物以及有害生物相互间的关系，组建生态区域所有有害生物造成的损失估计方法，主治与兼治相结合，将有害生物种群控制在经济危害允许水平之下，是当前乃至以后有害生物综合治理的重要策略。

## 复习思考题

1. 植物病害损失的类型与计量方法有哪些？
2. 简述病害危害与作物损失估计之间的关系。
3. 如何对多种病害或病虫草造成的损失进行估计？

# 第 7 章

# 植物虫害损失估计

【内容提要】害虫引起的植物或农作物产品直接损失通常表现为生物量、产量和品质的下降。本章重点介绍植物害虫损失的概念、损失类型、损失的计量、害虫危害与作物损失间关系、影响植物虫害损失的因素、损失估算等。

## 7.1 植物虫害损失概述

### 7.1.1 植物虫害损失的概念

植食性昆虫通过直接取食植物的根、茎和叶等营养器官，花、果实和种子等繁殖器官，以及传播病原菌(包括病毒、细菌和真菌等)，从而影响植物生长发育阶段的正常生理代谢或储存阶段的生物量。植食性昆虫引起植物或农作物产品的直接损失通常表现为生物量、产量和品质的下降，从而造成直接的经济损失；还包括为减少或挽回植物虫害损失而采取措施的成本和代价。

### 7.1.2 植物虫害损失的类型

植物虫害损失的类型包括植物或农作物生物量、产量、品质的直接损失，因防治植物虫害而付出的防治成本，以及生态环境和人类健康付出的代价损失等。

**(1) 生物量损失**

植物生物量包括地上部分茎、叶、花、果实、种子和地下部分的根或茎。害虫会直接取食植物的营养器官(根、茎和叶)或繁殖器官(花、果实和种子)，若过量取食植物器官，将可能减少植物的生物量。

**(2) 产量损失**

害虫大量发生与危害会造成植物产量的下降，甚至使作物绝产。如黏虫大发生时将取食危害禾谷类作物的叶片等器官，严重影响作物产量。

**(3) 品质损失**

害虫会使作物果实不饱满，空洞，完整率、出米率、出油率降低。如大豆食心虫，幼虫钻入豆荚，咬食豆粒，使大豆残缺或留下虫眼，导致大豆品质下降。

(4)防治成本上升

为了减少植物虫害损失，人们通常采取各类措施对害虫进行预防与治理，为此需要付出人力、物力和财力等防治成本或代价。例如，如果直接使用杀虫剂，由于伴随对生态环境和人类健康产生的不利影响，还可能存在间接的损失。因而，防治代价包括直接代价和间接代价。其中，直接代价即为防治中的材料、用工及器械成本，也就是防治费用；而间接代价就是防治所造成的不利后果，如环境污染、杀伤天敌、生物多样性降低、害虫抗药性上升、农药残留、危害人体健康等负面效益。

因此，从生物学角度看，虫害影响植物的生物量；从经济效益看，虫害降低农作物产量和品质，减少经济价值；从生态效益看，因植物虫害而采取的防治措施损害生物多样性及其生态系统服务功能；从社会效应看，因采取的防治措施可能会影响人类身体健康。

### 7.1.3 植物虫害损失估计的生产意义

对农作物植物虫害损失的估计，是农业生产活动中对农作物进行经济评价的重要环节，也是开展害虫防治的基本前提。植物虫害损失估计的目的是制订合理的害虫防治策略、措施和指标。

目前，有害生物综合治理(integrated pest management，IPM)已成为重要的害虫防治策略。1967年，联合国粮食及农业组织对有害生物综合治理的定义为："综合治理是有害生物的一种管理系统，它按照有害生物的种群动态及与之相关的环境关系，尽可能协调地运用适当的技术和方法，使有害生物种群数量保持在经济危害允许水平之下。"从生态学观点出发，全面考虑生态平衡及社会安全、经济利益及防治效果，提出合理及有益的治理措施；不完全消灭害虫，而重在对害虫数量的调节与控制，以达到不造成经济损失为目标。1979年，我国著名生态学家马世骏将有害生物综合防治(integrated pest control)定义为："从生物与环境的整体观点出发，本着预防为主的指导思想和安全、有效、经济、简易的原则，因地因时制宜，合理运用农业的、化学的、生物的、物理的方法，以及其他有效的生态学手段，把有害生物控制在不足危害的水平，以达到保护人畜健康和增加生产的目的。"两个害虫防治策略的定义都强调将害虫数量或密度控制在经济危害允许水平以下，即涉及害虫经济阈值和防治指标的概念。

经济阈值(economic threshold，ET)，意为防止有害生物发生量超过经济损害允许水平应采取防治措施时的有害生物发生量(病情指数或害虫密度)，又称防治指标。害虫经济阈值在农业害虫管理中发挥非常重要的作用，是害虫防控决策的主要依据(Kogan，1998)。农业生产中，害虫防治的直接目标是避免或减少农作物损失，因此在采取害虫防治措施时，需要充分考虑防治投入与防治效益的关系，也就是防治成本不能高于挽回的农作物收益。

经济阈值本质是一个多维、动态、随机的经济生态学参数，其理论值可能无法知道，实际制订时只能逼近。害虫经济阈值概念、理论和定量分析方法的研究是不断发展和逐步完善的过程，同时向微观与宏观方面拓展。微观上，作物对虫害的产量响应及其生理学和分子生物学机制、补偿作用途径及其调控机理，应属主要研究内容；同时害虫抗药性形成发展的机制，天敌与害虫及防治措施之间的关系，包括天敌等在栖境之间的迁移运动规律，以及农药残留与污染问题，也是不可忽视的重要内容。在宏观方面，多种虫害的复合经济阈值及其替代指标，经济阈值与其他管理决策的配合，经济阈值组分与系统模拟和预测模型，以及一种作物和一个地区的病虫害治理，以至农业生产体系的分析、设计、优化及工程研究，也是未来经济阈值研究的必然趋势。

## 7.2　害虫危害与作物损失间关系

### 7.2.1　植物虫害损失构成因素

害虫为害作物并造成损失的因素包括：害虫致害因素的存在；害虫的发生数量或种群密度超过经济阈值；害虫直接取食作物并对其生长发育的生理过程造成不利影响；害虫与作物相互作用后，作物生物量、产量或产品品质受到影响。

按照为害植物组织器官，害虫的影响主要表现在为害作物的根、茎、叶、花、果实和种子。

①对植物根部的危害。为害作物根部的害虫主要是地下害虫，如蛴螬咬断作物的根，咬断处断口整齐，轻则缺苗断垄，重则绝收。

②对植物茎部的危害。为害作物茎部的害虫主要是蛾类幼虫，如水稻二化螟、玉米螟等破坏植物茎秆组织，影响养分输送，植株茎部受损后，易倒伏。

③对植物叶和花的危害。为害作物叶和花的害虫较多，如蝗虫啃食叶片，将作物食成光杆；蚜虫刺吸叶片的汁液，分泌蜜露使幼苗叶片生霉发黑，枯死，影响作物的光合作用，影响生长发育。

④对植物果实和种子的危害。为害作物果实和种子的害虫主要有大豆食心虫、二十八星瓢虫等。

### 7.2.2　植物虫害发生程度与损失的关系

害虫发生数量或密度与作物损失的关系受害虫为害方式、作物耐害抗害特征，以及害虫与植物相互作用的影响。基于害虫与植物之间的关系，害虫种群密度与经济损失之间的关系主要存在3种形式(Vehvilainen et al.，2007)：第1种是低密度危害，在较低的害虫密度下就能表现较大的经济损失；第2种是线性危害，害虫种群密度与经济损失之间的关系呈线性关系；第3种是高密度危害，这类害虫在较低密度下不表现经济危害，甚至还能够出现明显的超补偿效应，只有在高密度下才能表现出经济损失(Mann et al.，2010)(图7-1)。

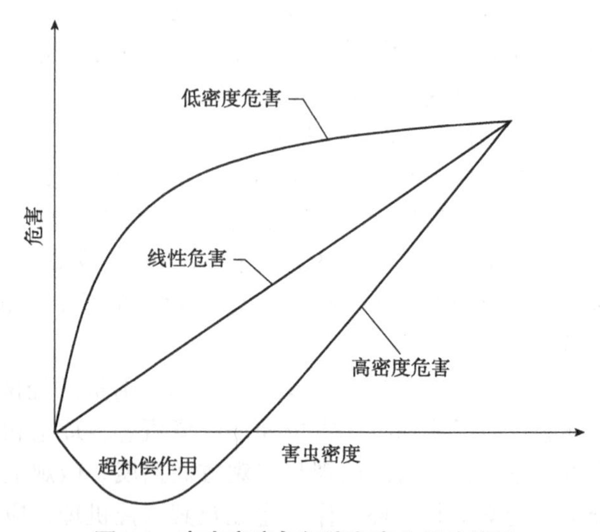


图7-1　害虫密度与经济危害之间的关系

### 7.2.3　影响植物虫害损失的因素

植物生物量或产量一般主要受水、肥、品种以及气候气象条件等因素影响，而虫害也是重要因素之一。在农业生态系统中，影响害虫种群的因素很多，其中以虫源因素、气象因素、土壤因素、生物因素和人为因素影响较大。

**(1) 虫源因素**

虫源指虫害发生后，受害地块越冬害虫的数量。虫源多，易引起虫害的发生；虫源少，不易引起虫害的发生。

**(2) 气象因素**

①温度。温度对昆虫的生长和繁殖有着重要影响。大多数昆虫在一定的温度范围内活动，过高或过低的温度都不利于它们的生存。温度不仅影响昆虫的生长发育速率，还影响其繁殖能力和数量。一些耐寒昆虫能在寒冷环境中生存并繁殖，而那些需要较高温度的昆虫则在温暖环境中更为活跃。

②空气相对湿度。昆虫对空气相对湿度也很敏感。空气相对湿度过高或过低都不利于昆虫的生存。空气相对湿度还影响昆虫体内水分的平衡和卵的孵化，进而影响其生长和繁殖。例如，在雨后或空气相对湿度较高的环境中，一些昆虫的活动更为频繁，因为这样的环境有利于它们的生存和繁殖。

③降水。降水对昆虫的影响是多方面的。雨后土壤湿度增加，有利于昆虫的繁殖和活动。但是，暴雨可能会破坏昆虫的巢穴和卵，造成伤害或死亡。此外，降水还影响昆虫的食物来源和分布，进而影响其数量和种类。

④风。风对昆虫的影响主要表现在迁徙和传播上。许多昆虫在生命周期的某个阶段需要迁徙，以寻找更适宜的生存环境或食物来源。风向和风速会影响昆虫的迁徙方向和速度，甚至可能导致其死亡。此外，风还可以帮助一些昆虫的花粉传播，影响其繁殖。

⑤日照。日照长度和强度对昆虫的生物学特性具有一定影响，如生长发育、蜕皮、生殖等。此外，某些昆虫对特定波长的光线有趋性，这可能影响其活动和定位食物的能力。

**(3) 土壤因素**

土壤不仅为昆虫提供了栖息和繁殖的场所，还影响昆虫的种类、数量和生活习性。不同的土壤类型为昆虫提供了不同的生存环境。例如，沙质土壤中的昆虫种类往往较少，而有机质丰富、湿度较高的土壤则拥有更为丰富的昆虫多样性。土壤的理化性质，如酸碱度、湿度、温度和养分状况等，都会影响昆虫的繁殖。一些昆虫更喜欢在特定类型的土壤中产卵或化蛹。例如，一些昆虫在 pH 值较高的土壤中更容易繁殖。昆虫对土壤湿度很敏感，过干或过湿的土壤可能会影响昆虫的活动和生存。一些昆虫在雨后或湿度较高的土壤中活动更为频繁。土壤温度会影响昆虫的分布和数量。一些耐寒的昆虫在寒冷的土壤中能够更好地生存，而一些喜欢温暖的昆虫则在温暖的土壤中更为常见。另外，土壤中的微生物群落对昆虫的生存也有影响。一些昆虫与土壤中的微生物建立共生关系，以获取一些特定的营养物质。总之，土壤对昆虫的影响是多方面的，它不仅影响昆虫的种类、数量和生活习性，还影响了昆虫与其他生物之间的关系。

**(4) 生物因素**

①天敌。害虫的天敌包括鸟类、爬行动物、两栖动物、节肢动物等。这些天敌对害虫的数量和分布具有重要影响。例如，一些鸟类在繁殖季节会捕食害虫，从而影响害虫的数量和分布；一些爬行动物和两栖动物也会捕食害虫，特别是它们的卵和幼虫。

②竞争。害虫之间也存在竞争关系，这种竞争主要表现在食物和生存空间上。例如，在食物资源有限的情况下，不同种类的害虫会相互竞争，从而导致数量下降或物种灭绝；此外，生存空间的限制也会影响害虫的分布和数量。

③病原体。害虫容易感染各种病原体，这些病原体可能影响害虫的生长发育、繁殖能力和数量。例如，一些病毒可以导致害虫生病甚至死亡；一些真菌和细菌也会对害虫造成影响，导致其生长缓慢、繁殖力下降等。

④共生微生物。害虫与一些共生微生物之间存在互惠互利的关系。这些微生物为害虫提供营养物质、帮助消化食物等，而害虫则为微生物提供生存的场所和营养物质。这种共生关系对双方的数量和分布都有重要影响。

⑤植物。害虫与植物之间也存在密切的关系。害虫常常以植物为食或以植物为栖息地，而植物则通过产生化学物质等方式防御害虫的侵害。另外，在农业生产中，许多作物品种具备一定抗虫性，即作物在害虫为害的情况下，能避免受害、耐害或虽受害而有补偿能力的特性。这种相互关系不仅影响害虫的数量和分布，还影响植物的生长发育和分布。

**(5) 人为因素**

人类活动对昆虫的影响是复杂的。人类可以引进天敌控制害虫；可以喷洒农药减少害虫危害，但是过量或者频繁地使用化学农药会造成害虫的抗药性或者再猖獗发生，同时农药大量使用也可能会危害有益的天敌昆虫等。

## 7.3 有害生物统计与危害损失估算

在作物生长发育和产品储藏过程中，常常遭受害虫的为害。作物有害生物统计与危害损失估算包括作物有害生物的分布范围、发生面积、发生程度、为害损失及防治面积、挽回损失等方面情况的调查统计与估算。农作物有害生物统计与估算工作的任务，不仅要按照规定的统计要求，切实搞好有害生物的发生危害损失、防治及其防治后挽回损失、实际损失等方面的调查统计工作，更重要的是在掌握上述统计资料的基础上为分析病虫草鼠害的演替规律，预测发生趋势，为制订防治规划和综合防治决策提供科学依据。

### 7.3.1 发生面积统计

**(1) 概念**

发生面积是指通过对各类代表性田块的抽样调查，害虫发生程度达到防治指标的面积。达不到防治指标的田块不统计发生面积，尚未确定防治指标的，按应防治面积统计发生面积。对发生多代(次)害虫的发生面积要按代次分别统计。例如，玉米螟在我国北方一、二、三代次发生明显，要按代次分别统计；当一种害虫危害多种作物(如黏虫分别为害玉米、谷子、高粱等)或一种作物同时发生多种害虫时，要按作物和害虫种类分别统计。

**(2)统计方法**

①单项虫害发生面积的统计方法。根据抽样调查结果，首先计算各类型田块达到防治指标的地块数及占各类型调查地块的百分比，然后以各类型代表面积及达到防治指标地块所占比例，采用加权平均法求得某一单项虫害发生面积的比例，并以此百分比乘以受害作物种植面积即为该单项虫害的发生面积。

例如，临沂市种植小麦 90 万亩，3 月 22~25 日在有代表性的 5 个乡镇抽样调查麦蜘蛛发生情况，结果整理见表 7-1。

**表 7-1　麦蜘蛛抽样调查整理**

| 地块类型 | 调查地块数 | 代表面积（亩） | 达到防治指标 | | 发生面积（亩） | 发生程度（级） |
|---|---|---|---|---|---|---|
| | | | 地块数 | % | | |
| 一 | 15 | 75 | 4 | 26.67 | 20.00 | 2 |
| 二 | 10 | 35 | 3 | 30.00 | 10.50 | 3 |
| 三 | 5 | 15 | 3 | 60.00 | 9.00 | 4 |
| 合计(平均) | 30 | 125 | 10 | (31.60) | 39.5 | 2.72 |

采用加权平均法计算发生面积所占百分比：

$$M = \sum (A_i \cdot C_i) / \sum_{i=1}^{n} A_i \tag{7-1}$$

式中，$A_i$为各调查类型田的代表面积；$C_i$为达到防治指标地块占调查地块的百分比。

$$M = \frac{75 \times 2.67 + 35 \times 30.00 + 15 \times 60.00}{75 + 35 + 15} = 31.60\%$$

$$麦蜘蛛发生面积 = 90 \times 31.60\% = 28.44(万亩)$$

②以作物为单位对多种虫害发生面积的统计。以作物为单位的多种虫害发生面积的统计方法，即该作物各单项虫害发生面积的累加。

## 7.3.2　发生程度统计

**(1)概念**

发生程度是指在对有害生物防治之前，在自然发生情况下用各种指标(如虫口密度或病虫指数)来表示其发生的轻重程度。

**(2)统计方法**

按照全国统一的五级分级方法统计：1 级轻发生；2 级中等偏轻发生；3 级中等发生；4 级中等偏重发生；5 级大发生。每级发生程度的标准，有全国统一标准的按全国标准统计，无全国统一标准的，按照各省(自治区、直辖市)制定的省级标准统计。如山东省麦蚜的分级标准如下：百穗蚜量达 500~625 头为 1 级；626~1250 头为 2 级；1251~1875 头为 3 级；1876~2500 头为 4 级；大于 2500 头为 5 级。病虫发生程度的分级标准应以该虫害在自然发生情况下的危害损失率为基础，再折算成防治前可以取得的直观的虫口密度等指标。

虫害发生程度的计算方法分为单项虫害的计算方法和以作物为单位综合发生程度的计算方法。

①单项虫害发生程度统计方法。虫害的发生程度，根据防治前的调查确定该虫害的发生程度。其单项虫害发生程度的统计方法如下：

根据抽样调查结果，在计算各类型田达到防治指标地块所占比例，并以此比例乘以代表面积，在求得各类型田发生面积的基础上，采用加权平均法计算单项虫害平均发生程度。

以麦蜘蛛为例(表7-1)，其发生程度为：

$$M=\frac{20\times2+10.5\times3+9\times4}{39.5}=2.72(\text{级})$$

②以作物为单位的多种虫害综合发生程度统计方法。农作物病虫害发生程度，过去往往以单一病虫害进行统计，缺乏以作物为单位的多种病虫害发生程度的综合指标，因而很难测定农作物病虫危害所造成的减产损失。根据山东省植物保护站研究，计算方法有两种：一是模糊向量综合法；二是加权平均法。

a. 模糊向量综合法(FOZZY)：确定农作物病虫害发生程度的综合指标，效果好、计算简便，其公式为：

$$M=\sum(x_i\cdot C)=x_1\cdot C+x_2\cdot C+\cdots+x_m\cdot C \quad (7\text{-}2)$$

式中，$x_i$为各种虫害发生面积占被害作物种植面积的百分比，归一化后组成模糊向量；$C$为与$x_i$相对应的级别，由于$\sum_{i=1}^{n}x_i\equiv1$，如各项病虫发生程度均为5级，那么必然$M=5$，因此可作为确定综合指标的一种方法。

例如，山东省临沂市1990年小麦种植面积为94.51万亩，主要病虫发生面积和程度依次为：叶锈病($x_1$)4.5万亩，2级；白粉病($x_2$)57.27万亩，3级；纹枯病($x_3$)3.20万亩，1级；麦蚜($x_4$)18.00万亩，3级；麦蜘蛛($x_5$)14.93万亩，3级；地下害虫($x_6$)4.0万亩，2级；其他害虫($x_7$)3.0万亩，1级。

先求出模糊向量，即计算每种病虫发生面积与小麦种植面积的比值。

$$\underset{\sim}{x}=\left(\frac{4.5}{94.51}\quad\frac{57.27}{94.51}\quad\frac{3.2}{94.51}\quad\frac{18.8}{94.51}\quad\frac{14.93}{94.51}\quad\frac{4.0}{94.51}\quad\frac{3.0}{94.51}\right)$$

$$=(0.05\quad 0.61\quad 0.03\quad 0.20\quad 0.16\quad 0.04\quad 0.03)$$

归一化处理：

$$\frac{0.05}{1.12}\quad\frac{0.61}{1.12}\quad\frac{0.03}{1.12}\quad\frac{0.20}{1.12}\quad\frac{0.16}{1.12}\quad\frac{0.04}{1.12}\quad\frac{0.03}{1.12}$$

按模糊向量综合法公式计算小麦病虫综合发生程度为：

$$M=0.04\times2+0.54\times3+0.03\times1+0.08\times3+0.14\times3+0.04\times2+0.03\times1=2.8(\text{级})$$

b. 加权平均法：其公式为：

$$M=\sum_{i=1}^{n}(A_i\cdot C_i)/\sum_{i=1}^{n}A_i \quad (7\text{-}3)$$

式中，$M$为病虫综合发生程度(级)；$A_i$为某单位病虫发生面积；$C_i$为相对应的某单项病虫发生级别。

将上述例子中的数据代入：

$$M=\frac{4.5\times2+57.27\times3+3.20\times1+18.80\times3+14.93\times3+4.0\times2+3.0+1}{4.5+57.27+3.20+18.80+14.93+4.0\times2+3.0\times1}=2.7(\text{级})$$

以上两种计算综合发生程度的方法基本一致，但根据对历史资料的统计分析比较，模糊向量综合法能够较客观地反映各单项病虫发生面积所占受害作物种植面积的权重，不受年度间种植面积变化的影响，较之加权平均法具有明显的优点，而在年度间作物种植面积较稳定的情况下，也可应用加权平均法，据研究测算，若以模糊向量综合法为标准，加权平均法与之相关系数 $r=0.9993$，符合率达100%。

## 7.3.3 防治面积统计

**(1)概念**

防治面积指各种有害生物各次化学防治面积和生物防治面积的累加面积。

①化学防治面积。化学防治是指利用各种来源的化学物质及其加工品，将有害生物控制在经济危害水平以下的防治方法。化学防治面积是指田间使用化学防治的面积。化学防治面积中的种子处理和土壤处理面积，只统计针对某种或某些害虫进行药剂种子处理和土壤处理的面积。其中水稻种子处理面积指为防治害虫采用药剂处理的秧田面积。井冈霉素等生物农药防治的面积在生防面积内统计，不在化学防治面积内统计。

②生物防治面积。生物防治是指利用生物及其产物控制害虫的方法。包括传统的天敌利用和近年出现的昆虫不育、昆虫激素及信息素的利用等。生物防治面积是利用上述方法防治害虫的面积，不包括天敌保护利用面积。

人工释放面积：人工繁殖释放或移植助迁某种天敌昆虫(螨类)防治害虫的面积。

微生物制剂防治面积：利用微生物农药防治害虫的面积。

③天敌保护利用面积。指在田间采用有利于天敌生存繁殖的措施控制害虫的面积。这里主要指指导思想明确，有意识进行保护利用天敌的面积。

④综合防治示范面积。综合防治是指从农田生态系统出发，以预防为主，协调应用农业、生物、化学、物理等手段防治害虫的策略和措施。要求安全、有效、经济，既把害虫控制在经济损害水平以下，又对环境的影响最小，以维护农田生态系统的生态平衡。这里只统计组织安排并完成的综防示范样板田，其辐射面积不统计。

**(2)统计方法**

在统计防治面积时应注意，各种害虫不同代(次)的防治面积要分别统计(如一、二、三代黏虫，棉花苗蚜、伏蚜等的防治面积要分别统计)，同一代(次)害虫用药多次的，以各次用药面积累加(如二代棉铃虫防治一遍的面积与防治二遍的面积要累加计算)。一次用药兼治多种有害生物时，凡针对不同对象自行加入相应农药混配防治的，要分别统计防治面积(如小麦穗期采用乐果、粉锈宁等混配农药一次性施药兼治麦蚜、白粉病、锈病等要分别统计防治面积)。一种农药(包括工厂生产的复配农药)兼治多种有害生物时，只统计主治对象的面积(如用甲基异柳磷穴施防治甘薯茎线虫也能兼治地下害虫，但只统计防治甘薯茎线虫的面积)。

### 7.3.4 损失量的估算

**(1)概念**

植物虫害损失估计包括3个常用指标：自然损失量、挽回损失量和实际损失量。自然损失量是指作物受害虫危害后在不采取防治措施情况下的自然损失量。挽回损失量是指通过防治害虫后挽回的损失，挽回损失量=自然损失量-实际损失量。实际损失量是指通过防治后因残存害虫为害造成的损失。

**(2)估算方法**

指标1：自然损失量

作物因害虫危害所造成的损失，一般来说直接取决于害虫的数量，但并不是任何情况下一致的，有时作物受害后并不使产量完全损失，即作物被害未达到百分之百，其损失则达不到百分之百。但如果害虫直接为害产量部位和穗部或使整株枯死(如死苗)，这时被害百分率与损失百分率就完全相等。作物受害程度与损失的实际结果受到多种因素的影响，害虫的口器、取食的习性和部位、作物品种的特性和生育阶段的不同，造成的结果也不一样。

产量损失可用损失百分率表示，也可以用损失的实际数量表示，具体方法和计算公式如下。

①选择若干未受害的植株和受害的植株分别进行测产，求出单株平均产量，采用以下公式计算单株平均损失系数。

$$Q = \frac{a - e}{a} \times 100\% \tag{7-4}$$

式中，$Q$为单株平均损失系数；$a$为未受害植株的单株平均产量；$e$为被害植株的单株平均产量。

②作物产量损失的大小与单株损失系数和被害株率(即有多少比例的植株被危害)相关，因此需要统计调查田中作物受害株的百分率，可按下式计算。

$$P = \frac{m}{n} \times 100\% \tag{7-5}$$

式中，$P$为受害株百分率；$n$为检查总株数；$m$为被害株数。

③根据上述基础数据计算产量百分率。

$$C = \frac{Q \cdot P}{100} \times 100\% \tag{7-6}$$

式中，$C$为产量损失百分率；$Q$为平均单株损失系数；$P$为受害株百分率。

④计算单位面积的自然损失量。

$$L = \frac{a \cdot M \cdot C}{100} \tag{7-7}$$

式中，$L$为单位面积的损失产量；$a$为未受害株单株平均产量；$M$为单位面积总株数；$C$为产量损失百分率。

以上公式只是综合损失率的一般的计算方法，而且只是对一种虫害危害时的损失量估算方法。但在实际生产中，一种作物上不只发生单一的害虫危害，而往往是多种害虫综合发生危害而影响产量造成损失。如果简单地通过逐个害虫累加计算损失量，易造成统计数字偏高，为克服这一弊端，近年来有些省份提出了要测定以作物为单位多种病虫危害所造成的综合损失率，以综合损失率为基础计算出以作物为单位的总的损失量，然后根据单项病虫占总发生面积的比重，将总损失逐一分解到单项病虫中去。这样计算出的结果较符合实际。例如，山东省植物保护总站自 1987 年开始这方面试验，经过几年的验证是可行的。根据其试验结果以作物为单位病虫危害综合损失率，采用现行五级制划分，粮棉油作物病虫害大发生的综合产量损失率可分别按 25%、50%和 30%计算，级差分别为 5%、10%和 6%进行统计(表 7-2)。据此自然损失量的计算方法如下：

**表 7-2　病虫危害综合产量损失率**　%

| 病虫危害类型 | 一级 | 二级 | 三级 | 四级 | 五级 |
|---|---|---|---|---|---|
| 粮食作物病虫 | 5 | 10 | 15 | 20 | 25 |
| 棉花病虫 | 10 | 20 | 30 | 40 | 50 |
| 油料作物病虫 | 6 | 12 | 18 | 24 | 30 |

①先根据某类作物病虫害综合损失率指标求相应发生级别的损失率。然后计算不防治条件下单位面积作物的自然损失量。即单位面积作物平均单产和相应级别的损失率的乘积即为单位面积的损失量。

②不防治条件下自然总损失量的计算，即单位面积自然损失数乘以各种病虫害发生总面积。如果各项病虫害发生总面积已超过种植面积，可按种植面积计算。

③单项病虫害损失总量的计算，在计算出该作物总损失量的基础上，首先计算单项病虫害在该作物病虫害总发生面积中的比重。

$$\text{单项病虫害发生面积所占比重}=\frac{\text{单项病虫害发生面积}\times\text{对应的级别}}{\text{总发生面积}\times\text{综合发生程度}}\times 100\% \tag{7-8}$$

④然后根据各种病虫害占总发生面积的比重，分别计算出单项病虫害不防治的损失量，公式为：

$$\text{单项病虫害不防治的损失量}=\text{不防治总损失量}\times\text{单项病虫害占总发生面积的比重} \tag{7-9}$$

指标 2：挽回损失量

①计算单项病虫害挽回损失数。

$$\text{挽回损失数}=\frac{\text{单项病虫害不防治损失数}}{\text{单项病虫害发生面积}}\times\text{防治面积}\times 90\% \tag{7-10}$$

式中，90%为防治效果，为一参数，可根据具体防治情况而定。

②以作物为单位挽回损失的计算逐项病虫害挽回损失累加即是。

指标 3：实际损失量的计算方法

首先计算单项病虫害的实际损失即不防治条件下损失数减去挽回损失数，再逐项病虫害累加即某作物的实际损失数。

**(3) 损失量的估计案例分析**

现以某县小麦病虫发生情况为例(表 7-3)，介绍其计算综合损失率和通过防治挽回损

表 7-3 某县小麦病虫害发生防治情况统计表

| 病虫种类 | 发生面积（万亩） | 防治面积（万亩） | 发生程度（级） | 占总发生的比重（%） | 不防治损失数（t） | 挽回损失数（t） | 实际损失数（t） |
|---|---|---|---|---|---|---|---|
| 麦蜘蛛 | 15. 2 | 13. 4 | 5 | 36. 64 | 9726. 99 | 7717. 60 | 2009. 39 |
| 麦蚜 | 22. 5 | 20. 2 | 2 | 21. 70 | 5760. 80 | 4654. 73 | 1106. 07 |
| 一代黏虫 | 5. 4 | 4. 7 | 2 | 5. 21 | 1383. 12 | 1083. 44 | 299. 68 |
| 麦叶蜂 | 2. 7 | 2. 2 | 1 | 1. 30 | 345. 12 | 253. 09 | 92. 03 |
| 白粉病 | 14. 3 | 5. 7 | 3 | 20. 68 | 5490. 01 | 1969. 49 | 3520. 52 |
| 叶锈病 | 12. 1 | 5. 7 | 2 | 11. 67 | 3098. 09 | 1313. 49 | 1784. 60 |
| 其他病虫 | 5. 8 | 5. 4 | 1 | 2. 80 | 743. 33 | 622. 86 | 120. 47 |
| 合计 | 78. 0 | 57. 3 | 2. 6590 | 100 | 26547. 46 | 17614. 70 | 8932. 76 |

注：该县小麦种植面积为 94 万亩，平均亩产 256 kg。

失和实际损失的方法。

①计算小麦病虫综合发生程度采用模糊向量综合法或加权平均法计算，本例求得综合发生程度为 2. 6590 级。

模糊向量法：

$$\underset{\sim}{x}=\left(\frac{15.2}{94}\quad \frac{22.5}{94}\quad \frac{5.4}{94}\quad \frac{2.7}{94}\quad \frac{14.3}{94}\quad \frac{12.1}{94}\quad \frac{5.8}{94}\right)$$
$$=(0.1617\quad 0.2394\quad 0.0574\quad 0.0287\quad 0.1521\quad 0.1287\quad 0.0617)$$

归一化处理：

$$\frac{0.1617}{0.8297}\quad \frac{0.2394}{0.8297}\quad \frac{0.0574}{0.8297}\quad \frac{0.0287}{0.8297}\quad \frac{0.1512}{0.8297}\quad \frac{0.1287}{0.8297}\quad \frac{0.0617}{0.8297}$$

$$\underset{\sim}{x}=(0.1949\quad 0.2885\quad 0.0692\quad 0.0346\quad 0.1883\quad 0.1551\quad 0.0744)$$

根据模糊向量综合法公式计算综合发生程度：

$$N=(0.1945\times5)+(0.2885\times2)+(0.0692\times2)+(0.0346\times1)+(0.1833\times3)+(0.1551\times2)+(0.0744\times1)=2.6590(\text{级})$$

加权平均法：

$$M=\frac{15.2\times5+22.5\times2+5.4\times2+2.7\times1+14.3\times3+12.1\times2+5.8\times1}{78}=2.6590(\text{级})$$

②计算单项病虫害发生面积占总发生面积的比重。

$$\text{单项病虫害发生面积所占比重}=\frac{\text{单项病虫害发生面积}\times\text{对应的级别}}{\text{总发生面积}\times\text{综合发生程度}}\times100\% \qquad (7\text{-}11)$$

$$\text{麦蜘蛛所占比重}=\frac{15.2\times5}{78\times2.6590}\times100\%=36.64\%$$

③计算不防治自然减产损失数。先根据某种作物病虫害综合损失率指标求相应发生级别的损失率，然后计算不防治条件下单位面积作物自然损失数及总损失数，并按单项病虫害所占比重，将总损失数逐一分解到各单项病虫害。

产量损失率根据研究结果，小麦病虫害大发生(5 级)产量损失率指标为 25%，级差为 5%，本例小麦病虫害综合发生程度为 2. 6590 级，其损失率为：

$$2.6590(\text{级})\times 5\% = 13.2950\%$$

产量总损失数本例小麦单产 256 kg，以此乘以损失率求得每亩损失数，再乘以总发生面积即为总损失数。

$$256\times 13.7630\%\times 78 = 2654.7456(\times 10^4\ \text{kg}) = 26\ 547.46(\text{t})$$

单项病虫害不防治损失数将总损失数按单项病虫害所占比重逐一分解。

$$\text{麦蜘蛛损失数} = 2657.46\times 36.64\% = 9726.99(\text{t})$$

④计算单项病虫害防治后挽回损失数式中 90%为常数，系指防治效果。

$$\text{挽回损失数} = \frac{\text{单项病虫害不防治损失数}}{\text{单项病虫害发生面积}}\times \text{防治面积}\times 90\% \tag{7-12}$$

$$\text{麦蜘蛛挽回损失数} = \frac{9726.99}{15.2}\times 13.4\times 90\% = 7717.60(\text{t})$$

⑤计算单项病虫实际损失数即不防治损失数减去挽回损失数(表 7-3)。

以上病虫害综合损失率是正常年份进行的参数，对特殊年份，个别病虫害出现特大发生，危害损失率将超过上述指标。对此，应在统计好单项病虫不防治时自然损失数的基础上，对某一特大发生的单项病虫害，按其发生程度划分等级的级差值，超一级以上二级以下者，损失率加一级，超二级以上者加二级。例如，按照山东省农作物病虫害发生程度分级标准，麦蜘蛛发生程度按五级划分，各级 0. 33 米行长虫口密度依次为 200～250 头、251～500 头、501～750 头、751～1000 头和 1000 头以上，级差为 250 头。以此为例，若麦蜘蛛属特大发生，虫口密度为 1300 头，应在统计不防治损失数 9726. 99 t 的基础上，加损失率级差一级，即 256×5%×15. 2＝1945. 60(t)，合计为 11 672. 59 t，若虫口密度达 1550 头，则应加损失率级差二级，即 256×10%×15. 2＝3891. 20(t)，合计为 13 618. 19 t。

# 复习思考题

1. 植物虫害损失的类型有哪些？
2. 害虫防治经济阈值概念、模型与应用。
3. 植物虫害发生程度与作物受害损失的关系。
4. 植物经济损失、生态损失与环境损失之间的关系。

# 第 8 章

# 信息技术在病虫测报中的应用

【内容提要】没有信息化就没有农业的现代化。信息技术的发展日新月异。病虫测报离不开现代信息技术。本章重点介绍了信息技术的概念及其在病虫害监测预警工作中的应用，包括信息传输网络及应用、物联网及应用、农田小气候环境数据自动采集系统原理、遥感、雷达和全球定位系统及应用、数据库和地理信息系统及应用、计算机语言与程序设计及应用、机器学习及应用、人工智能及应用等。

## 8.1 信息技术概述

21 世纪是信息时代，发端于 20 世纪 50 年代的计算机技术经过几十年的发展，已经深入人们的日常工作和生活，极大地改变着人类生活的方方面面。计算机软硬件技术的发展，不仅提高了数字计算的速度，而且为人类提供了方便快捷的信息处理工具，使当代世界由工业化时代进入信息化时代。

### 8.1.1 概念

计算机技术的发展促进了信息技术的发展，信息技术是当代新的技术革命的核心。信息技术是现代科学技术的先导，是人类进行高效率、高效益、高速度社会活动的方法与技巧，是国家现代化的重要标志。现代信息技术是在信息科学的基本原理和方法的指导下扩展人类信息功能的技术。联合国教育、科学及文化组织对信息技术的定义是："应用在信息加工和处理中的科学、技术与工程的训练方法和管理技巧；这些方法和技巧的应用，涉及人与计算机的相互作用，以及与之相应的社会、经济和文化等诸多事物。"

### 8.1.2 基本组成

信息技术是人类信息功能的延伸与扩展。一般来说，信息技术是以计算机和现代通信为主要手段实现信息的获取、加工、传递和利用等功能的技术总和。人类的信息功能包括：感觉器官承担的信息获取功能，神经网络承担的信息传递功能，思维器官承担的信息认知功能和信息再生功能，效应器官承担的信息执行功能。传感技术、通信技术、计算机技术和控制技术是信息技术的四大基本技术，其主要支柱是通信技术、计算机技术和控制技术，即“3C”技术。

**(1) 传感技术**

传感技术是承担信息采集功能的技术，对应于人类的感觉器官，扩展人类获取信息的感觉器官功能，包括信息识别、信息提取、信息检测等技术，它几乎可以扩展人类所有感觉器官的传感功能。信息识别包括文字识别、语音识别和图像识别等。通常是采用一种叫作“模式识别”的方法。传感技术、测量技术与通信技术相结合而产生的遥感技术，更使人感知信息的能力得到进一步的加强。

**(2) 通信技术**

通信技术是承担信息传递功能的技术，对应于人类的神经系统功能，其主要功能是实现信息快速、可靠、安全地转移。

**(3) 计算机技术**

计算机技术是承担信息处理和存储功能的技术，对应于人类的思维器官，计算机信息处理技术主要包括对信息的编码、压缩、加密和再生等技术。计算机存储技术主要包括着眼于计算机存储器的读写速度、存储容量及稳定性的内存储技术和外存储技术。

**(4) 控制技术**

控制技术是信息的使用技术，对应于人类的效应器官，是信息过程的最后环节，它包括调控技术、显示技术等。

### 8.1.3 信息技术与病虫测报的关系

**(1) 信息化是农业现代化的基础**

信息技术是一门多学科交叉综合的技术，计算机技术、通信技术和多媒体技术、网络技术互相渗透、互相作用、互相融合，形成以智能多媒体信息服务为特征的时空大规模信息网，正推动着全球的信息化浪潮，信息化是当今时代发展的主旋律。农业作为国民经济的基础，对农业现代化的要求最为迫切。在信息时代，没有信息化就没有农业的现代化已成为人们的共识。因此，现代信息技术向农业(包括植保)领域的渗透推动着农业信息化和农业信息产业化的发展。随着现代信息技术应用于农业的整个过程，信息技术在植保领域的应用也经历了从利用计算机技术解决植保工作中的科学计算与数据处理问题的简单应用，发展到利用人工智能和专家系统技术进行植保领域的知识处理，再到全方位的领域应用等过程，应用范围逐步扩大，研究深度不断加大，逐步形成了植保领域知识与信息技术相结合的植保信息技术。

**(2) 信息技术为病虫害监测预警提供了技术支持**

现代信息技术中的各种技术，如数据库技术、人工智能与专家系统技术、计算机图像处理与视觉技术、“3S”(地理信息系统、遥感和全球地面定位系统)技术、网络技术、多媒体技术等均可应用于植保领域，为传统植保学科的发展提供了强力的技术支撑，应用范围覆盖了植保工作中的病虫害监测数据的获取、数据信息的传输与管理、数据处理与病虫害预测预报、病虫害自动与辅助诊断、病虫害防治决策和防治措施的实施，以及植物检疫和有害生物风险分析等各个方面。从病虫害的监测预警角度来看，工作内容中存在一个数据采集→数据报送与管理→数据处理与预测预报→病虫害预报信息发布的信息链。其中的各环节与信息技术中数据获取、数据传输、数据处理和数据应用等技术相对应，可以说信息技术能够为病虫害监测预警工作提供完善的技术支持(高灵旺等，2009)。

**(3)信息技术在病虫害监测预警领域的应用**

从病虫害预测预报方法的发展历史可以看出，信息技术已成为当今病虫害预测预报的主要技术手段，尤其是多种信息技术的集成创新，可以相互取长补短，能显著提高病虫害的预测水平与效率。从病虫测报整体来看，传感技术是承担信息采集功能的技术，在植保工作中主要承担有害生物监测过程中的信息采集工作，如采集并记录有害生物发生危害的环境及其本身的信息；通信技术是承担信息传递功能的技术，主要承担植保工作中相关数据信息的传输，提高监测数据和预报信息传输的时效性等；计算机技术是承担信息处理和存储功能的技术，用于有害生物监测数据的模型计算和知识处理，产生预警信息并进行相关决策；控制技术是信息的使用技术，有害生物发生危害环境的自动调节等。随着植保科学实践和信息化建设的发展，越来越多的信息技术被应用到植保领域，植保信息技术的范围也不断扩展，在我国的农业现代化发展中及保障农业生产安全性等方面发挥其积极的作用(高灵旺等，2010)。

## 8.2　病虫测报相关信息技术

与病虫测报工作相关的信息技术主要包括信息传输网络，物联网，遥感、雷达和全球定位系统，数据库和地理信息系统，计算机语言与程序设计，计算机图像处理与模式识别，机器学习，专家系统等技术。也可以说，现代信息技术中各种技术在病虫测报工作中均有不同程度的应用，但由于不同的技术具有不同的特点及其特定的应用范围，因此在植保工作中其应用特点与应用深度均有所不同。下面对主要的信息技术进行介绍。

### 8.2.1　信息传输网络

信息传输是将信息通过语言、文字、编码、图像、色彩、光、气味等形式从一端输送到另一端，并被对方所接收。信息传输包括传送和接收，传输介质分有线和无线两种，传输方式有单向、双向、多通道传送等。古代主要通过书信、烽火、狼烟等传送信息。随着电报和电话的发明，快速的信息传输主要通过电网、电报网实现。随着现代信息技术的发展，信息传输主要通过以互联网和电信网为主体结构的现代信息传输网络实现。信息传输网络是病虫测报所依赖的基础设施。病虫监测信息、气象数据等病虫测报所依据的信息和数据，均须通过信息传输网络发送给病虫测报部门或信息处理器，才能进行加工或处理，病虫测报信息或信息处理结果也需通过信息传输系统及时传送给决策人或用户，才能发挥其作用。因此，信息传输是病虫测报必不可少的环节。

互联网是网络与网络之间所串联成的庞大网络。这些网络以一组通用的协议相连，形成逻辑单一且巨大的全球化网络。在这个网络中，有交换机、路由器等网络设备、各种链路、种类繁多的服务器和数不尽的计算机等终端设备。实现计算机之间的网络传输数据，Internet 使用一种专门的计算机语言(协议)，以保证数据安全、可靠地到达指定的目的地，这种语言分为两种，即 TCP(transmission control protocol，传输控制协议)和 IP(internet protocol，网间协议)。联合使用 TCP/IP 协议，就可以将信息瞬间发送到千里之外，实现远程高效的通信。电信网(telecommunication network)起源于电报和电话业务，是由多个电信系统互联构成的能为多个用户相互通信的信息传输系统，可利用电缆、光纤、无线或者其他电磁系统，传送、发射和接收文字、图像、声音、标识或其他信息。电信网硬件由终端设备、传输链路和交换设备构成。电信网的运行需要信令系统、通信协议和运行支撑系统。电信网是人类实现远距离通信的重要基础设施，它能按用户的需要传递和交流信息，以实现用户间的远距离通信。随计算机和遥感、遥测技术的发展和广泛应用，实现人-机和机-机间的通信也成为电信网的重要功能。

无线移动通信技术的发展为电信网发展和运营提供了新的技术。自 20 世纪 70 年代贝尔实验室提出蜂窝网络的概念以来，无线移动通信技术在由 1G 网络(1st generation mobile communication technology)逐步发展为 5G 网络，为各种信息的传输提供了巨大的便利。1G 网络只能单向传输语音，从 2G 网络开始，可以提供短信息服务，并可用作计算机的调制解调器，传输电子邮件。全球移动通信系统(global system for mobile communications，GSM)属于 2G 技术，运行速度高达 9.6kbps。由于 GSM 的功耗很低，常用于移动定位和数据回传服务。2.5G 网络提供了通用分组无线业务(general packet radio service，GPRS)，GPRS 网络可将数据封包后分组传输，以获得更高的数据传输速率和不断的虚拟连接，而且与互联网完全兼容。目前，远程自动气象站的监测数据仍主要通过 GPRS 传输。3G 网络涵盖语音、互联网、视频通话及电视等移动环境下的服务。3G 系统通常支持 144kbps 到 2Mbps 的带宽，在 3G 网络中，由于数据被分解成更小的数据包，数据包可以在不同的信道上并行传输，从而大幅提高了数据传输速率。4G 通信技术在 2G、3G 通信技术的基础上，添加了一些新型技术，不仅使无线通信的信号更加稳定，提高了数据的传输速率，而且兼容性也更平滑，通信质量也更高。4G 技术将 WLAN(wireless local area network)技术与 3G 通信技术进行了结合，使图像的传输速率更快，传输图像的质量更好，其传输速率最高可达每秒几十兆。目前，4G 网络在病虫害的预测预报中主要用于传输病虫监测图像、视频、气象数据等。5G 移动通信技术(5th generation mobile communication technology)是具有高速率、低延时和大量接入点的新一代宽带移动通信技术，5G 通信设施是实现人机物互联的网络基础设施。

随着信息技术的发展，病虫害监测数据信息的传输经历了从传统的纸质信息传输到互联网信息传输的不同发展阶段。20 世纪 80 年代之前，病虫害监测数据信息的传输主要依靠纸质文件，用电话、传真、信件进行传输。1981 年，我国制定了《全国农业病虫测报电码》，1989 年又专门制定了 27 种病虫 51 个模式电报组建表，病虫害监测数据信息的传输进入了电报传输时代，这些工作虽提高了病虫害监测数据信息的传输速度，但仍存在工作量大、时效性差、利用率低等问题，不能适应现代病虫害防控工作的需要。随着网络技术的发展，自 1996 年起，我国开始探索现代信息技术在病虫测报领域的应用，先后建成了“全国病虫测报信息计算机网络传输与管理系统”和“中国农作物有害生物监控信息系统”，实现了病虫害监测数据信息的实时传输，保证了数据传输的时效性和病虫害监测数据的统一管理，在病虫数据采集和病虫监测预警中发挥了重要作用。

## 8.2.2 物联网

物联网(internet of things，IoT)是指通过各种信息传感器、射频识别技术、全球定位系统、红外感应器、激光扫描器等各种装置与技术，实时采集任何需要监控、连接、互动的物体或过程，采集其声、光、热、电、力学、化学、生物、位置等各种需要的信息，通过各类可能的网络接入，实现物与物、物与人的广泛连接，实现对物品和过程的智能化感知、识别和管理。物联网是一个基于互联网、传统电信网等的信息承载体，它将所有能够被独立寻址的普通物理对象组合成互联互通的网络。

物联网在病虫害测报中的应用主要体现在利用小气候环境数据自动采集或系统采集农田生态系统小气候环境因子的相关数据，为病虫测报工作提供数据支撑。

田间环境小气候因子(如光照、温度、湿度等)是影响农业病虫发生危害的重要因素，是建立病虫害测报模型的基础。在传统的病虫害预测预报工作中，因小气候数据采集的困难，往往以气象台站的监测数据作为替代数据，但这些数据与病虫害发生的实际环境往往有较大的差异，造成预测模型的准确率不高。因此，如何提高病虫害发生环境信息的采集水平则成为病虫害监测预警工作中的重要问题。现代信息技术中的传感器技术可用于自动采集农田生态系统小气候环境数据，为解决这一问题提供了可靠的技术支撑。

**(1)农田小气候环境数据自动采集系统原理**

环境参数的自动采集工作主要遵循数据采集原理来实现的。农田生态系统小气候环境数据自动采集就是将被测对象的各种参量通过各种传感元件做适当转换后，再经信号调理、采样、量化、编码、传输等步骤，最后送到控制器进行数据处理或存储记录的过程。控制器一般由计算机或单片机承担，因此，计算机或单片机是数据采集系统的核心，它对整个系统进行控制，并对采集的数据进行加工处理。用于数据采集的成套设备称为数据采集系统(data acquisition system，DAS)，是计算机与外部世界联系的桥梁，也是获取信息的重要途径。

**(2)农田小气候环境数据自动采集系统的结构**

数据采集系统一般包括硬件和软件两大部分。硬件系统总体分为环境数据信息采集端和数据传输两部分。环境参数包括温度、湿度、太阳辐射、降水、风速、风向等，主要是在单片机的控制下由各种传感器来采集，再经信号调理、采样、量化、编码、传输等步骤，最后送到单片机进行数据处理。信息的传输通过系统 GSM 手机模块连接 GPRS 网络来实现。供电系统由太阳能板和蓄电池组成。系统整体结构如图 8-1 所示。软件系统则主要是服务器端数据管理系统及相应的功能系统。

**(3)农田小气候环境数据自动采集系统的功能**

农田小气候环境数据自动采集系统具有以下功能：①实时显示当前的日期、时间、气

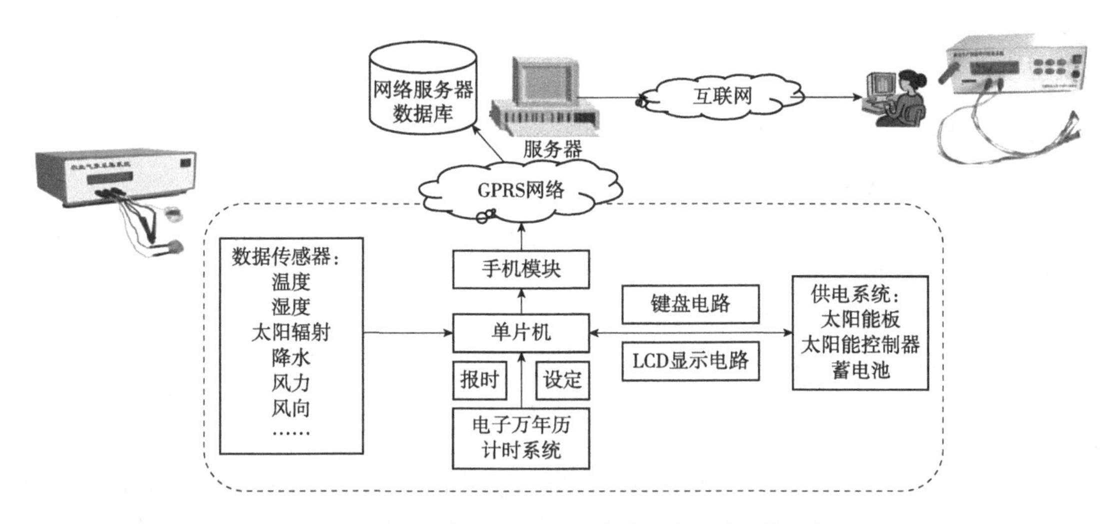


**图 8-1　农田小气候环境数据自动采集系统总体结构**

温、空气相对湿度、风速、风向、土壤温度、土壤湿度、太阳辐射、降水等环境参数值。②实时采集气温、空气相对湿度、风速、风向、土壤温度、土壤湿度、太阳辐射、降水等环境参数，采集间隔时间可根据需要进行设置。③将实时采集的数据通过 GPRS 网络发送到指定的数据库服务器。④提供数据管理、数据浏览、数据应用等服务。图 8-2 为一种自动采集农田环境数据的气象站。

**图 8-2　自动采集农田环境数据的气象站**

农田生态系统小气候环境数据自动采集系统有很多优势，主要表现为：①随着微电子技术的发展和电路集成度的提高，数据采集系统的体积越来越小，可靠性越来越高，数据采集的质量和效率大为提高，节省了硬件的投资。②软件在数据采集系统中的作用越来越大，增加了系统设计的灵活性。③数据采集一般都具有实时特性，同时具有精度高、速度快的特点，能够满足实际的需要。④数据采集和数据处理可以紧密结合，可实现数据从采集、处理到控制的全部工作。

气象数据采集系统很早就应用到各个领域，在农业上尤其是病虫害预测预报领域早有应用。例如，日本利用 field server 建立的生态环境因子监测网络系统，已在世界上很多国家建立了环境数据自动监测点，为建立病虫害测报模型提供大量的实时数据。我国在气象数据自动采集方面也有了很大的进展，如中国农业大学 IPMist 实验室“十一五”期间开发了田间环境数据采集系统，在河北等地建立了 50 多个自动监测点，并将获取的数据应用于外来有害生物——黄顶菊的风险分析研究，相关的数据还用于当地有关病虫害发生的预测模型构建等工作中。

## 8.2.3 遥感、雷达和全球定位系统

### 8.2.3.1 遥感技术在病虫测报中的应用

遥感(remote sensing，RS)，含义是遥远的感知，也就是不直接接触物体，从远处通过探测仪器接收目标物体的电磁波等信息(一般是电磁波的反射、辐射)，通过对信息的传输和分析处理，从而识别目标物及其属性、分布特征等。

遥感具有如下特点：观测范围大，具有大面积同时观测的特点；信息量大，具有手段多、技术先进的特点；获取信息快，更新周期短，具有动态监测的特点；经济效益高，用途十分广泛。遥感探测不受地面条件的限制，视域范围大，不仅可以获得可见光波段的电磁波信息，而且可以获得紫外、红外等波段的信息，加之成像周期短，可以弥补传统调查方法周期长、野外劳动强度大的不足，特别是对一些高、寒、热、人迹罕至地带的调查更具有应用价值。

遥感技术依据仪器所选用的波谱性质可分为电磁波遥感、声呐遥感、物理场遥感等；依据所探测特体的能源作用可分为主动式遥感和被动式遥感；按照记录信息的表现形式可分为图像遥感和非图像遥感；依据遥感器使用的平台可分为航天遥感、航空遥感和地面遥感等。实际工作中，常选用卫星或飞机作为传感器的遥感平台。

目前，遥感已经广泛应用于地理、测绘、军事、农业等领域，在城市规划、农业估产、资源调查、地质勘探、环境保护等研究中发挥着越来越大的作用。近年来，在病虫害发生动态监测中，遥感技术的应用也取得了较大的研究进展。例如，应用近红外或远红外光谱进行病害发生前期的监测，应用雷达遥感技术用于迁飞性害虫迁飞动态的监测等。

目前，光学遥感监测是作物病虫害区分与判别研究中最为聚集、应用最为广泛的领域。植物对电磁辐射的吸收和反射特性随着波长与自身特征的变化而变化，作物在病虫害侵染条件下会在不同波段上表现不同程度的吸收和反射特性，即病虫害的光谱响应。光谱响应可以认为是由病虫害导致的植物损伤所引起的色素、水分、形态、结构等变化的函数，由于每一种病虫害对作物的侵染方式不相同，因此病虫害的光谱响应具有多效性，提取并经过形式化表达的病虫害光谱响应特征是作物病虫害光学遥感监测的基本依据。

### 8.2.3.2 昆虫雷达与害虫迁飞监测

迁飞是昆虫从时间和空间上躲避不良环境的手段，也是导致害虫大范围暴发成灾的主要原因之一。我国重要的农业害虫，如棉铃虫、褐飞虱和黏虫等都有迁飞习性。因此，研究昆虫迁飞行为对阐明农业害虫的灾变机制，发展区域性预警技术有重要价值。由于迁飞性害虫在行为上的特殊性(飞行高度远在人的目力之外)，如果没有专门设备就无法对其迁飞过程进行直接监测，更不可能做出定量分析。昆虫雷达的出现为研究昆虫的迁飞过程提供了一种革命性的工具(翟保平，1999)，尤其是垂直监测昆虫雷达的出现克服了以往雷达因操作复杂和成本太高而不能用于长期监测的限制，逐步实现了长期、自动和实时监测。

垂直昆虫雷达能够长期监测昆虫的迁飞，同时提供构成昆虫迁飞系统所需的若干参数，即估测迁飞昆虫在特定季节、特定时间、特定方向响应于特定环境条件而发生的情况，并能自动记录数据供以后处理，及时监测预警主要迁入目标害虫及可能的迁入区(Drake，2002)。因此，开展长期垂直昆虫雷达观测对于掌握昆虫迁飞路线、空中生物流量变化有重要的实践意义。

20 世纪 60 年代后期开始，英国、澳大利亚和美国开始利用雷达技术研究昆虫迁飞，我国则在 20 世纪 80 年代初由吉林省农业科学院建立了我国第一部昆虫雷达并观测了黏虫、草地螟在我国东北的迁飞路线，南京农业大学也在 20 世纪 80 年代末与英国自然资源研究所合作利用雷达观测了水稻害虫在华东地区的迁飞情况。

利用雷达的定向和测距功能，可以计算昆虫迁飞的方位、高度、移动方向和昆虫在一定体积内的密度等。昆虫的大小、形状、身体组织的类型、体液等均可影响反射能量的大小。同时，反射能量的大小也受昆虫在雷达波束中的定向、在雷达波束中的位置、与雷达的距离、雷达频率和雷达发射能量的大小等因素的影响。当昆虫体型较大时，反射回来的雷达能量也较大，昆虫能在较远范围内被监测到。对于中等个体的单个蛾类昆虫，用一台简单的昆虫雷达就可以监测到。当昆虫聚集的密度增加，则反射回更多的能量，有时可以在几十千米范围内被监测到(程登发等，2004)。

目前，世界上使用的昆虫雷达根据工作频率主要有工作在 K-α 波段(40 000~26 000 MHz，波长 0.8~1.1 cm)的毫米波昆虫雷达和 X 波段(12 500~8000 MHz，波长 2.4~3.8 cm)的厘米波昆虫雷达，前者主要用于监测蚜虫、稻飞虱等微小昆虫，后者用于蛾类及蝗虫等体型较大的昆虫。

雷达数据采集系统由电磁波信号发射装置产生一电磁波脉冲信号，经雷达天线及旋转单元定向地发送至空中，当电磁波遇到飞行中的昆虫等目标时，即发生反射。当一部分反射回来的信号被雷达天线所接收，经信号处理显示单元进行放大、处理后发送到显示器。雷达信号处理显示单元提供了一个显示输出接口，该数据采集分析系统接收输出信号，经高速数据采集，得到单帧或序列采集的雷达回波图像，通过单幅图像的分析处理和多幅图像的叠加处理后，可分别获得昆虫迁飞活动的方位、高度、密度、速度、方向等数据，并存入数据文件供统计分析用(图 8-3、图 8-4)。

**图 8-3　迁飞昆虫监测雷达**

(程登发等，2004)

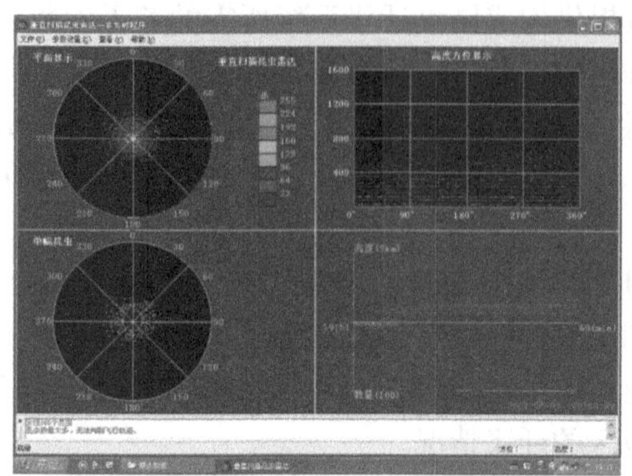
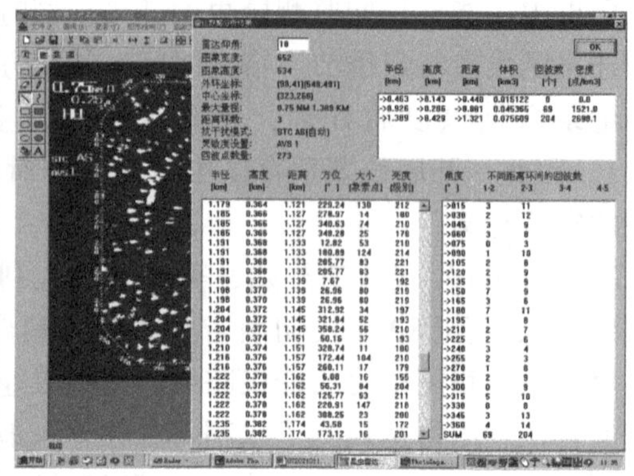

**图 8-4　雷达监测昆虫迁飞分析系统**

目前，雷达遥感技术已广泛应用于草地螟、旋幽夜蛾、稻飞虱、黏虫、稻纵卷叶螟等迁飞性害虫的监测研究，为掌握迁飞性害虫的发生危害规律等提供了有效的技术支撑。

### 8.2.3.3　全球定位系统在病虫测报中的应用

全球导航卫星系统(global navigation satellite system，GNSS)泛指以全球定位系统(global positioning system，GPS)为主要代表，可以为用户提供全球性连续定位服务的卫星系统。GPS 卫星定位概念的提出始于 20 世纪 60 年代末，至 70 年代初美国国防部正式立项资助这一计划，进入可行性研究阶段，成为全球第一个应用于导航定位的卫星系统。GPS 系统由 3 部分组成，即由 GPS 卫星组成的空间部分、由若干地面站组成的地面监控系统部分和以 GPS 接收机为主体的用户设备(高成发，2000)。空间部分由 24 颗工作卫星和 3 颗备用卫星组成，工作卫星均匀分布在 6 个倾角为 55°的近似圆形轨道上，距地面约 20 200 km，保证用户在任何时候、任何地方都能接收到 4 颗以上卫星的信号，无须地面上任何参照物便可随时随地测出地面上任一点的三维坐标。GPS 有实时或准实时、全球性、全天候、高精度、功能多、抗干扰性强的特点，可以解决传统定位方法精度低、复位难、工作量大的问题，是一种理想的空间对地、空间对空间、地对空间的定位系统。

除 GPS 外，GNSS 还包括 GLONASS、GALILEO 和北斗等全球卫星定位系统。其中，我国于 2000 年 10 月发射了第一颗导航卫星，标志着我国拥有了独立知识产权的卫星定位导航系统，2020 年 6 月 23 日最后一颗全球组网卫星发射成功，标志着“北斗三号”全球卫星导航系统星座部署全面完成。目前，北斗导航系统正逐渐替代 GPS 系统，逐渐成为我国主流的导航系统。

利用 GPS 采集数据，不管测量工作多么复杂，都可以归结为对点、线、面、体的测量。这些测量工作利用现有的 GPS 设备已经是十分简单，而对于农业病虫害的监测而言，GPS 主要起辅助定位或面积测量的作用，更主要的是要利用其他设备或人工进行一些病虫害本身的数据调查与记录。因此，集成 GPS 数据采集和病虫害调查数据记录的应用成为必然，如利用具备 GPS 功能的 PDA 来记录病虫害调查数据。

中国农业大学采用 Visual Studio 工具软件开发了基于 PDA+GPS 的病虫害田间数据采集系统。该系统主要由采集、处理、输出 3 个模块组成，其运行模式如图 8-5 所示。采集模块的主要功能是：在录入人工调查数据的同时，PDA 通过内置或外接的 GPS 硬件设备接收 GPS 卫星信号，并对接收的信号进行解析，获得经纬度数据。处理模块的主要功能是：将 GPS 数据与人工录入的数据绑定，并搜索磁盘，如没有本次调查生成的 XML 文件，则利用 XMLWrite 技术进行序列化处理，并创建 XML 文件；同时，生成 XSL 模板，利用 DOM 技术在 XML 文件中添加数据节点；最后，输出和保存上述数据的 XML 文件。该文件可通过浏览器直接查看，也可通过互联网或无线方式(GPRS)上传到数据库服务器。

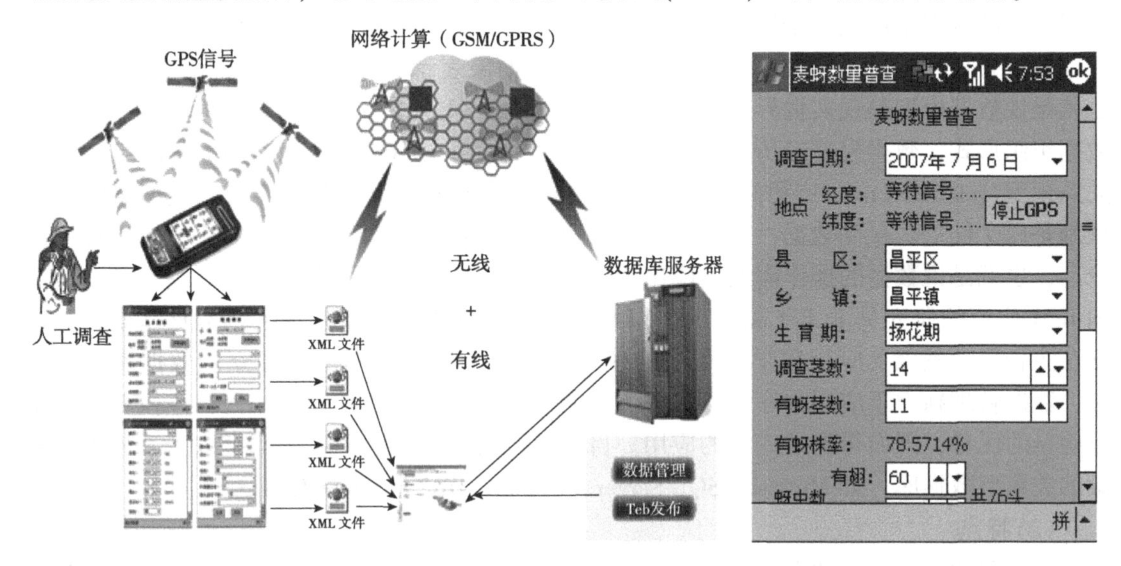


**图 8-5　基于 PDA+GPS 的病虫害田间数据采集系统**

该系统的使用具有以下意义：①提高了害虫调查工作的质量。利用传统的数据采集方法，采集数据过程中一些调查因子需要在调查完成后进行人工计算。利用 PDA 采集数据，系统可进行相关数据的自动计算，而且在野外即可查看结果。同时，工作人员不需要考虑数据间复杂的逻辑关系，把精力集中在数据的内容上，提高了调查精度和质量，明显减轻了工作量并降低了难度。②该系统的使用改变了传统的野外调查方式并扩展了数据应用的可能性，实现了外业数据采集半自动化和无纸化，并可及时通过网络将数据传输到服务器端，减少了数据采集过程中信息记录的中间环节，缩短了病虫害监测、预警的反应时间，明显提高了外业和内业的工作效率。③为调查数据在地理信息系统上的应用提供了便利。由于采集的病虫害发生动态数据都与 GPS 坐标进行绑定，使数据具备了时空特征，为下一步在地理信息系统上建立基于时空动态的病虫害预警模型奠定了基础，促进了病虫害控制的信息化建设。

## 8.2.4　数据库和地理信息系统

### 8.2.4.1　数据库

**(1)概念**

数据库技术产生于 20 世纪 60 年代，是计算机科学中用于数据管理的一项分支技术。数据库技术的发展为各行业所涉及的数据提供了可靠稳定的管理工具，为数据的有效管理和应用提供了技术支撑，也为计算机技术的推广应用提供了条件，促进了计算机技术的普及。

数据是对客观事物的符号表示，是用于表示客观事物的原始素材，如图形符号、数字、字母等。或者说，数据是通过物理观察得来的事实和概念，是关于现实世界中的地方、事件、其他对象或概念的描述。在计算机科学中，数据是指所有能输入计算机并被计算机程序处理的符号介质的总称，是用于输入计算机进行处理，具有一定意义的数字、字母、符号和模拟量等的统称。

数据库(database)是依照某种数据模型组织起来并存放于存储器中的数据集合。这种数据集合的数据结构独立于使用它的应用程序，对数据的增加、删除、修改和检索由统一软件进行管理和控制。在数据库中用数据模型来抽象表示处理现实世界中的数据和信息，也就是说数据模型是现实世界的模拟，是数据库的组织方式。不同的数据模型具有不同的数据组织形式，数据模型经历了层次模型(hierarchical model)与网状模型(network model)、关系模型(relational model)和面向对象与反面向对象模型等发展阶段。层次模型和网状模型都是以文件形式存储数据，没有独立的数据库管理系统，没有实现数据库与应用程序的分离，也就是说数据的操作需通过应用程序来完成，这不利于数据的共享。关系模型是美国 IBM 公司的研究员 E. F. Codd 于 1970 年提出的，该模型具备较完善的数据基础，是建立在集合代数基础上应用数学方法来处理数据库中的数据，形成了独立的数据库管理系统，数据管理独立于应用程序，可实现数据的共享，与上述两种模型相比，该模型具有十分明显的优势，因而得到了广泛的应用。目前流行的数据库管理系统都是以关系模型为基础的关系型数据库，如 Microsoft SQL Server、Oracle、DB2 和 MySQL 等。

**(2)特点**

从发展的历史看，数据管理的发展经历了人工管理、文件系统管理和数据库系统管理等阶段。数据库是数据管理的高级阶段，它是由文件管理系统发展起来的。数据库具有以下特点：

①实现数据共享。数据共享包含所有用户可同时存取数据库中的数据，也包括用户可以用各种方式通过接口使用数据库，并提供数据共享。

②减少数据的冗余度。同文件系统相比，由于数据库实现了数据共享，从而避免了用户各自建立应用文件，减少了大量重复数据，减少了数据冗余，维护了数据的一致性。

③数据的独立性。包括数据库中数据库的逻辑结构和应用程序相互独立，也包括数据物理结构的变化不影响数据的逻辑结构。

④数据实现集中控制。文件管理方式中，数据处于一种分散的状态，不同的用户或同一用户在不同处理中其文件之间毫无关系。利用数据库可对数据进行集中控制和管理，并通过数据模型表示各种数据的组织联系。

⑤数据一致性和可维护性。数据库设不同的控制模型，以确保数据的安全和可靠。控制模块主要功能包括：安全性控制，以防止数据丢失、错误更新和越权使用；完整性控制，保证数据的正确性、有效性和相容性；并发控制，使在同一时间周期内，允许对数据实现多路存取，又能防止用户之间的不正常交互作用；故障的发现和恢复，由数据库管理系统提供一套方法，可及时发现故障和修复故障，从而防止数据被破坏。

**(3)数据库管理系统**

数据库管理系统(database management system，DBMS)是介于用户与操作系统之间的一种数据管理软件，用户对数据库数据的任何操作，包括数据库定义、数据操纵、数据维护、数据库运行控制等都是在DBMS管理下进行的，应用程序只有通过DBMS才能与数据库联系。数据库管理系统具有以下功能：

①定义功能。DBMS提供模式描述概念模式的数据定义语言(DDL)定义数据库的三级结构、两级映象，定义数据的完整性约束、保密限制等约束。因此，在DBMS中应包括DDL的编译程序。

②操纵功能。DBMS提供数据操纵语言(DML)实现对数据的操作。基本的数据操作有两类：检索(查询)和更新(包括插入、删除、更新)。因此，在DBMS中应包括DML的编译程序或解释程序。依照语言的级别，DML又可分成过程性DML和非过程性DML两种。

③保护功能。DBMS对数据库的保护主要通过4个方面实现：一是数据库的恢复。在数据库被破坏或数据不正确时，系统有能力把数据库恢复到正确的状态。二是数据库的并发控制。在多个用户同时对同一个数据进行操作时，系统应能加以控制，防止破坏DB中的数据。三是数据完整性控制。保证数据库中数据及语义的正确性和有效性，防止任何对数据造成错误的操作。四是数据安全性控制。防止未经授权的用户存取数据库中的数据，以避免数据的泄露、更改或破坏。

④维护功能。这一部分包括数据库数据的载入、转换和转储，以及数据库的改组、性能监控等功能。

⑤数据字典。数据库系统中存放三级结构定义的数据库称为数据字典(data dictionary，DD)。对数据库的操作都要通过数据字典才能实现。数据字典中还存放数据库运行时的统计信息，例如记录个数、访问次数等。

**(4)病害虫监测信息数据库管理系统**

长期以来，我国各地植保部门对当地病虫害的发生情况进行系统监测，积累了大量的病虫害监测资料。在信息化迅速发展的今天，为了充分发挥这些监测资料在病虫害预测预报中的作用，国家在植保工程项目的实施过程中已对各地植保部门就硬件设施(包括计算机设备等)进行了改善。病害虫监测信息数据库管理系统是将害虫测报工作中采集的害虫发生动态数据以数据库形式进行管理。一方面，病害虫监测信息数据库管理系统为数据的积累提供了高效、安全的管理工具；另一方面，病害虫监测信息数据库管理系统也为数据查询及利用监测数据建立害虫测报模型等数据的有效利用奠定了基础。

通常情况下，病害虫监测信息数据库管理系统是将农业农村部或各省份制定的害虫监测调查规范中相关的调查数据表格按照数据库的规范进行设计，在数据库中建立相应的数据表，并为测报人员提供数据管理操作界面。系统应具备如下功能：监测数据管理、监测数据导入、地区数据管理、采集数据统计、报表汇总或区域统计数据管理、气象数据管理和系统管理等功能，其中监测数据管理是该系统的主要功能。

①监测数据管理。用户可以通过监测数据管理功能对系统内所包含的监测数据进行修改、添加、删除等各种常规管理，同时该功能也可为用户建立新的数据表提供接口，用户可根据实际需要增加新的病虫害种类，为病虫害添加新的监测数据表。

②监测数据导入。由于各地在系统开发之前已积累了大量的监测数据，其中大量数据以Excel数据格式保存于各单位的计算机中，如果让用户再通过数据添加界面进行数据输入，则需要大量的重复劳动，因此系统应为这部分数据输入系统提供接口，既充分利用了

宝贵的历史资料，又大大提高了数据输入的效率。

③采集数据统计。以图形和列表的形式展现给用户，如用柱状图或曲线图的形式对病虫害进行比较分析，各植保站可根据所关心的一些病虫害数据报表进行统计分析。

④报表汇总或区域统计数据管理。各地每年都要对当地发生病虫害的情况进行统计汇总，这部分工作可通过报表汇总或区域统计数据管理功能来完成。用户通过选择所要统计的报表名称后，即可根据相应的统计条件(如区域范围、时间范围等)统计出所需要的数据，并生成相应的统计报表。

⑤地区数据管理。在系统初始化时即对系统中的地区信息进行了加载，地区数据管理功能使用户可以对系统内的地区信息进行编辑修改或添加等操作。在行政区域发生变更的情况下，还可以提供系统修改与更新功能。

⑥气象数据管理。病虫害测报部门每年都要从气象部门获取大量的气象数据作为病虫害测报的重要依据，这部分数据可以通过气象数据管理功能输入系统，也可以通过数据导入功能来完成。

⑦系统管理。提供给系统管理员管理整个系统，具体包含的功能有：部门管理、角色管理、用户管理、密码修改、代码管理、病虫害类别管理、病虫害管理、作物类别管理、作物管理等。

除上述基本的功能外，病害虫监测信息数据库管理系统还应能够提供多来源的数据输入接口，如为微小昆虫自动计数系统、基于 PDA 的害虫数据采集系统、害虫自动监测系统以及昆虫雷达数据获取系统等提供数据接口，以保证多来源的数据实时传入数据库。另外，监测数据管理系统还应为数据的分析和应用提供相应的接口。

欧美国家对病害虫监测信息数据库管理系统开发应用开始较早。如 20 世纪 90 年代韩国建成了 DACOM. NET 和 POMOS 病虫信息系统；澳大利亚开发了集计算机网络技术与地理信息系统技术于一体的疫蝗决策支持系统。在我国，全国农业技术推广服务中心从 2002 年开始，利用植保工程项目组织开发了“中国农作物有害生物监控信息系统”，将计算机网络技术与植物保护专业技术相结合，构建了我国农作物病虫害监测预警和控制体系基础平台。通过多年的发展、完善，该系统已在全国 28 个省(自治区、直辖市)的植保体系中应用，实现了全国主要病虫害监控信息的网络传输、分析处理和资源共享，推进了我国农作物病虫害监测预警信息化进程。一些省市(如北京等)也建立起一定规模的数据库管理系统，对害虫监测数据进行管理。

#### 8.2.4.2 地理信息系统

地理信息系统(geographic information system，GIS)，是 20 世纪 60 年代开始迅速发展起来的地理学研究技术，是在计算机软件和硬件的支持下，运用系统工程和信息科学理论，科学管理和综合分析具有空间内涵的地理数据，以提供对规划、管理、决策和研究所需信息的空间信息系统(陆守一等，1998)。地理信息系统集地球科学、信息科学、计算机科学、环境科学、管理科学于一体，其最大特点在于可以把社会生活中的各种信息与反映地理位置的图形信息有机地结合起来，从而使复杂空间问题的科学求解成为可能(闫志刚等，2001)。地理信息系统可定义为用于采集、存储、管理、处理、检索、分析和表达地理空间数据的计算机系统，是分析和处理海量地理数据的通用技术(陈述彭，1999)。

地理信息系统通常具有数据的获取、数据的初步处理、数据存储与检索、数据查询与分析、图形显示与交互等基本功能。其中空间查询是地理信息系统应具备的基本分析功能，而空间分析(包括空间检索、空间拓扑叠加分析和空间模型分析)是地理信息系统的核心功能，也是地理信息系统与其他计算机系统的根本区别；模型分析是在地理信息系统支持下，分析和解决世界中与空间相关的问题，是地理信息系统应用的深化(邬伦等，2001)。

目前，地理信息系统已广泛应用于自然资源调查、环境研究、土地利用状况监测、森林管理、农作物生长状况监测、各种灾害预报与防治、国民经济调查和宏观决策分析等领域。

地理信息系统的空间数据处理也称作空间信息分析，是指 GIS 为用户提供的解决问题的方法，也是 GIS 用于害虫测报工作的基础。GIS 在害虫预测预报上的应用主要包括害虫种群发生的时空动态分析、结合害虫测报模型的区域化预测等。基本思路：利用病虫害监测站点的日常监测工作获取到的害虫发生的动态数据，与包括地图数据在内的其他相关数据结合，以分析害虫发生分布的区域化特点；在此基础上，再利用相关的分析方法，建立害虫预测的相关空间预测模型，或建立害虫预测的专家知识库，用于害虫的区域化预测。空间信息分析的基本方法涉及的内容较多，下面重点介绍与害虫区域化预测有关的内容：

**(1)多源空间数据的集成整合**

对于多源数据而言，因为数据采集、模型、编码与精度等种种的不一致，在 GIS 中引用这些数据必须经历识别、筛选、整合等加工过程，即多源数据的整合过程。集成整合模式有：数据格式转换模式、数据互操作模式、直接数据访问模式等(胡林，2008)。

**(2)空间数据内插**

一般而言，通过各种方式调查所得的数据在 GIS 地图上表现为点数据，如每个病虫监测站点的数据在地图上代表一个点。根据这些点数据进行空间信息分析，能够确定害虫发生分布的区域特征。农作物病虫害监测预警系统中，监测站点数量一般较少，监测的数据非常有限，在这种情况下，有时需要添加未观测点的数据。根据已观测点数据的空间分布，从已知点的数据推求区域内未知点的数据，这个过程叫作内插。在已观测点的区域外估算未观测点的数据的过程称为外推。插值方式包括边界内插、趋势面分析、局部内插和移动平均法等(胡林，2008)。

通过害虫发生危害空间数据内插处理可以绘制出害虫发生危害程度等值线，从而确定害虫不同危害程度发生的区域范围，为害虫预测及在不同区域内采取不同的防治策略提供可靠的信息支撑。吴小芳等(2007)在结合各类空间插值算法优点的基础上，考虑农作物病虫害空间插值的特殊性，提出了基于空间方位关系、拓扑关系、距离关系以及自然气候条件影响的多因子插值模型。在广东省各县区分布图的基础上，利用空间方位关系、拓扑关系、距离关系 3 类最基本的空间关系，确定各县区的空间相互影响因子，并将各种自然气候条件，如气温、气候、风向、风速等纳入影响因子，构建插值模型，然后在已有部分县区测报站的病虫害数据的基础上，利用插值模型内插出其他县区的病虫害数据，展示病虫害对周围环境的影响，以及病虫情的传递速度，实现对病虫害的监测预警。

**(3)图形空间的叠合分析**

空间数据的多元复合、空间属性的多层叠加，是基于同一空间、区域进行的属性运算，是将分散在不同层上的空间、属性信息按相同空间位置重叠在一起，进行图形运算和属性运算(关系运算)并产生新的空间图形和属性(数据层)的过程。空间数据叠合是以空间层次分析理论为基础，不仅产生新的视觉效果，更主要是形成新目标，其属性包含了参加叠合的多种属性，重新划分了数据的空间区域，其目的是寻找和确定同时具有几种地理属性的地理要素进行分析，或按照确定的地理指标，对叠合结果数据进行重新分类分级(胡林，2008)，通过该分析可以准确掌握当前已有数据所反映的害虫发生分布区域特征。

**(4)空间数据分类和统计分析**

空间数据分类和统计分析的目的是简化复杂的事物，突出主要因素。空间数据分类包括单因素分类(即属性变量区间/组合、间接因素、地理区域)和多因素分类(即主成分分析、聚类分析)。多变量统计分析主要用于数据分类的综合评价，常用的统计方法包括常规统计、空间自相关、回归分析、趋势分析等。

害虫预测需要相关的预测模型，这里的空间数据分类和统计分析方法就可用于害虫预测模型的构建。同时，也可以将传统的害虫统计预测模型与 GIS 耦合，对于不同的区域确定不同的模型，以 GIS 驱动这些模型进行预测。如赵压芝等(2010)开发的有害生物预测预报模型管理平台具备了将模型与地理区域耦合功能，可将模型库中的模型用于不同地域的害虫预测。

**(5)区域化害虫预测中的专家系统技术**

除利用统计分析方法进行空间数据分类和统计外，对于一些建立模型较困难或缺少足够数据支持的害虫，还可利用专家系统与 GIS 集成，利用专家知识对害虫发生情况进行预测。对于同一种类的害虫，在不同地理区域其主要限制因子有所不同，因此，可就不同地区建立不同的专家知识库，用于当地该类害虫的预测。将多个地区专家知识库集成到 GIS，就可用于一定区域范围内的害虫预测。专家系统与“3S”技术的集成应用已成为实际应用的一种发展趋势，如刘明辉等(2009)开发了基于 WebGIS 的农业病虫害预测预报专家系统，将专家系统与 GIS 进行集成应用，如果配合 PDA+GPS+GPRS 数据采集系统的应用采集害虫发生的动态数据，利用遥感技术来确定作物分布与生长动态数据，就可形成完整的专家系统与“3S”技术集成应用系统。

#### 8.2.4.3 大数据

大数据(big data)是一种 IT 行业术语，是指无法在一定时间范围内用常规软件工具进行捕捉、管理和处理的数据集合，是需要新处理模式才能具有更强的决策力、洞察发现力和流程优化能力的海量、高增长率和多样化的信息资产。大数据具有五大特点，即数据的规模和数量庞大、类型多样、价值密度低、增长速度和处理速度高、真实度高。大数据技术的意义不在于掌握庞大的数据信息，而在于对这些含有意义的数据进行专业化处理，通过数据处理获取有价值的信息。如果把大数据比作一种产业，那么这种产业实现盈利的关键在于提高对数据的加工能力，通过加工实现数据的增值。

病虫害预测预报是我国农业信息化建设的重要环节之一。病虫害一直都是我国主要的农业灾害之一，具有范围广、种类多、发生情况复杂等特点，全国各地每年都会产生大量的病虫害数据信息。如何运用这些海量数据，提取有效的信息，准确预测病虫的发生趋势，需要大数据处理思路和大数据处理技术。

现代农业中使用各类传感器实时监测病虫害数据及气象数据，其数据量已达到大数据级。现有的农业数据处理平台大多采用集中式数据库架构，虽然现今的数据库技术已经相当完善，但从本质上说，这些技术都是关系型数据库的扩展和延伸，这些结构化数据的价值挖掘殆尽。基于传统关系型数据库架构的数据处理平台，其存储和处理数据的能力并不能达到处理大批量农业数据的要求，对于海量的非结构化数据的计算时长，数据库的性能也面临严峻挑战，这将成为整个平台架构的瓶颈。农业大数据是信息技术在农业领域的前沿技术，通过大数据深度学习系统从数据中发现隐性价值与预测规律以提高病虫害数据管理效率及测报水平，是大数据技术在病虫测报中应解决的问题。目前，大数据在病虫害研究领域比较成功的案例是病害的模式识别。

## 8.2.5 计算机语言与程序设计

计算机语言也称为计算机程序设计语言或程序设计语言，指用于人与计算机之间通信的语言，是人与计算机传递信息的媒介。为了使电子计算机按照人的意志工作，就需要一套用数字、字符和语法规划组成的指令系统指挥计算机工作。这些由字符和语法规则组成且能被计算机“读懂”并能接受的指令，称为计算机语言。由计算机语言编写的各种指令即为计算机程序。随着计算机及网络技术的发展，计算机语言被广泛应用。计算机程序是一组由计算机语言编写，能被计算机识别和执行的一套指令。计算机编程语言主要针对计算机应用程序而发明，现今约有2500种计算机语言。随着智能化装备的发展，如智能手机，计算机程序设计语言已广泛应用于各种智能装备的程序开发。计算机程序设计语言可分为机器语言、汇编语言、高级语言3种。机器语言是最方便被计算机接受并且执行的，由于只有0和1，能被计算机直接识别，但不利于理解与记忆。汇编语言广泛用于底层编程、嵌入式系统、工业控制等领域，多用于直接面对芯片的编程，如单片机编程。高级语言是一种最接近自然语言的程序设计语言，目前普遍用于计算机和各种智能装备应用程序的编写。

病虫害的预测预报实际是一个信息获取、信息传输、信息处理和信息发布的过程。由于病虫害测报专业性较强，很难找到在各个环节中现成可利用的应用程序，而是需要专业的工作人员根据实际工作的需要进行程序设计与开发，因而就不可避免地要用到计算机程序设计语言。现在计算机语言的种类很多，在此简要介绍4种程序设计语言。

### 8.2.5.1 Python

Python诞生于20世纪90年代初，具有简洁、易读和易扩展等优点，是一种快速、易于使用且易于部署的编程语言。Python早期主要作为脚本语言或快速开发应用的编程语言，随着版本的不断更新和语言新功能的完善，逐渐用于开发独立的大型程序。Python是开源性语言，即你可以免费利用众多社区(如著名的计算机视觉库OpenCV、三维可视化库VTK、医学图像处理库ITK)发布的软件包，阅读和改动其中的源代码。而Python专用的科学计算扩展库就更多了，如经典的科学计算扩展库NumPy、SciPy和Matplotlib，3个库分别为Python提供了快速数组处理、数值运算以及绘图功能。Python主要用于数据科学或人工智能，是机器学习方向最佳的编程语言。Python还可以用于其他领域，例如Web开发，YouTube、Instagram、Pinterest、SurveyMonkey都是使用Python构建的。

Python具有简单易学、易于阅读、易于维护、免费开源、面向对象、可移植性、解释性、多功能等优点，是程序设计语言初学者的绝佳选择。简单易学是指Python语言的关键字较少，结构简单，有一个明确定义的语法，学习起来简单，而且采用强制缩进的方式使代码具有极佳的可读性。Python 是一种开源语言，可以利用不同社区发布的源代码，经改动后实现自己所需要的功能，而无须付费。Python 语言提供了功能强大且丰富的标准库，以及非常多的第三方库。Python 程序可移植性很强，可被移植多个平台或系统，而且可嵌入 C 等其他语言编写的程序。Python 语言是一种面向对象的程序设计语言，它既可以面向过程，也可以面向对象编程。Python 语言最大的缺点是运行速度慢，其运行速度较 C 和 C++慢很多。

#### 8.2.5.2　C 和 C++

C 语言是一种实用性很强且广泛应用的程序设计语言，是程序员学习程序设计的必修语言。C 语言是一门面向过程的、抽象化的通用程序设计语言，广泛应用于底层开发。C 语言能以简易的方式编译、处理低级存储器，产生少量的机器代码，且不需要任何运行环境支持便能运行的高效率程序设计语言。C 语言既能够用于系统程序开发，也可用于应用软件开发。

C 语言是一种结构化语言，程序层次结构清晰，利于调试，处理和表现能力强大，依靠非常全面的运算符和多样的数据类型，可以构建各种数据结构，通过指针可对内存直接寻址以及对硬件进行直接操作。C 语言共有 37 个关键字、9 种控制语句，书写形式自由，主要用小写字母表示，压缩了一些不必要的成分，相对其他语言更简洁、紧凑、程序短，使用方便、灵活。C 语言包含的数据类型广泛，不仅包含字符型、整型、浮点型、数组等数据类型，而且具有其他编程语言所不具备的数据类型，其中以指针类型数据使用最为灵活，可以通过编程对各种数据结构进行计算。C 语言的运算符丰富，共包含 34 个运算符，将赋值、括号等均视作运算符操作。与其他高级语言相比，C 语言可以生成高质量和高效率的目标代码，常应用于对代码质量和执行效率要求较高的系统程序的编写。C 语言的缺点主要表现为数据的封装性弱，对变量的类型约束不严格，使 C 语言在数据的安全性上有很大缺陷；C 语言与其他高级语言相比较难掌握。

C++语言是一种面向对象的程序设计，由 C 语言扩展升级而形成。C++虽然可以像 C 语言一样面向过程编写程序设计，但其主要特点是以抽象数据类型为基础的面向对象的程序设计。采用 C++语言设计和编写计算机程序，效率更高，且更符合人类的思维过程，常用于科学计算。

面向对象程序设计(object oriented programming，OOP)是一种新的程序设计方法，其本质是以建立模型体现人类的抽象思维过程和面向对象的方法。模型是用来反映现实世界中事物特征的。任何一个模型都不可能反映客观事物的一切具体特征，只能是对事物特征和变化规律的一种抽象，且在它所涉及的范围内更普遍、更集中、更深刻地描述客体的特征。面向对象程序设计方法是尽可能模拟人类的思维方式，使软件的开发方法与过程尽可能接近人类认识世界、解决现实问题的方法和过程，也就是使描述问题的问题空间与问题的解决方案空间在结构上尽可能一致，把客观世界中的实体抽象为问题域中的对象。面向对象程序设计以对象为核心，该方法认为程序由一系列对象组成。类是对现实世界的抽象，包括表示静态属性的数据和对数据的操作，对象是类的实例化。对象间通过消息传递相互通信，来模拟现实世界中不同实体间的联系。在面向对象的程序设计中，对象是组成程序的基本模块。面向对象的程序设计实现了程序的重用性、灵活性和扩展性。

#### 8.2.5.3　Java

Java 是基于互联网的分布式环境设计的一种程序设计语言，主要用于编写桌面应用程序、Web 应用程序、分布式系统和嵌入式系统应用程序等。用 Java 编写的应用程序，既可以在一台单独的电脑上运行，也可以分布在一个网络的服务器端和客户端运行。Java 还可以用来编写容量很小的程序模块，作为网页的一部分使用。

Java 程序只能在 Java 平台上运行。Java 平台由 Java 虚拟机(java virtual machine，JVM)和 Java 应用编程接口(application programming interface，API)构成。Java 应用编程接口为 Java 应用提供了一个独立于操作系统的标准接口，可分为基本部分和扩展部分。Java 虚拟机是一个可以执行 Java 字节码的虚拟机进程。用 Java 编写的程序，经过编译器编译成字节码文件，字节码加载入内存，经校验无误后，Java 虚拟机将字节码文件翻译成二进制文件，最终运行并显示结果。不同平台的 JVM 各有不同，但均提供相同的接口，实现了程序与操作系统的分离，从而实现了 Java 的平台无关性。在硬件或操作系统平台上安装一个 Java 平台之后，Java 应用程序就可运行。Java 平台已经嵌入了几乎所有的操作系统。这样 Java 程序可以只编译一次，就可以在各种系统中运行。

Java 语言作为静态面向对象编程语言的代表，很好地实现了面向对象理论，使程序员能够以优雅的思维方式进行复杂的编程。Java 吸收了 C++的优点，抛弃了 C++中难以理解的多继承和指针等概念。因此，java 语言具有功能强大和使用方便两个特点。

#### 8.2.5.4　R 语言

R 语言是一种专门用于统计分析、绘图、数据挖掘的编程语言。通常所说的“R”是指运行 R 语言的软件，该软件是一个自由、免费、源代码开放的软件，也是一个用于统计计算和统计制图的优秀工具。在病虫预测预报中，R 语言是处理数据、绘制统计图简单易用的工具。R 语言具有以下特点：

①完全免费，源代码开放。可以从网站(https：//www. r-project. org/)及其镜像中下载有关的安装程序、源代码、程序包及其源代码、文档资料等。

②擅长统计分析。R 语言最初是由两位统计学家开发，其主要优势也在于统计分析方面。R 语言提供了各种各样的数据处理和分析技术，几乎任何数据分析过程都可以在 R 语言中完成。

③具有强大的绘图功能。对于复杂数据的可视化问题，R 语言的优势更加明显。一方面，R 中各种绘图函数和绘图参数的综合使用，可以得到各式各样的图形结果，无论对于常用的直方图、饼图、条形图等，还是复杂的组合图、地图、热图、动画，以及突然想到的其他图形展现方式，都可以采用 R 语言实现；另一方面，从数值计算到得到图形结果的过程灵活，一旦程序写好后，如果需要修改数据或者调整图形，只需要修改几个参数或者直接替换原始数据即可，不用重复劳动。

④语法通俗易懂，易于学习和掌握。学会之后可以通过编制函数来扩展现有的语言。

⑤具有很强的互动性。R 语言输入输出都是在同一个窗口进行的，输入语法中如果出现错误会马上在窗口中得到提示，对以前输入过的命令有记忆功能，可以随时再现、编辑修改以满足用户的需要

### 8.2.6 计算机图像处理与模式识别

随着计算机技术尤其是多媒体技术和数字图像处理及分析技术的成熟，图像作为更直接、更丰富的信息载体，正在成为越来越重要的研究对象。计算机图像处理技术是伴随着计算机技术发展产生的，是利用计算机、摄像机及其他数字处理技术对图像施加某种运算和处理，以提取图像中的信息，达到某种特定目的的综合技术。计算机图像处理精度高、再现性好、定量性和适应性强，广泛应用在工业自动化、文字及图纸的读取、医疗、交通及遥感图像处理等领域。

图像数字化后，要进行图像的编码、压缩、增强、分割、复原等处理。这些都涉及数学形态学的基本运算。这些运算包括腐蚀(erosion)、膨胀(dilation)、开(opening)、闭(closing)、击中(hit)、迷失(miss)、薄化(thinning)、厚化(thickening)等运算形式。腐蚀运算是将某些像素从图像中删除，而膨胀运算是把一个像素的小区域按一定的模式扩展。这两种运算的具体定义因图像类型的不同而有所区别，即要看是二值图像、灰值图像，还是彩色图像。采用先腐蚀后膨胀的方法可形成开运算；反之，形成闭运算。通过腐蚀技术还可以实现数字图像的击中—击不中变换和迷失变换。通过上述处理，就很容易突显图像中某种图形的边缘(edge)。图形的边缘反映了物体的轮廓，如植物叶形轮廓和昆虫体形轮廓，只要能把各物体和它的背景(包括与它重叠的物体)区分开，就可以测定它们在三维空间中的位置和基本特性，或对其数量进行统计(沈佐锐等，1998)。

昆虫是生物类群中物种最丰富、数量最多的一类，而一些农林害虫对农林业生产形成很大威胁，因此成为与人类密切相关的生物类群之一。研究昆虫图像的处理和分析对昆虫形态学、昆虫生态学以及昆虫测报所需的田间抽样调查具有重要意义。

微小昆虫自动计数技术是利用图像处理技术对依附于特定物体表面的微小昆虫(如麦蚜、白粉虱等)进行计数，以解决由于微小昆虫个体较小，长时间的肉眼观察不仅劳动量很大、效率极低，而且计数存在很大误差，各调查者之间的调查结果可比性差等问题。以蚜虫调查为例，蚜虫对黄色有一定的趋性，温室中常用黄色粘板来防治一些常见的微小昆虫(如蚜虫、斑潜蝇等)。利用蚜虫的这一特性将用来防治蚜虫的黄色粘板改造成在麦田中蚜虫种群数量抽样的工具。制作一个插在麦田中的一块木板，木板高度稍微高出成熟小麦的高度，将黄色的粘纸贴在木板上。当有翅蚜虫趋向黄色粘板时，即被粘在黄板上。对粘有蚜虫的黄板进行拍照，然后对图像进行自动计数。计数过程一般要经过以下几个图像处理步骤来完成：将彩色图像转为灰度图；对灰度图像进行阈值分割；对分割后的二值图像进行区域标记。灰度图分割为二值图的过程中，所有的蚜虫区域被标记为一个统一的符号，其他区域用另一个统一的符号来标记。图像中不同的蚜虫区域大部分是不连通的，对二值图像中每一个蚜虫区域进行连通区域标记，就可以知道图像中蚜虫区域的数量，这样蚜虫的数量即得到了统计。所有这些图像分析，利用软件就可以达到自动计数蚜虫的目的。

### 8.2.7 机器学习

机器学习是通过算法使数据具有意义的科学，通过机器学习算法可以把数据转化为知识。机器学习涉及概率论、统计学、逼近论、凸分析、算法复杂度理论等多门学科，是通过编程使计算机从数据中进行学习的科学，使计算机无须进行明确编程就具备学习能力。工程化的概念则表述为：一个计算机程序利用经验 $E$ 来学习任务 $T$，性能是 $P$，如果针对任务 $T$ 的性能 $P$ 随着经验 $E$ 不断增长，则称为机器学习。例如，垃圾邮件过滤器是一个机器学习程序，它可以根据垃圾邮件（如用户标记的垃圾邮件）和普通邮件（非垃圾邮件）学习标记垃圾邮件。系统用来进行学习的样例称为训练集，每个训练样例称为训练实例（样本）。在以上示例中，任务 $T$ 就是标记新邮件是否为垃圾邮件；经验 $E$ 是训练数据；性能 $P$ 需要定义，例如，可以使用正确分类邮件的比例，称为准确率。机器学习的基本思路是把现实生活中的问题抽象成数学模型，并且能清楚模型中不同参数的作用；利用数学方法对这个数学模型进行求解，从而解决现实生活中的问题；评估数学模型是否解决了现实生活中的问题，解决的程度如何。无论使用什么算法和数据，上述步骤都是根本的思路（图 8-6）。

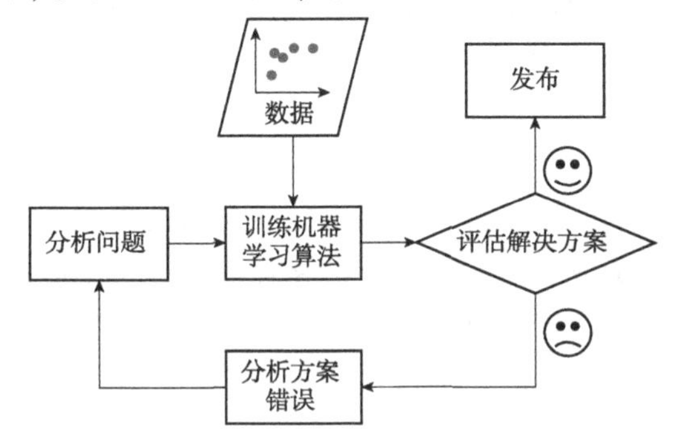


**图 8-6　机器学习方法示意**

机器学习是研究怎样使用计算机模拟或实现人类学习活动的科学，是人工智能中最具智能特征、最前沿的研究领域之一。自 20 世纪 80 年代以来，机器学习作为实现人工智能的途径，在人工智能界引起了广泛的兴趣，特别是近十几年来，机器学习领域的研究工作发展飞速。机器学习不仅在基于知识的系统中得到应用，而且在自然语言理解、非单调推理、机器视觉、模式识别等许多领域也得到了广泛应用。一个系统是否具有学习能力已成为是否具有“智能”的一个标志。

#### 8.2.7.1　机器学习类型

现有的机器学习系统类型繁多，分类方式有多种，通常不同的标准将机器学习分为不同的大类。

根据是否在人类监督下训练分为有监督学习、非监督学习、半监督学习和强化学习。监督学习包含输入输出的训练数据、训练模型，用来预测新样本的输出。重要的监督学习算法包括：K 近邻算法、线性回归、逻辑回归、支持向量机、决策树、神经网络等。非监督学习的训练数据不包含输出标签，算法在输出未知的情况下学习，然后利用学习好的算法预测新样本的输出。重要的非监督学习算法包括：聚类（K 均值、层次聚类分析、期望最大值）、降维（主成分分析、局部线性嵌入）、关联性规则学习（Apriori 算法、Eclat 算法）等。半监督学习让学习器不依赖外界交互，自动地利用未标记样本来提升学习性能，这称为半监督学习。半监督学习训练数据通常是大量不带标签数据加上小部分带标签数据。强化学习的学习系统（智能体，agent）可以对环境进行观察、选择和执行动作，获得奖励，然后确定学习的最佳策略，以得到长久的最大奖励。

根据对训练数据的处理方式分为基于实例学习和基于模型学习。基于实例学习的方法是先用记忆学习案例，然后用相似度测量推广到新的例子。基于模型学习的方法先根据这些样本的输入输出的函数关系，建立模型，然后使用这个模型进行预测。

这些分类标准之间互相并不排斥，同一个机器学习模型，以不同的分类标准，可以分到不同的类别。例如，一个先进的垃圾邮件过滤器可以使用神经网络模型动态进行学习，用垃圾邮件和普通邮件进行训练。这就让它成了一个在线、基于模型、监督学习系统。

#### 8.2.7.2 机器学习常用算法

机器学习常用算法有决策树算法、朴素贝叶斯算法、支持向量机算法、随机森林算法、人工神经网络算法、Boosting 与 Bagging 算法、关联规则算法、期望最大化(EM)算法和深度学习。

**(1)决策树算法**

决策树及其变种是一类将输入空间分成不同的区域，每个区域有独立参数的算法。决策树算法充分利用了树形模型，根节点到一个叶子节点是一条分类的路径规则，每个叶子节点象征一个判断类别。先将样本分成不同的子集，再进行分割递推，直至每个子集得到同类型的样本，从根节点开始测试，到子树再到叶子节点，即可得出预测类别。此方法的特点是结构简单、处理数据效率较高。

**(2)朴素贝叶斯算法**

朴素贝叶斯算法是一种分类算法。它不是单一算法，而是一系列算法，它们都有一个共同的原则，即被分类的每个特征都与任何其他特征的值无关。朴素贝叶斯分类器认为这些“特征”中的每一个都有独立的贡献概率，而不管特征之间的任何相关性。然而，特征并不总是独立的，这通常被视为朴素贝叶斯算法的缺点。简而言之，朴素贝叶斯算法允许使用概率给出一组特征来预测一个类。与其他常见的分类方法相比，朴素贝叶斯算法需要的训练很少。在进行预测之前必须完成的唯一工作是找到特征个体概率分布的参数，这通常可以快速且确定地完成。这意味着即使对于高维数据点或大量数据点，朴素贝叶斯分类器也可以表现良好。

**(3)支持向量机算法**

支持向量机是统计学习领域中一个代表性算法，但它与传统方式的思维方法很不同，该算法通过输入空间、提高维度将问题简短化，使问题归结为线性可分的经典解问题。支持向量机算法已应用于垃圾邮件识别、人脸识别等多种分类问题。

**(4)随机森林算法**

在控制数据树生成时，大多选择分裂属性和剪枝，偶尔遇到噪声或分裂属性过多的问题。基于这种情况发展出了随机森林算法，总结每次的结果可以得到袋外数据的估计误差，将它和测试样本的估计误差相结合可以评估组合树学习器的拟合及预测精度。随机森林算法的优点有很多，可以产生高精度的分类器，并能够处理大量的变数，也可以平衡分类资料集之间的误差。

**(5)人工神经网络算法**

人工神经网络是由个体单元互相连接而成，每个单元有数值的输入和输出，形式可以为实数或线性组合函数。它先要以一种学习准则去学习，然后才能进行工作。当网络判断错误时，通过学习使其减少犯同样错误的可能性。此方法有很强的泛化能力和非线性映射能力，可以对信息量少的系统进行模型处理。从功能模拟角度看具有并行性，且传递信息速度极快。

**(6) Boosting 与 Bagging 算法**

Boosting 与 Bagging 算法是两种算法的合称。Boosting 算法是指通用的增强基础算法性能的回归分析算法，不需构造一个高精度的回归分析，只需一个粗糙的基础算法即可，再反复调整基础算法就可以得到较好的组合回归模型。它可以将弱学习算法提高为强学习算法，可以应用到其他基础回归算法(如线性回归、神经网络等)来提高精度。Bagging 算法与 Boosting 算法大体相似，主要思路是给出已知的弱学习算法和训练集，它需要经过多轮的计算，才可以得到预测函数列，最后采用投票方式对示例进行判别。

**(7) 关联规则算法**

关联规则算法是用规则去描述两个变量或多个变量之间的关系，是客观反映数据本身性质的方法。它是机器学习的一大类任务，可分为两个阶段，先从资料集中找到高频项目组，再去研究它们的关联规则。其得到的分析结果即是对变量间规律的总结。

**(8) 期望最大化算法**

在进行机器学习的过程中需要用到极大似然估计等参数估计方法，在有潜在变量的情况下，通常选择期望最大化算法，不是直接对函数对象进行极大估计，而是添加一些数据进行简化计算，再进行极大化模拟。它是对本身受限制或比较难直接处理的数据的极大似然估计算法。

**(9) 深度学习**

深度学习是机器学习领域中一个新的研究方向，它被引入机器学习使其更接近于最初的目标——人工智能。深度学习是学习样本数据的内在规律和表示层次，这些学习过程中获得的信息对诸如文字，图像和声音等数据的解释有很大的帮助。它的最终目标是让机器能够像人一样具有分析学习能力，能够识别文字、图像和声音等数据。深度学习是一个复杂的机器学习算法，在语音和图像识别方面取得的效果，远远超过先前相关技术。深度学习在搜索技术、数据挖掘、机器学习、机器翻译、自然语言处理、多媒体学习、语音、推荐和个性化技术，以及其他相关领域都取得了很多成果。深度学习使机器模仿视听和思考等人类的活动，解决了很多复杂的模式识别难题，使人工智能相关技术取得了很大进步。

#### 8.2.7.3　机器学习在病虫测报中的应用

机器学习在病虫测报中的应用集中在病虫害的识别、寄主与病原物的互作、病害的早期诊断等方面。利用图像识别技术进行作物病虫害监测方面，目前开展了一些研究。项小东等(2021)基于 Xception-CEMs 神经网络构建了植物病害识别模型。一方面，通过 33 654 张田间随机获取的随机处理数据信息和类别标注信息训练模型，不断迭代优化模型参数，并保存识别精度最高的 Xception-CEMs 参数模型；另一方面，输入测试图像，在最优的模型参数上预测，得到概率最高的分类结果。

刘震等(2022)提出了一种基于 Asp. NET Core MVC 架构的残差神经网络农业害虫图像识别系统。该系统首先通过移动采集终端和网络图片爬虫收集目标分类图片信息，再使用数据增强技术扩充样本库，得到神经网络训练模型的数据集；然后通过搭建机器学习框架，分别引入 ResNet-50、ResNet-101、ResNet-152 残差网络模型，对数据集执行训练并验证其准确度；最后将准确度最高的训练结果模型运用至农作物害虫分类服务系统。

农业害虫图像识别工作分为 5 个阶段(图 8-7)：害虫图像采集、害虫分类标识、机器学习训练、训练结果校验、识别服务发布。害虫图像采集阶段，一方面，利用移动端图像采集设备采集害虫图片；另一方面，利用网络爬虫技术，爬取互联网害虫图像，丰富样例数据集。害虫分类标识阶段，由植保专家对上一阶段采集的害虫图片进行特征提取、标识、图像增强等操作，完成各类样例数据集的制作。机器学习训练阶段，基于人工智能深度学习技术，使用各类害虫数据集和图片分类模型，开展机器学习，生成识别结果模型。训练结果校验阶段，人工智能开发人员和植保专家建立害虫分类验证数据集，并对训练结果进行结果校验。根据校验结果中存在的不足，分别对识别模型参数和样例数据集进行优化和补充，并重新发起机器学习，直至达到识别精度要求。当植保专家评估害虫分类训练结果达到精度要求后，更新识别模型服务库，并与防治知识库进行数据匹配，向公众提供害虫图像识别服务。

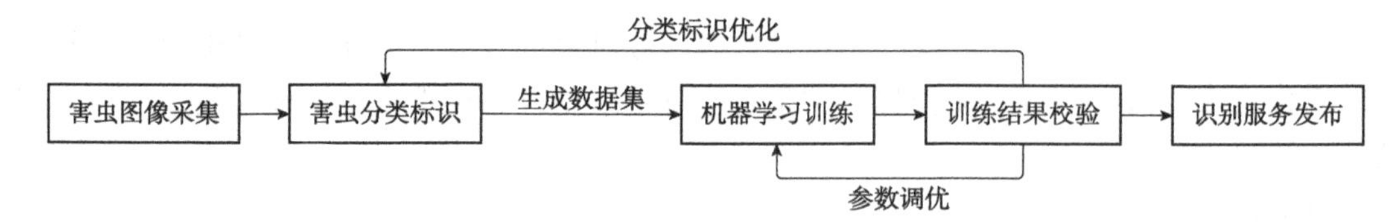


**图 8-7 农业害虫图像识别工作流程**

根据图像采集与识别的工作机制和数据流程，农业害虫图像识别样例信息采集系统逻辑上可以分为 4 个层次，分别为用户层、应用层、数据层和设施层。用户层角色类型包括系统管理员、科研人员、数据填报人员三类，系统开放注册功能，注册用户为种植户角色。科研人员由系统管理员创建，系统管理员可以管理所有角色和用户。应用层由移动端采集 App(图 8-8)、害虫防治办法知识库系统和农业害虫图像识别系统组成。数据层是对系统中所有数据的逻辑抽象，包括害虫的属性数据、图像数据、环境数据、空间位置数据、防治办法、分类模型、数据字典、业务数据等。基础设施层为害虫图像识别工作顺利完成和数据的持久化存储提供保障，可分为硬件基础设施和软件基础设施两部分。硬件基础设施主要指服务器、大容量的存储设备、移动终端设备、数码相机等。软件基础设施主要包括操作系统和数据库管理软件等。

农业害虫图像识别系统采用了 B/S(浏览器/服务器模式)结构，基于 Asp. NET Core MVC 架构，开发语言为 C#。系统框架采用 MVC+EF+仓储模式，能够有效降低代码开发量，具有较强的扩展性。数据库采用 SQL Server2019 R2，具有高性能、高可用性、高安全性等特点。图像识别系统采用残差网络 ResNet-50、ResNet-101、ResNet-152 作为分类训练模型。

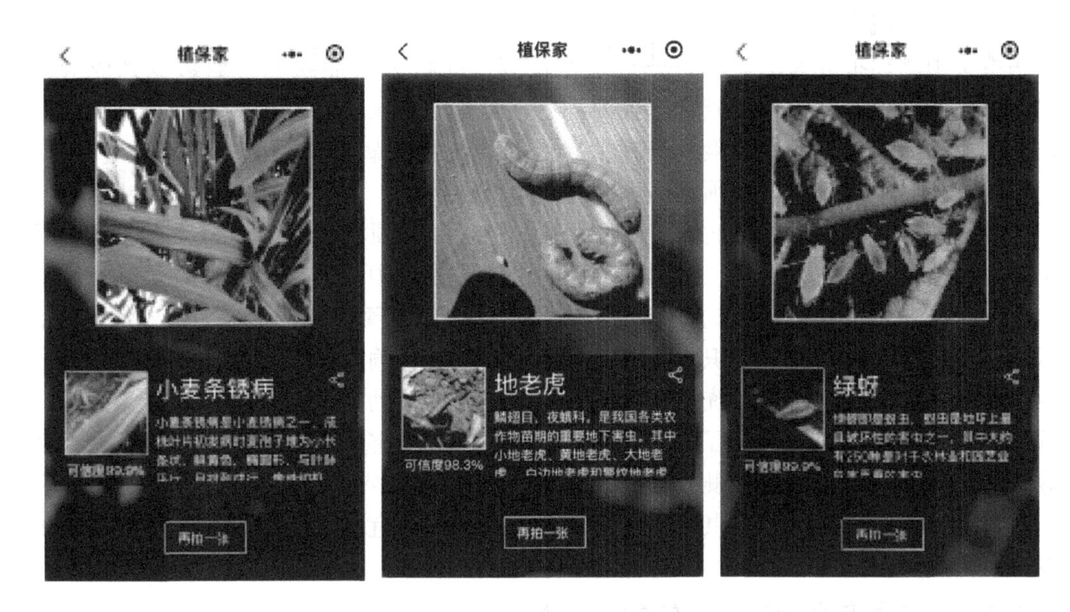


图 8-8　移动端害虫图像采集

## 8.2.8　专家系统

### 8.2.8.1　概述

专家系统是人工智能(artificial intelligence，AI)的一个重要分支，近年来在病虫害测报领域有大量应用。人工智能通常是指通过计算机程序来呈现人类智能的技术，也就是利用计算机程序来模拟人脑的智能。人工智能研究的主要内容包括：知识表示、自动推理和搜索方法、机器学习和知识获取、知识处理系统、自然语言理解、计算机视觉、智能机器人、自动程序设计等方面。

人工智能的核心问题包括建构能够跟人类相似甚至超卓的推理、知识、规划、学习、交流、感知、移物、使用工具和操控机械的能力等。当前有大量的工具应用了人工智能，其中包括搜索和数学优化、逻辑推演。而基于仿生学、认知心理学，以及基于概率论和经济学的算法等等也在逐步探索当中。思维来源于大脑，而思维控制行为，行为需要意志去实现，而思维又是对所有数据采集的整理，相当于数据库，所以人工智能最后会演变为机器替换人类。

专家系统是人工智能的分支，是一个或一组在某些特定领域内应用大量的专家知识和推理方法求解复杂问题的计算机程序。专家系统的研究目标是模拟人类专家的推理思维过程。一般是将领域专家的知识和经验，用一种知识表示方式存入计算机。系统对输入的事实进行推理，做出判断和决策。从 20 世纪 60 年代开始，专家系统的应用产生了巨大的经济效益和社会效益，已成为人工智能领域中最活跃、最受重视的研究方向。随着信息技术的发展，专家系统在植物保护病虫害防治方面发挥着越来越重要的作用。

植保领域的专家系统将专家系统的技术方法与植保知识相结合，应用知识和推理过程解决只有植保专家才能解决的问题，具有启发性、灵活性、不精确推理以及自我学习等特性，能很好地处理一些非确定性或非结构化的复杂问题。因此，植物保护成为专家系统应用广泛的专业领域之一。

病虫害预测预报分为两类：一类是定性预测，即将为害症状和参数数据列成等级标准，可以进行简单的趋势预测或管理咨询；另一类是定量预测，利用测报模型，可以实现量化测报，给出病虫害发生风险的概率值。专家系统用于病虫害预测主要用于定性预测，即利用专家和经验知识来定性预测病虫害的发生情况。

20 世纪 90 年代，国内外开发了大批用于作物病虫害预测预报的专家系统，所涉及的对象主要包括粮食作物、棉花、果树、草原病虫害等，其中尤其以粮食作物最为突出，约占总数的 30%。高灵旺等(2006)在开发了农业病虫害预测预报专家系统平台，各地区的专家可以基于自身经验，进行知识的整理，将整理后的资料输入平台系统中即可构成适合于当地应用的病虫害预测专家系统，即建成了一个开放的、动态的病虫害预测专家系统。刘明辉等(2009)在此基础上开发了基于 WebGIS 的农业病虫害预测预报专家系统平台。柳小妮等(2004)开发的草地蝗虫预测预报专家系统，利用草地保护专家积累的知识、经验和技术，对蝗虫分类检索，预测蝗虫未来发生动态，并选择适宜的防治时期和技术，较好地发挥专家系统预测预报功能。

#### 8.2.8.2 病虫害专家测报系统的构建原理

**(1)测报专家系统的知识获取**

专家系统也称为基于知识的系统。知识是人们在改造世界的实践中所获得的认识和经验的总和。专家系统中的知识主要是专家的知识，是专家在长期的领域研究和工作实践过程中对实践经验的概括和总结。构建病虫害测报专家系统的目的是利用病虫害测报领域专家的知识，根据用户提供的病虫害发生的影响因素等相关信息对病虫害可能的发生状态和危害状态等进行推断，是对病虫害测报专家根据经验预测病虫害发生情况的模拟，是一个复杂的过程，系统中所应用的方法和技术应该依据专家根据经验预测病虫害发生情况的特点来加以研究和应用。因此，病虫害测报专家知识是病虫害测报专家系统应用的基础。

知识获取是专家系统建立过程中的关键环节，其基本任务是为专家系统获取知识，建立起健全、完善、有效的知识库，以满足求解领域问题的需要。因此，知识获取过程是决定所建立的专家系统可否应用于相应领域并成功解决领域问题的决定性因素。知识的获取一般有 3 种获取方式，即人工获取方式、半自动获取方式和自动获取方式。在建立专家系统的初期以人工获取方式较多；如专家系统本身具有知识获取模块，则可利用其知识获取模块不断在系统的使用中半自动或自动获取专家知识。

对于病虫害测报专家系统而言，知识获取过程就是如何将病虫害测报专家的经验和知识进行归纳和总结，选取对病虫害发生影响的关键因子，确定这些因子的约束条件，建立各种因子组合与病虫害发生等级的对应关系，形成有效的病虫害测报知识，对这些知识进行检测和验证求精，并以特定的形式表示出来。具体到建立某一地区某种病虫害的专家系统时，总体上需考虑以下几个方面的问题(田盛丰等，1999)。

①地域性。病虫害的发生具有一定的地域特点，不同地域制约同一种病虫害发生情况的条件或影响因子就可能不同。因此，一般来说，由某个地区的专家获取的专家知识也就有相应的地域特点，所以由此研制的专家系统只能适用于本地区该种病虫害的

预测。

②具有丰富测报经验的专家。这个问题也是建立专家系统的前提条件。具有丰富测报经验的专家对当地该种病虫害的发生动态、限制条件等了解较深入，由这样的专家或由专家配合知识工程师才能归纳总结出有效的测报专家知识用于当地该种病虫害的测报；这里专家可以是一个专家，也可以是由两个以上专家组成的专家组。

③专家知识的表达形式。知识获取过程实际上就是将求解专门领域问题的知识从拥有这些知识的知识源中提取出来，并对其进行检测和求精转换为一种特定的计算机表达形式。知识的表达形式直接影响专家系统知识库的结构或专家知识的组织模型。

在充分考虑了以上问题的基础上，各地的病虫害测报部门就可以组织当地专家就本地区主要病虫害的发生情况进行归纳总结，提取有用知识，删除无关条件及不合理事例，再经过检验和修改等过程，建立起当地特定类群病虫害预测的专家知识体系，并以特定的形式加以表达，就可以用于构建专家知识库及开发专家系统。以黑龙江省某地玉米螟的预测为例，所总结归纳出的专家知识情况如下。

①虫害等级的划分。按照当地玉米螟的发生情况，将其划分为 3 个等级(依据虫害不同可动态改变)，分别为：一级，轻发生(0～150 头/百株)；二级，中等发生(150～300 头/百株)；三级，重发生(300 头以上/百株)。

②确定的主要影响因子和临界值。主要影响因子有 3 个(依据虫害不同可动态添加)：一是越冬代化蛹 10%时的日期(月、日)，用 $X$ 表示，其临界值为 6 月 20 日和 6 月 25 日。2 个临界值可将该划分为 3 个值域区段，$T_1$($X \leqslant$6 月 20 日)、$T_2$(6 月 20 日$< X \leqslant$6 月 25 日)和 $T_3$($X>$6 月 25 日)。二是 5 月下旬至 6 月中旬平均空气相对湿度，用 $Y$ 表示，其临界值为 60%和 70%。这两个临界值可以将空气相对湿度划分为 3 个值域区段，$T_4$($Y \leqslant 60\%$)、$T_5$($60\% < Y \leqslant 70\%$)和 $T_6$($Y > 70\%$)。三是 6 月降水量(mm)，用 $Z$ 表示，其临界值为 70 mm 和 170 mm。这 2 个临界值节点可以将降水量划分为 3 个值域区段，$T_7$($Z \leqslant 70$ mm)、$T_8$(70 mm$< Z \leqslant 170$ mm)和 $T_9$($Z > 170$ mm)。

③判别条件形成与虫害等级发生概率设定。不同影响因子的每个区段进行组合构成判别条件组合，根据每个判别条件组合可以设定虫害各个等级发生的概率(由专家根据经验或试验数据的统计结果指定)。例如，IF(越冬代化蛹 10%时的日期小于 6 月 20 日)&(5 月下旬至 6 月中旬空气平均相对湿度大于 60%小于 70%)&(6 月降水量小于 70 mm)Then 玉米螟发生严重程度的概率为轻发生 67%，中等发生 20%，重发生 13%。可以简化为：IF $T_1$&$T_5$ &$T_7$，THEN 1 级 67%，2 级 20%，3 级 13%。上述 3 个影响因子的各个区段共组成 27 个条件组合(表 8-1)。

**(2)病虫害测报专家系统的结构和功能**

病虫害测报专家系统主要是利用专家知识进行病虫害的预测预报，因此系统结构是典型的专家系统，一般都包括系统知识库、系统推理机和预测预报用户界面等基本模块。有的病虫害测报专家系统还会包括知识库管理模块、案例库管理模块和预测结果解释模块等，例如，高灵旺等(2006)和刘明辉等(2009)开发的病虫害测报专家系统平台的系统结构(图 8-9)。病虫害测报专家系统的功能与其结构是相对应的。病虫害测报专家系统平台的功能包括系统专家知识库的维护、推理确认(预测)、病虫害预测预报结果显示、案例库管理(包括案例确认、补充信息及案例统计)及预测结果解释等。其中的案例库管理模块由于具有案例统计等功能，案例统计结果可用于基于案例的推理加以应用，所以该模块也可以看作系统的知识获取模块，其功能对应的是系统的自学习——知识获取功能。

**表 8-1　不同判别条件下虫害各级别的概率**

| 条件组合 | 概率 | | |
|---|---|---|---|
| | 1 级 | 2 级 | 3 级 |
| T1 &T4 &T7 | 100 | 0 | 0 |
| T2 &T4 &T7 | 67 | 33 | 0 |
| T3 &T4 &T7 | 67 | 11 | 22 |
| T1 &T5 &T7 | 67 | 20 | 13 |
| T2 &T5 &T7 | 34 | 53 | 13 |
| T3 &T5 &T7 | 33 | 31 | 35 |
| T1 &T6 &T7 | 100 | 0 | 0 |
| T2 &T6 &T7 | 67 | 33 | 0 |
| T3 &T6 &T7 | 67 | 11 | 22 |
| ⋮ | ⋮ | ⋮ | ⋮ |
| T1 &T6 &T9 | 75 | 8 | 17 |
| T2 &T6 &T9 | 42 | 41 | 17 |
| T3 &T6 &T9 | 42 | 19 | 39 |

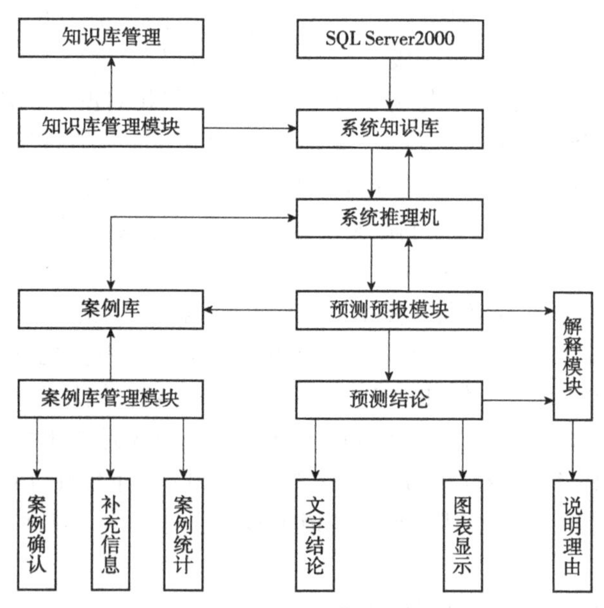


**图 8-9　病虫害测报专家系统平台系统结构与功能示意**

(高灵旺等，2006)

**(3)病虫害测报专家系统的知识组织模型**

研究形式化和结构化的知识称为知识(组织)模型。在专家系统研究中，不同领域的专业知识按其推理方式分成不同的知识模型。在病虫害测报专家系统中，知识组织模型是指基于与系统的功能和结构有关的病虫害专家测报知识而构建的，因此每个专家系统开发过程中其知识组织模型都有所不同。高灵旺等(2006)和刘明辉等(2009)开发的病虫害测报专家系统平台中将病虫害的影响因子归纳为非定量描述型知识和定量数值型知识两类。描述型知识在知识库构建过程中不需设置具体的值，用布尔值，即是或否来表示其真实性。数值型知识则需给出该知识所涉及的临界值，可将临界值根据实际情况设定为几个。系统根据知识的特点及相关临界值数量与大小生成相应的判别条件，多个判别条件加以组合，由专家根据经验或试验数据的统计结果等指定其对应于不同的病虫害发生等级的发生可能性。各种条件组合作为最终的推理依据。由知识描述、特征临界值、生成的判别条件及发生等级构成一种网状模型，如图 8-10 所示。上述黑龙江省某地玉米螟的预测知识结构即适用于该模型。

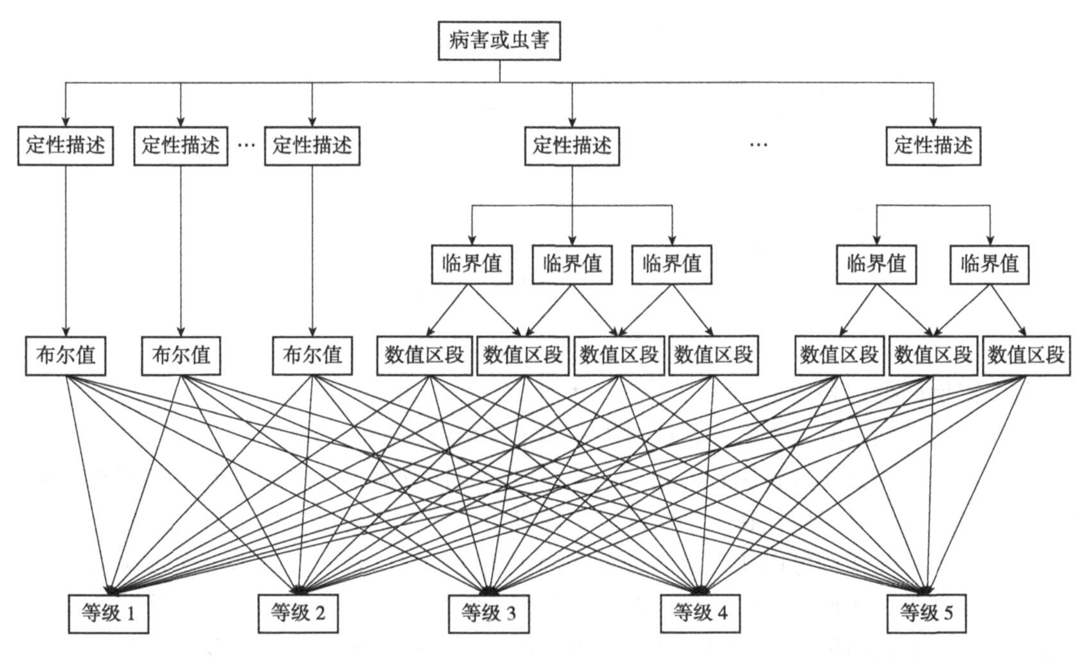


**图 8-10　专家系统的知识组织模型**

**(4)病虫害测报专家系统的推理机**

专家系统的推理方式有很多种。在病虫害测报专家系统的开发过程中，可根据所确定的病虫害测报专家知识及系统的功能选择适宜的推理方式。通常情况下，前向型推理(forward reasoning，FR)较为多见，也可根据实际情况将多种推理方式综合应用，如高灵旺等(2006)和刘明辉等(2009)开发的病虫害专家系统平台系统采用基于专家知识的前向型推理与基于案例的推理(case-based reasoning，CBR)相结合的方式，如图 8-11 所示。前向型推理是数据驱动的推理，是先收集信息，然后进行推理的技术。其所利用的已知信息为系统知识库中存储的病虫害相关数据。系统推理机根据用户选择的病虫害发生地点及种类从知识库中提取出此病虫害的影响因子，通过预测输入模块接受用户的输入，如果预测因子属于数值型知识，则用户需要输入具体的数值，如果影响因子为描述型知识，则用户只需选择是或者否。最终，用户输入的每个影响因子的单一值相结合构成病虫害发生情况的一个判别点，将此判别点与知识库中的每个判别条件组合比较，如果此判别点落入某判别条件组合内，则可以通过此判别条件组合与专家知识库或案例库中的判别条件组合进行匹配，加以确定病虫害各个等级的发生概率，并将概率最大的等级作为预测结果反馈给用户。

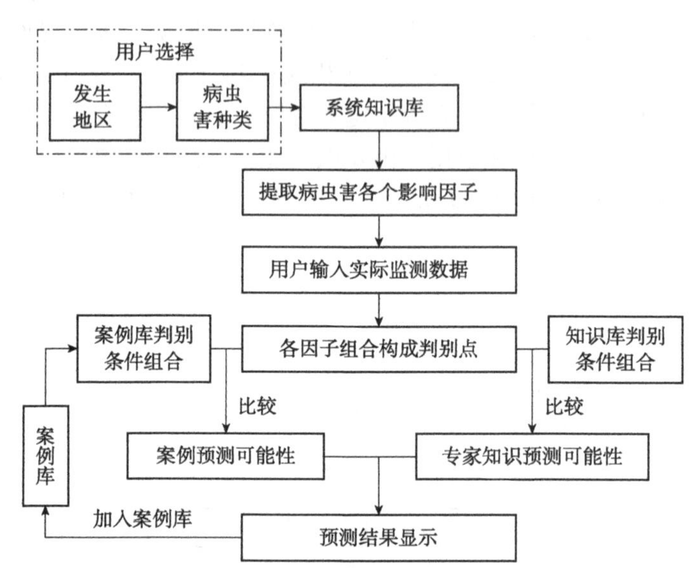


**图 8-11　系统推理机的实现**

基于案例的推理是用案例来表达知识并把问题求解和学习相融合的一种推理方法，它强调人在解决新问题时，常常回忆起过去积累下来的类似情况的处理，并通过适当修改过去类似情况处理的方法来解决新问题。用户可以将每次预测事件作为案例添加到系统的案例库中，经过一段时间后，将预测情况与实际发生情况进行对比，然后将实际发生情况补充入该案例中。此案例可以作为以后进行案例预测的依据，系统会根据每次预测事件与案例库中的案例进行相似性对比，最终给出相似度接近的案例的预测结果。随着案例的不断添加，系统会不断地进行自学习。案例预测的准确度会随着案例数的增多得以提高。

从总体上来看，病虫害监测预警工作内容中存在一个“数据采集→数据报送与管理→数据处理与预测预报→病虫害预报信息发布”的信息链。其中的各环节与信息技术中数据获取、数据传输、数据处理和数据应用等技术相对应，可以说信息技术能够为病虫害监测预警工作提供完善的技术支持。依托现有的病虫害监测预警体系，以病虫调查监测标准化、规范化为基础，综合运用计算机、网络通信、地理信息、全球定位、自动化处理等技术，研发应用系统，构建承载工作平台，建立健全高效有序的运转机制，实现病虫害监测预警数据采集标准化、传输网络化、分析规范化、处理图形化、发布可视化、汇报制度化、管理自动化、决策智能化，是未来病虫害测报工作的重要目标。

充分利用和发挥现代信息技术在农作物病虫害监测预警上的作用，是提高病虫害监测预警能力的重要手段。农作物病虫害监测预警技术的发展，应及时跟踪现代信息技术发展进展，不断吸收和利用新技术，在现有技术的基础上，未来应进一步在以下几个方面进行深入研究，完善病虫害测报工作的技术体系：①加强农作物病虫害监测预警信息链薄弱环节的技术研究。如加强数据获取环节上技术的研发，促进病虫测报物联网建设，开发标准接口，接入病虫害田间智能自动监测设备，提高病虫数据采集自动化和智能化水平，进一步降低测报人员的劳动强度，提高监测数据的准确率。②加强病虫监测预警技术基础研究，对现有数据进行挖掘分析，研究建立科学实用的预测预警模型，开发重大病虫害实时监测预警系统，进一步提高重大病虫害测报的技术水平和预测准确率。③加强病虫测报大数据建设，创造条件推动全国病虫监测数据、气候数据共享，建设病虫测报大数据系统更好地服务于病虫测报。

## 复习思考题

1. 简述农田小气候环境数据自动采集系统的工作原理和结构。
2. 简述遥感监测在病虫害监测中的原理及应用。
3. 举例说明数据库技术在病虫害监测预警中的应用。
4. 简述大数据在病虫害测报中的应用。
5. 简述利用图像处理技术进行昆虫计数的工作原理与应用。
6. 简述病虫害测报专家系统的结构与功能。

# 第 9 章

# 病虫发生系统模拟

【**内容提要**】根据病虫害发生的实际问题建立模型，并利用模型进行模拟试验，可以比较不同防控方案的效果，选择可行方案。本章重点介绍了模拟与系统模拟、系统分析与模型总体设计、模型组建和模型检验等内容。

植物病虫害的发生受到病原(害虫)、寄主和环境 3 个方面诸多因素的综合影响，而其发展又体现了病原(害虫)繁殖、扩增的生物学过程和传播、扩散等时空过程，因此整体表现为一个复杂、动态的过程。在现实农业生产中，直接进行病虫害发生规律的试验是不可能的或得不偿失的，而根据实际问题建立模型，并利用模型进行模拟试验，比较不同防控方案的效果，选择可行方案，不失为有效的替代方法。

## 9.1 模拟与系统模拟

### 9.1.1 概念

模拟的本意是“虚构、抽取本质、超越现实”，是对客观事物、对象、现象、过程或复杂系统进行写照、再现的一种手段，是一种科学认识客观现实世界的重要方法。

系统模拟是对现实系统或假定系统的抽象描述，它是由与研究目的有关的系统要素构成的并能体现它们之间关系的代表，因此，系统模拟是系统的一种简化。简要来说，系统模拟就是对于现实系统或假定系统的模型进行的一种试验。这里所说系统是由多个相互依赖、相互作用、共同配合实现预定功能的要素组成的有机集合。

人们在研究系统，特别是研究那些复杂而庞大的系统的时候，往往要通过建立模型、在模型上进行试验的方法，来认识系统、了解系统。如植物病害流行规律的研究，植物病害流行的研究对象是植物病害，其内容主要包括群体水平的几种关系：首先是植物病害水平随时间变化的关系，反映这一关系的图形称为病害进展曲线；其次是病害水平与距菌源中心距离的关系，反映这一关系的图形称作病害梯度；还有病害水平与产量损失间的关系。这些关系在现实中往往受寄主、病原、环境以及人为因素的影响而表现得千差万别。在现实农业生产中，直接进行病害流行的试验是不可能的或者是得不偿失的，而根据实际问题建立模型，可利用模型进行试验，比较不同后果，选择可行方案。我国著名植物病理学家曾士迈于 20 世纪 70 年代研制出小麦条锈病春季流行模拟模型 TXLX，之后他又研制出小麦条锈病大区流行和品种-小种相互作用计算机模拟模型 PANCRIN，用于大区流行研究。

系统模拟的目的是在人为控制的环境和条件下，通过改变系统的输入、输出或系统模型的特定参数，来观察系统或模型的响应，用于预测系统在真实环境和条件下的品质、行为、性质和功能。

## 9.1.2　系统模拟的基本步骤

系统模拟的实质是在模拟模型上进行试验，这种试验通常借助计算机进行。系统模拟过程有大量的工作，其基本步骤如下。

**(1) 明确研究对象和目标**

在进行病虫害发生系统模拟研究时，首先要明确研究的目的，如模拟研究希望解决何种问题、解决到什么程度；明确模型将来面向什么样的用户，用户对模型性能的具体要求等。在此基础上确定模拟研究的对象、界定研究范围。根据不同的研究目的聚焦在某个(子)系统的特定层次，研究对象可以是一个细胞、一片病叶、一株植物、一块田，一个大区域内的生态系统等。在此基础上确定输入和输出项目。例如，叶部病斑扩展的模拟模型，研究的对象就是单个叶片，而病害在田间传播扩展模拟模型的研究对象是一块田内的作物(Wu et al.，2014)。

**(2) 系统分析和模型总体设计**

当人们进行系统模拟时，一般来说，已经掌握了该系统相应的生物学、生态学基本知识和或多或少的定量数据。首先，对研究对象已有的这些知识和数据进行整理和提炼；在归纳分析的基础上，初步拟定对象系统的基本结构及主要组成，即建立清晰的概念模型(结构模型或者骨架模型)。通常采用结构框图或者流程图来勾画模型的总体结构，以说明模型系统中包括哪些子系统或子模型，以及各个子系统之间的联结关系。

总体设计是模拟研究的重要步骤，设计的好坏直接影响此后的模拟内容、方法和效果。同时大多数时候，如果在执行后面步骤的过程中发现设计上存在问题，也可对总体设计进行修改和微调。

**(3) 建立系统模拟模型**

在系统分析的基础上，根据总体设计框图对每个子过程(或子系统)的输入、输出进行定量分析，确定模型的具体形式，包括模型参数的求解。这一过程是模拟研究的关键之一，因此将在下文中展开详细介绍。

**(4) 检验模型**

系统模拟模型的检验包括真实性和可靠性检验两部分。真实性检验是检验模型结构的合理性和是否符合生物学和流行学的逻辑性。其实在系统模拟模型的总体设计和组建过程中就应该时时考虑这些问题，这也要求模型构建者对植物病害和虫害发生规律有较好的认识。但是，有时如果多角度试验数据证明根据某一广为接受的知识(假说)设计的模型无法解释真实的病害或虫害发生过程，则有必要重新审视这一假说。

模型的可靠性检验主要是检验预测值和实测值相符的程度，是模型检验的主要内容，对此将在后面进一步展开介绍。

**(5)应用模型进行模拟**

对实际系统进行模拟，就是通过建立系统的模拟模型并利用它进行分析试验，以弄清楚模型所代表的实际系统的特性以及各种因素间的关系，从而实现对真实系统或假定系统的分析和研究，因此，模拟与模型是不可分离的，不建立模型，模拟就无法进行；另外，建立模型之后，若不进行模拟试验，则模型的正确与否就难以确定，模型的作用也发挥不了。

对所研究的系统进行大量的计算机模拟运行，以获得丰富的模拟输出资料。一般应详细、准确记录每次模拟运行的输入参数和输出结果，供分析之用。

**(6)分析模拟结果**

对计算机模拟运行所获得的输出结果从以下几方面进行分析：①通过计算样本均值、均值方差以及置信区间等指标分析模拟结果的统计特征。②进行灵敏度分析，考察输入参数值的变化对输出结果的影响。这对了解参数(生物学现象或过程)对系统的重要性，以及明确研究工作的重点研究方向都非常有利。例如，在很多历史观测中都发现高温天气可以减轻霜霉病的发生，如果某一霜霉病模型输出的病害发生程度对温度的变化不敏感，甚至基本没有变化，则暗示模型的结构有问题，存在不符合逻辑的地方。另外，如果模型灵敏度分析发现病害流行对露时变化特别敏感，则要提高模型的准确性，改进露时的观测(或预测)精度是改进模型的一个重要方向。③依据既定的目标函数，选择较优方案。

建模的目的是增进对系统的了解，这个过程需要不断进行。对模拟结果按照模拟模型的评价标准进行评价，若满足要求，则模拟工作完成；若不满足要求，应反馈后重新模拟或修改模型。

## 9.2 系统分析与模型总体设计

系统分析始于20世纪40年代初的运筹学活动，是随着运筹学的发展将数学方法与现代工程方法相结合而形成的一种科学分析方法。系统分析可以为决策提供各种定量分析数据，使决策者在决策之前做到心中有数，能对系统的优劣进行比较，权衡利弊，科学决策。曾士迈等(1986)提出的系统分析方法是植物病害流行学研究的有力工具，应将系统分析应用于植物病害流行学研究。

从广义上讲，研究的对象都可以看成一个系统，也可以看成更大系统的一个子系统，同时又包含了更小的子系统。这一阶段的任务就是用系统分析的方法来分析系统的功能、构成组分以及各组分间的相互关系。将研究对象看作一个系统，明确组成系统的各个子系统(元素)和子系统之间的相互关系，以及各子系统与整个系统间关系。确定系统组分间的物质、能量和信息流，各个子系统的状态变化，整个系统和各个子系统的功能，系统的输入输出和外部影响因素等。由于很多时候系统的结构高度复杂，所以往往借助特定意义的框图来表述，比较通用的是采用Forrester(1968)提出的工业流程设计的一套图形符号(图9-1)。

模型总体设计是分析综合提高的过程。总体设计需要确定如何分解子过程，以及分解到哪一层次，子过程之间考虑哪些联系和影响因素等。这一方面取决于模拟的目的和用户要求，另一方面也取决于研究条件和技术水平。例如，植物病害系统和植物虫害系统都可以分成若干子系统，而子系统之间又存在着各种联系。不同的模拟模型，对系统的分解方法不同。例如，小麦条锈病菌侵染小麦的过程从时间顺序上可分成接触、夏孢子萌发、芽管伸长、菌丝侵入气孔、胞间菌丝扩展和吸器形成等各个子过程(或子系统)。同时如果从病原-寄主互作的角度看，也可分为病菌在环境条件适合和有寄主信号时启动的侵入过程和寄主植物感受到侵入时的抵御过程两个互相联系的并行子过程(或子系统)。研究棉铃虫预测模型，由于棉铃虫的生长及危害受多种因子的影响，影响因子可选择气候因子和天敌因子等。气候因子又包括温度、湿度、降水、光和风等子因子。这些因子对棉铃虫各有特殊的作用方式，但在自然界中，它们对棉铃虫的影响不是单一的，而是在相互作用的综合状态下发生的。

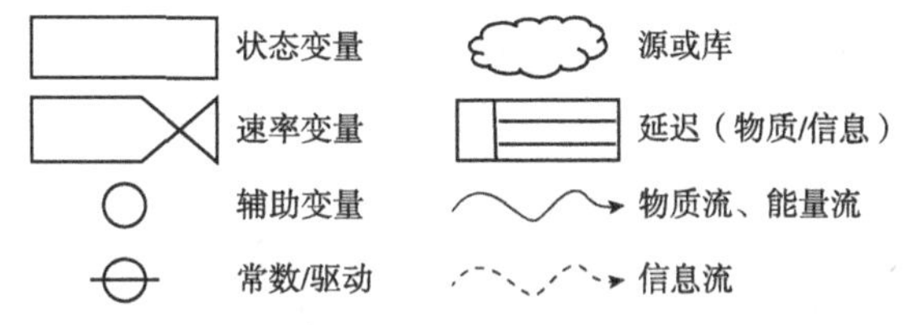


**图 9-1　系统流程框图中的常用符号及其意义**

模型总体设计通常采用结构框图或者流程图来表示，以小麦条锈病的电算模拟模型 TXLX 为例(曾士迈等，1981)，介绍模型系统中包括的子系统或子模型，以及各个子系统之间的联结关系。

TXLX 模型主要由显症率和日传染率两个子模型构成。前者主要输入变量包括健康叶片数，输出潜育病叶数，受露时、露温病斑平均面积、叶面积系数、抗性参数传染性病叶和总叶数影响。后者输入的潜育病叶数，输出的是传染性病叶数，受抗性参数、日均温影响(图 9-2)。

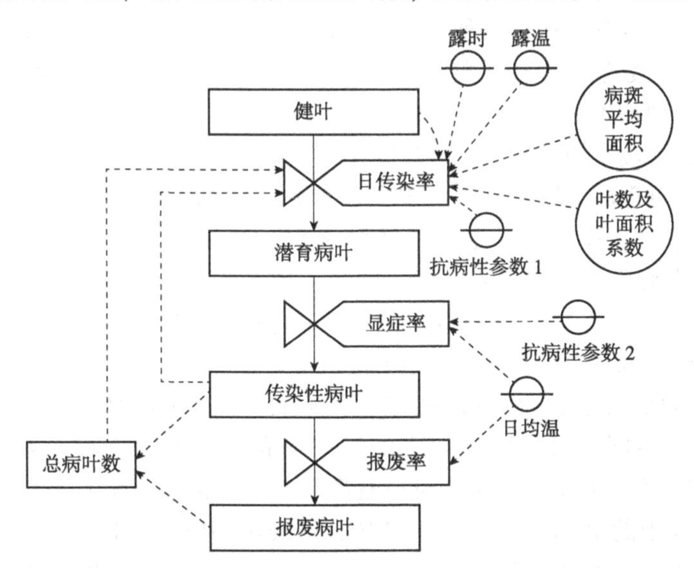


**图 9-2　小麦条锈病流行模拟模型 TXLX 简要流程框图**

(仿曾士迈，1981)

在明确系统结构的基础上，下一步是收集相关数据。其中要注意的是数据的量纲，统一数据的操作定义，对数据进行严格的质量控制。必要时要进行数据转换，如果没有合乎规格的数据，也可以修改模型，采用假参数或傀儡参数。

## 9.3 模型组建

### 9.3.1 模型的一般概念

模型(models)是对客观世界中的现象或过程根据研究目的而做出的简化和抽象的表述。现实世界中的过程是非常复杂的，我们也许永远不能完全掌握这些过程，或者我们掌握了这些过程，但是因为它们太过复杂，描述起来很困难，需要简化。模型就是现实世界为了某些目的而做的简化，可以说他们是不全面或不精确的，但是有些模型是很有用。根据模型是否具备清楚的表述形式可分为心智模型(mental models，也称思维模型)和有形模型(tangible models，也称实体模型)。心智模型是现实世界中的客观实体在人脑中无明确表述的映象，它因人的背景知识、经验和主观态度而异；当这些模型具备了明确的表述形式时，比如文字描述、流程图和数学公式，则称之为有形模型。而这些有形模型，根据模型的形式又分为物理模型和抽象模型：物理模型是利用物理载体重现客观实体的某些特性，比如缩小的塑料飞机模型；而抽象模型是用文字，符号来表示我们感兴趣的客观实体的某些特性和功能。比如化学结构式、数学公式、流程图和示意图等。

### 9.3.2 数学模型及数学建模

数学模型是针对参照某种事物系统的特征或数量依存关系，采用数学语言，概括地或近似地表述出的一种数学结构，这种数学结构是借助于数学符号描绘出来的某种系统的纯关系结构。广义说，数学模型包括数学中的各种概念，各种公式和各种理论。因为它们都是由现实世界的原型抽象出来的，从这层意义上讲，整个数学也可以说是一门关于数学模型的科学。狭义说，数学模型只指那些反映了特定问题或特定具体事物系统的数学关系结构，这个意义上也可理解为联系一个系统中各变量间关系的数学表达。

数学模型有各种形式，可以是连续数学函数，比如一元多项式、多自变量线性函数、幂函数、指数函数、对数函数、三角函数、逻辑斯谛模型等；也可以是不连续的分段函数。这些函数的自变量和因变量之间存在一种固定的映射关系，给出模型的自变量，模型多次运行输出固定的结果，因此这类模型称为确定性模型(deterministic model)。而模拟自然界随机事件的随机模型(stochastic model)对于同样的输入，每次运行的输出结果可以不同，只是服从一定的概率分布，如正态分布、潽松分布、二项分布、负二项分布等等。随机模型的实现一般都是通过随机数发生器来实现。在很多软件中，例如，Fortran 中的 Random(nseed)和 Visual Basic 中的 rand( )函数都可以用来生成均匀分布的随机数，而 Python 语言中的 numpy. random 模块可以用来生成指定分布的数据，如高斯分布等。

数学模型的建立，最基本的就是一个公式，或者是一组公式，或者是数学中的一个算法，图表等。建立的数学模型要求具备准确性、完整性以及简单易懂，当我们建立的基本模型太复杂让人难以理解的时候，我们可以将这种模型进行简化，并且在简化的过程当中要将简化思路明确说明，尽可能给出完整的模型。除了最基本的特征以外，建立的数学模型还要具有实用性、有效性，并且要具有自己的特色，而且所有模型的建立都要以能够解决真实问题作为原则。

目前，国内外病虫测报研究中最常见的数学模型可划分为经验模型(empirical model)和机理模型(mechanistic model)两类。经验模型又称整体模型(holistic model)，它把研究的系统看作一个黑盒，不考虑其内在结构和作用机制，只是根据系统输入和输出的经验观测值，用数学模型来近似拟合它们之间的关系。当前很多模型都属于这一类，这类模型的特点是缺乏外推性，模型通常只在建模数据覆盖的范围内应用才有好效果。所以，模型优劣的关键是数据的全面性。要尽量多地获取各种条件下的数据，要考虑到各种影响因素(自变量)，并尽可能全面地覆盖这些自变量所在多维空间的所有变化范围(域)。例如，在模拟病害流行时间进程曲线时，如果将来要用于各种情况，则优先选择的是逻辑斯谛模型而不是指数生长模型，因为后者被反复证明不适用病情接近饱和时的情况。与此相似，对病菌侵染速率随温度变化的趋势——单调递增，线性模型就不能明显反映这种变化的全貌，即便我们只是获得了一个小范围内符合线性变化趋势的数据，但是我们根据生物学的一般规律，知道所有的生物过程都有其最适温度，过高和过低的温度都会降低其效率，差别只是其适宜的温度范围大小而已。建模传统上通常是通过回归的方法来找到最优的数学模型，近年越来越多的学者也通过机器学习、人工智能来找到最优模型。

机理模型又称系统模拟模型(system simulation model)，是将研究对象看作一个系统，对其结构和功能进行分析，在此基础上组建的具有一定结构且反映客观世界病害发生机制的模型。这一类模型往往由多个子模型组成，而且子模型间具有一定联系，共同构成一个整体，完成某些子模型单独不能实现的功能。而其中的子模型多数时候也可以继续细分，最终由一些简单的子模型(系统)元件组成。

在选定数学模型之后，下一步收集数据训练模型，这一步成功的前提之一是数据的质量控制，如数据的量纲、操作定义要统一，数据要尽量覆盖模型将来应用的多维空域等。除此之外，观测值之间的独立性也是获得好模型的要求。有时还要对数据做必要的转换和标准化，使之具有可比性。在完成数据获取和质量控制之后，一般的做法是随机地将数据分成两个子集，一个用于训练模型，另一个用于测试模型。训练模型就是通过各种方法计算出模型中参数的最优解。对于线性问题通常很容易地通过最小二乘法求出斜率和截距等参数的最优解。例如，对一元线性模型 $\hat{y}=ax+b$，求解就是找到系数 $a$ 和 $b$ 的最优解，使观测值 $y$ 和预测值 $\hat{y}$ 的差总体(平方和)最小。但是对于复杂的非线性函数求解则需要通过各种算法找到最优的近似解。传统的常见方法有最速下降法、牛顿法、高斯牛顿法、共轭梯度法和马尔科夫链等。现在各种共享资源中有很多机器学习和求最优解的算法和现成的程序，常见的有决策树、朴素贝叶斯、支持向量机、逻辑回归、K 近邻算法、K 均值算法、神经网络、AdaBoost、随机森林法、贪心法、人工蜂群法、蚁群法、模拟退火法、遗传算法、粒子群法等。

## 9.3.3 模拟模型程序流程图

在系统分析的基础上，系统模拟的下一步是将上一步得到的系统结构框图转化成计算机程序流程图(图 9-3)。计算机程序流程图是一种计算机程序开发时常用的一种逻辑流程图，是对数据处理分析过程进行的概述及注解。程序流程图和系统流程图有所不同，如果说系统结构框图是模拟模型的总体构思，那么流程图就是指导施工的具体图纸，它是在系统流程的基础之上，把计算步骤按照顺序做出的图解，既可以为编程提供指引，又可以有助于在程序调试过程中找到出现问题的位置。

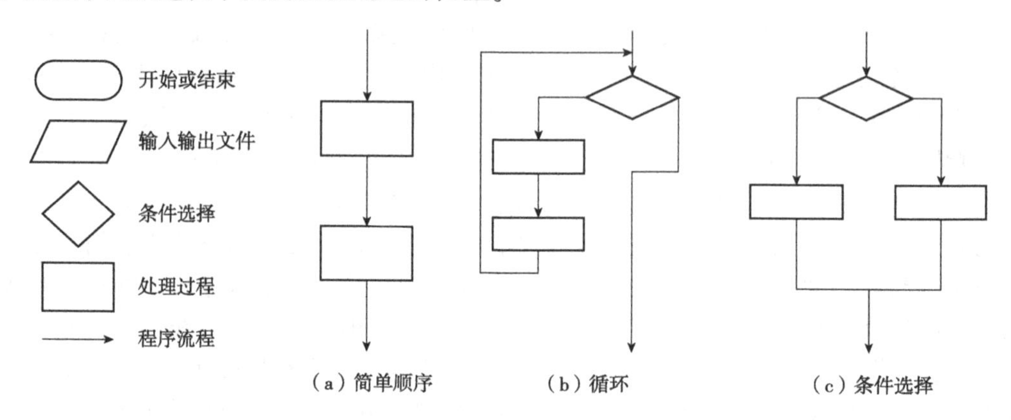


**图 9-3　程序流程图主要图标意义及程序流程基本结构示例**

(仿曾士迈等，1986)

复杂的程序流程图往往多个子程序叠加或嵌套一起。为了便于程序的调试、修改，以及以后的升级和集成，要尽量避免不同循环结构之间的来回穿越，保证程序结构的简洁和子程序模块化是现代编程的基本原则之一。以小麦条锈病 SIMYR 模型的主程序为例，主程序中包含了计算小麦生长、计算有效叶面积、计算显症率和病叶数、模拟产孢面积扩展和输出曲线图 5 个子程序(图 9-4)。除输入和输出标准化外，子程序(模块)间以及子程序间不互相引用或交换变量赋值，子程序保持相对独立，通过调试和检验后每个子程序作为一个模块，可以为不同程序(或子程序)共享。这样主程序的结构相对比较简单，各模块之间的接口关系也比较易于处理。

## 9.3.4　电算程序的编制和调试

在确定了数学模型和程序流程框图后，接下来就是具体施工，即按照流程图将模拟模型转化成计算机可以执行的程序。此过程需要完成的工作包括：根据可以用于运算的资源和模拟需要，确定模型的时间和空间精度(如时间上的时距和空间上的栅格大小)；选择编程语言；编程和上机调试。

**(1)确定时空精度**

由于时间是连续的，确定模型的最小时间间隔往往首先要考虑植物病害过程的生物学特点。例如，孢子萌发、侵入、病斑扩展和产孢等过程所需时间一般以小时计，如果模型的目的是模拟这些过程，则时距一般以小时计；又如，模拟多循环植物病害在一个生长季节随着反复再侵染的发生病害水平随时间变化的趋势，很多时候以日为最小时距(曾士迈等，1986)；如果目的是模拟单循环病害的逐年流行，时距也可以是一个生长季节(Wu et al.，2014)。除了要考虑病害过程外，另一个必须考虑的因素是计算机的运算能力，随着

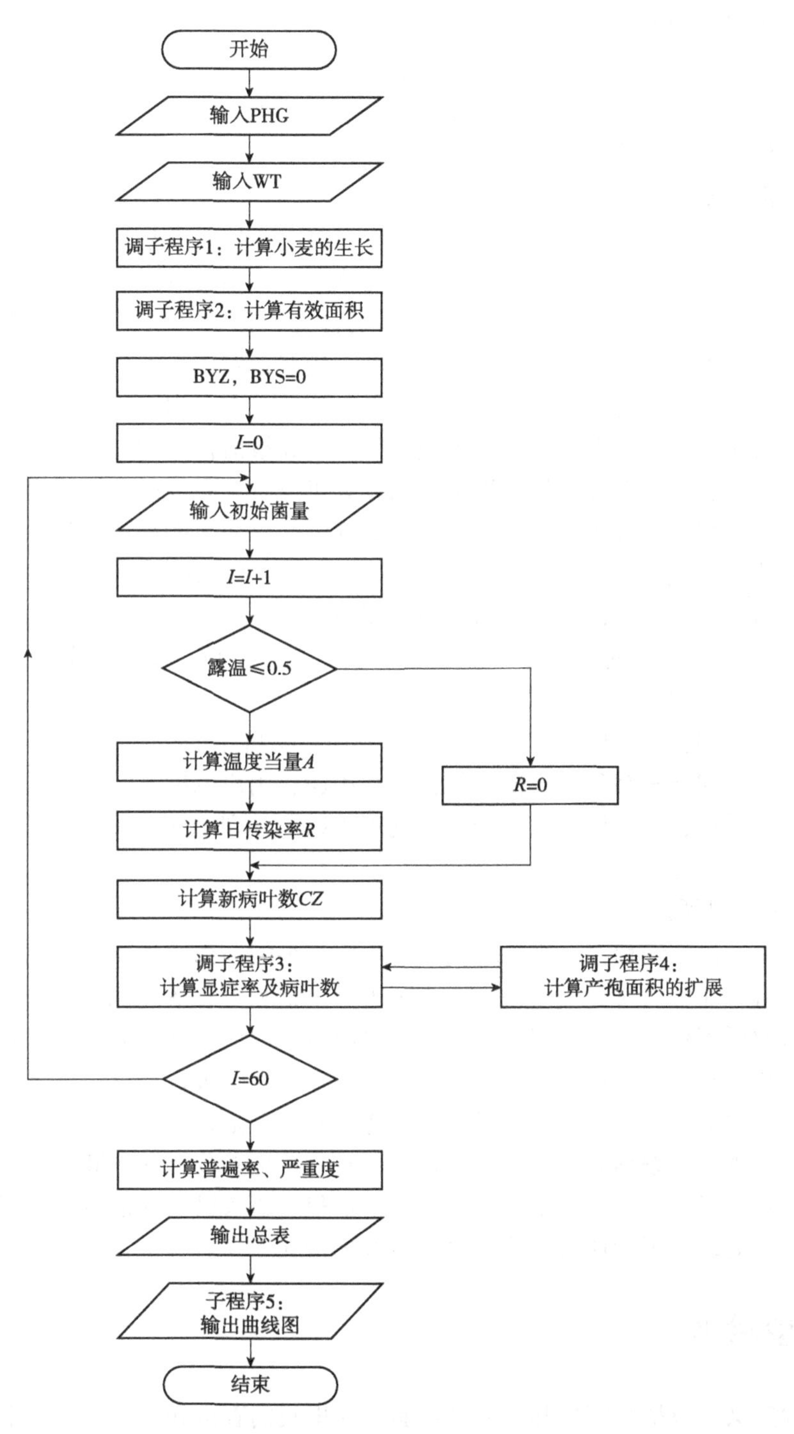


**图 9-4　小麦条锈病 SIMYR 模型主程序流程**

（肖悦岩等，1983）

单一计算机运算能力的提高和云运算的应用，原来一些无法实现的模拟也变得容易，很多以前只能以日为时距的模拟，现在完全可能用小时甚至更小的时距。此外，很多模拟都涉及空间精度的确定，因为病害在时间上增长和在空间上的扩展是同一事物的两个方面(曾士迈等，1986)。在空间上，最小单位是一个病斑、叶片、植株、一块田还是更大范围，同样需要考虑模拟的对象和目的以及可用的计算机资源。

**(2)选择编程语言**

计算机语言包括机器语言、汇编语言和高级语言。机器语言是计算机能直接识别和执行的一种机器指令的集合，是用二进制代码表示的，一般用于操作系统底层指令的编写。汇编语言是一种用助记符表示的仍然面向机器的计算机语言。助记符与指令代码一一对应，基本保留了机器语言的灵活性，能面向机器并较好地发挥机器的特性，它必须先经汇编程序翻译成机器指令才能被计算机理解和执行。汇编语言多用来编制系统软件和过程控制软件，具有占用内存空间少，运行速度快的优点。高级语言是指与人类自然语言相接近且能被计算机所接受的语义确定且通用易学的计算机语言。高级语言需要翻译成机器能执行的机器语言目标程序，或者逐句解释成机器能理解的语句才能被计算机执行。广泛使用的高级语言有很多，包括 BASIC、PASCAL、C、C++、COBOL、FORTRAN、LOGO、VC、VB、Java、R 和 Python 等。2018 年，世界上用得最多的 5 种高级语言依次是 Java、C、Python、C++和 Visual Basic(简称 VB)。高级语言具有通用性强，兼容性好，便于移植的特点。因此，模拟模型的编写一般都采用高级语言。

一般来说选择编程语言应该综合考虑以下方面：①可用的资源、软硬件的实际条件；②人员的知识结构和技术储备；③模型的目的和用途、用户范围等，比如需要很多并行运算和通过网络在手机、计算机上运行的模型选用 Java 语言具有很多先天优势；④将来的运行、维护和升级费用等。

**(3)编程和上机调试**

不管选用哪一语言编程，一个较为复杂的程序很少能一次成功通过，需要不断调试找错。这一过程有时非常费时和令人头痛。为了更少出错和更有效地调试找错，编程和上机调试一般应该遵循下列原则：①程序结构要尽量简洁，避免复杂的多分支结构；②程序设计要尽量模块化，对单个模块独立进行调试后再对整个程序进行调试；③调试时对程序分段进行检查，在关键节点设置一些报错输出；④分析错误是否与运行的环境(硬件和软件)相关；⑤着重检查一些编程人员习惯犯的错误；⑥着重检查分支和判断是否完全覆盖所有情况，循环变量的终止条件是否正确；⑦调试包括程序语法错误和运行结果是否符合设计要求两大部分，对结果正确性的检验应该考虑各种情况。

## 9.4 模型检验

模型检验广义上包括真实性和可靠性检验。这里我们着重介绍可靠性检验。首先检验模型的数据必须是建模时未曾用过的数据，通常的做法是将获得的数据随机分成训练集和检测集，前者用于建立模型，后者用于检验模型。有时在建立模型后还要继续收集新数据用于模型检验。

模型能否在统计显著水平上准确模拟所研究的自然现象一直是一个难题。目前，对于模拟和实际测量结果是数值型变量的模型，进行统计检验的一般方法是作出预测值与实测值的散点图显示模拟结果的优劣，并对实测值与模拟值进行回归分析(图 9-5)。

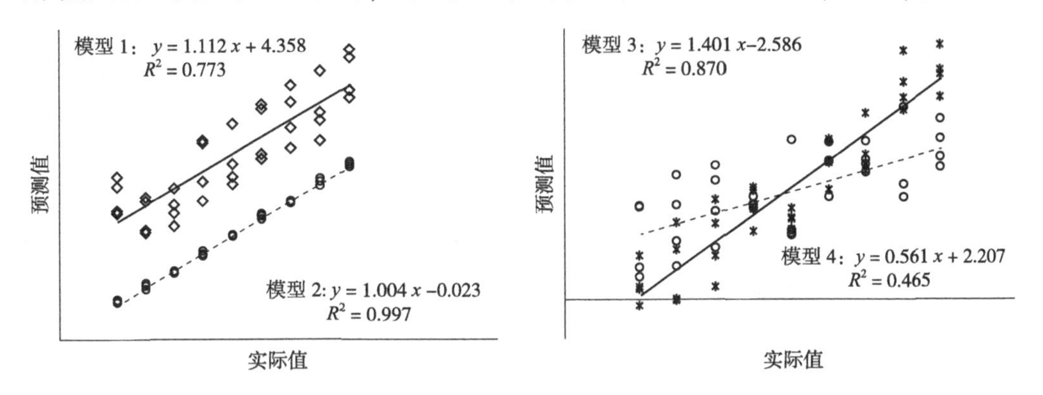


**图 9-5　模拟模型预测值与实际值比较**

以图 9-5 中模型为例，理想的模型表现如图中的模型 2，其回归趋势线的斜率最好趋近 1.0，截距最好为 0，$R^2$ 最好趋近 1.0(散点紧贴趋势线)。常见的模型误差有 4 种情况：①图中的模型 1、模型 3 和模型 4 的 $R^2$ 都小于 1.0，散点离趋势线有一定距离，这个距离反映的是模型是否考虑了因变量的所有影响因子，是否还有其他未知因子的作用未能在模型中反映。这种误差如果不随实测值变化，则常常表现为随机误差。②模型 2 趋势线的斜率接近 1.0，但是截距明显大于 0，且趋势线平行于直线 $y=x$，说明模型存在系统误差，模型存在普遍的高估(如果截距小于 0，则为低估)，不随实际值变化。③模型 3 趋势线的斜率显著大于 1.0，而截距小于 0，说明模型存在系统性误差，模型在实际值较低时存在低估，实际值高时存在高估。④模型 4 与模型 3 正好相反，趋势线的斜率显著小于 1.0，而截距大于 0，说明模型存在系统误差，模型在实际值较低时存在高估，实际值高时存在低估。除了将预测值和实际值直接作图外，还可以将两者的模型预测差值(残差)对实际值作图(图 9-6)。理想的模型应如图 9-6(a)所示，预测值与实际值相差小，且随实际值的变化没有系统趋势，而是随机分布；而图 9-6(b)~(d)中的残差都比较大，且残差分布不随机，这些都是模型不理想的表现。

对于二分类模拟模型的优劣，一般根据分类模拟预测的结果和实测的结果是否一致来判断。预测错误(假阳性和假阴性)的概率和预测正确(阳性和阴性)的概率是衡量模型优劣的主要参数(表 9-1)。对于一个二分类模型，随着分类阈值变化，模型的敏感性会随着特异性变化而变化。模型的综合表现常用 ROC(receiver operating characteristic curve)曲线下面积(AUROC)来衡量模型优劣(Bewick et al.，2005)。曲线下面积越大，诊断准确性越高(图 9-7)。其曲线下面积可以通过划分成多个梯形分别计算面积然后求和来计算，AUROC 最佳值是 1，而随机猜测，即模型不起预测作用时，AUROC 是 0.5。模型的观测值和预测值符合程度也可用一致性相关系数(concordance correlation coefficient，CCC)进行评价(Echavarría-Heras et al.，2014)，CCC 取值在[−1，1]，越接近 1 表明一致性越好。

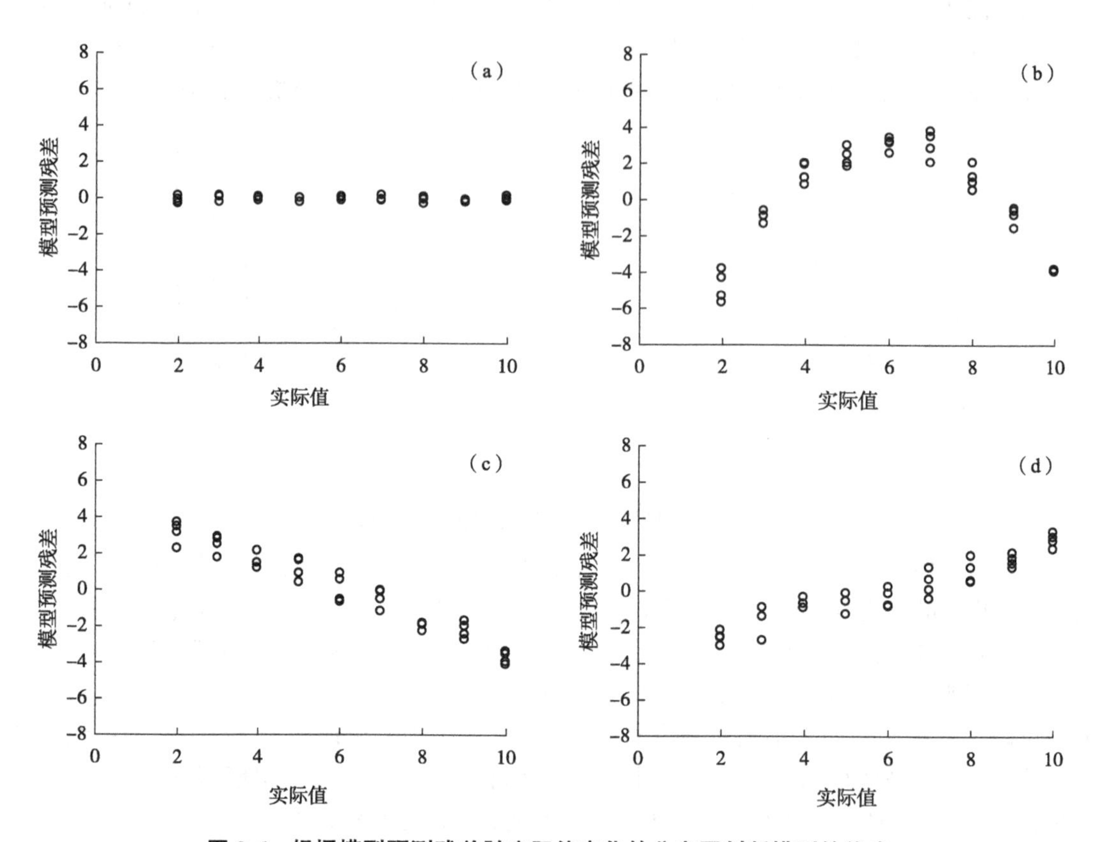


**图 9-6　根据模型预测残差随实际值变化的分布图判断模型的优劣**

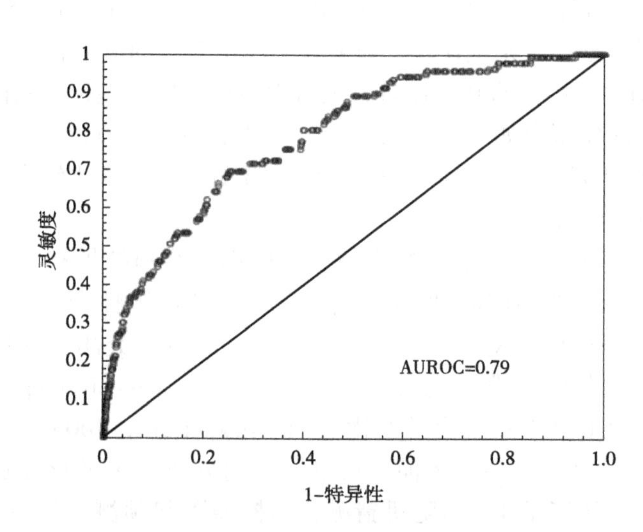


**图 9-7　一个稻瘟病预测模型的 ROC 曲线**

（郭芳芳，2019）

表 9-1　二分类模型预测值和实际值比较的几个参数

| 实际 | 预测值 | | 合计 |
|---|---|---|---|
| | 1 | 0 | |
| 1 | 真阳性<br>true positive（Tp） | 假阴性<br>false negative（Fn） | 实际阳性<br>actual positive（Tp+Fn） |
| 0 | 假阳性<br>false positive（Fp） | 真阴性<br>true negative（Tn） | 实际阴性<br>actual negative（Fp+Tn） |
| 合计 | 预测阳性<br>predicted positive（Tp+Fp） | 预测阴性<br>predicted negative（Fn+Tn） | 总数<br>Tp+Fp+Tn+Fn |

多分类模拟模型的检验也可根据模型预测的一致比率，将其转化成多个二分类或者将不同分类看作数值型变量用随后讨论的方法进行检测。

## 复习思考题

1. 什么是模拟和系统模拟？
2. 简述系统模拟的基本步骤。
3. 经验模型和机理模型各有何特点？
4. 模型的检验包括哪些方面？

# 第 10 章

# 病虫测报仪器设备及使用

【内容提要】本章重点介绍了病虫测报仪器设备及使用方法，包括 GPS 接收器、气象站、孢子捕捉器、地物光谱仪、昆虫雷达、吸虫塔、昆虫诱捕器(测报灯、性/食诱捕器)等。

## 10.1 病虫测报通用仪器设备及使用

### 10.1.1 GPS 接收器

在植物病虫害调查研究中经常需要使用 GPS 接收器对收集的发病数据、气象数据、孢子或昆虫卵等信息进行地理定位(经纬度、海拔)，也可以利用该仪器规划调查路线、指定方位和记录航迹。GPS 接收器构造较为简单，包括 GPS 接收主机单元、GPS 接收天线单元和电源。GPS 接收主机单元由变频器、信号通道、微处理器、存储器及显示器组成。接收天线单元由接收机天线和前置放大器两部分所组成，天线的作用是将 GPS 卫星信号极微弱的电磁波能量转化为相应的电流，而前置放大器则是将 GPS 信号电流予以放大。

我国生产的 GPS 接收器中内置 1954 北京坐标系和 1980 西安坐标系，使用前先确定地形图所用坐标系，找出所在投影带的带号并计算出中央子午线经度，将 GPS 坐标系统选择为相应的坐标系统，设置好中央子午线经度即可使用。在户外穿越活动中，最常用的地图比例尺是 1∶25 万和 1∶10 万，地图上的 1 cm 分别相当于实际距离的 2.5 km 和 1.0 km。GPS 与地图的配合使用有以下两种情况：一种是在出发前，在地图上找到目标点的坐标，并把它输入 GPS 中；另一种是在户外活动中，在用 GPS 定位拟前往的地区后，在地图上找到该点，以判断当前所处的位置。

手持 GPS 接收器应在室外使用，另外，在到达某一位置后，不要急于测定其坐标，而是要等手持 GPS 接收器静止 1~2 min 后再测定，此时求得的坐标才较为准确。

### 10.1.2 气象站

**(1)功能**

气象站指的是适用于农业生产环境下的气象环境监测系统，可对温度、光强、风向、风速、降水量等气象要素进行监测，并对这些数据进行分析对比处理，掌握当地小气候的气象变化。科研工作者根据这些气象数据与病原数量、昆虫卵孵化量以及病虫害发生程度等相关联，建立病虫害发生预测模型，从而进行预测预报(李振岐等，2002)。下面以小型自动气象站为例，介绍其基本构造和使用方法。

图 10-1　小型自动气象站

**(2)基本结构**

小型自动化气象站的组成包括：传感器、采集器和传输模块、气象站支架、太阳能电板和蓄电池、后台计算机端 5 个部分(图 10-1)。小型气象站的安装和使用方法如下。

**(3)使用方法**

①安装方法。首先把传感器固定到相应的支架上面，使百叶箱朝南，传感器安置于北侧；然后固定太阳能板及气象站主机、传感器到主支架上面；最后按照线缆出厂前的航空插头标示对应接线。安装小型自动气象站时应注意选在平坦、气流畅通的地方，使观测点边缘与周围障碍物的距离达到障碍物高度的 10 倍以上，避免因地形的起伏及障碍物的存在使风向和风速发生切变。另外，小型自动气象站监测到的数据结果要具有代表性，能够反映较大区域环境要素的特点，因此，要特别注意小型自动气象站场地周围的环境条件，选择有代表性的地块进行安装。同时，观测场地应远离光污染、电磁波污染等污染源。避免电磁波污染影响温度等要素的正确测量。

②运行方法。数据采集控制器是整套系统的核心，负责环境数据的采集、处理、保存与传送。数据采集控制器可以与计算机连接，通过相应的软件对采集的数据进行实时监测、分析与控制等。数据采集控制器也可以单独运行，通过液晶显示器和按键查阅。使用时可定制监测参数，设置当前时间，并与计算机端连接，在计算机端相应软件上可实时查看各参数的变化。

## 10.2　病害测报仪器设备及使用

### 10.2.1　孢子捕捉器

**(1)功能**

孢子捕捉器是一种用于检测随空气流动、传播的病害病原菌孢子的仪器，其对于了解空气中病原菌的动态变化以及为定量描述气传病原孢子的规律提供了高效的监测手段。该仪器主要用于监测病害病原菌孢子密度及其扩散动态，为病害的预测预报以及研究病害流行规律提供可靠依据。

**(2)类型**

孢子捕捉器按照使用方式分为固定式、车载式和便携式 3 种类型。固定式孢子捕捉器可固定在测报区域内，定点观察特定区域孢子的种类和数量[图 10-2(a)]。车载式孢子捕捉器可安放在自行车、摩托车等运动的载体上，便于移动监测孢子的种类和数量[图 10-2

（a）英国生产的 Burkard 固定式孢子捕捉器

（b）车载式孢子捕捉器

（c）中国农业大学研制的便携式孢子捕捉器

**图 10-2　不同类型的孢子捕捉器**

(b)]。便携式孢子捕捉器体积较小，可手持，方便移动，可以随时随地监测所在区域的孢子动态[图 10-2(c)]。

**(3)使用方法**

以英国公司 Burkard 生产的多小管气旋采样器为例对孢子捕捉器的使用方法进行介绍。该装置使用太阳能发电，能够自动对准风向，并配合真空泵收集符合大小的微粒进入采样孔，可以将空气中的微粒以干燥的样本形式直接收集到 1.5 mL 的离心管中(图 10-3)，方便用于后续 DNA 提取或其他分析。该孢子捕捉器每个旋转主盘上可以放置 8 个 1.5 mL 的收集管。孢子捕捉器的气旋收集头安装在精密的轴承上，保证每分钟的进气量为 16.5 L，即每天进气量为 23 760 L。使用该仪器时，可以设置样本采集时间，例如每隔一天采集一次样本，每次采集 24 h，每 16 d 就要将所有的离心管收集起来，并换上新管。样本收集后可以暂时将其置于-20℃冰箱中保存，待同一批次样本全部收集完毕后带回实验室提取 DNA。

**图 10-3　英国 Burkard 公司生产的多小管气旋采样器**

## 10.2.2　小麦赤霉病预报器

西北农林科技大学胡小平教授团队研制出了世界首台小麦赤霉病自动预报器。该预报器集成了多种环境因子传感器、数据微处理芯片、无线通讯及太阳能供电等模块，能实时自动采集气温、空气相对湿度、降水量、土壤温度、土壤含水量、光照时间、光照强度、风速、风向、叶片表面湿润时间 10 种田间微气候因子数据，并将采集的数据传送到云端服务器，结合初始菌源量、小麦生育阶段等信息，利用小麦赤霉病预测模型做出小麦蜡熟期的病穗率预测，将预测结果输送至用户终端。目前，该预报器已在全国 19 个省近 400 个县安装使用，科学精准地指导了小麦赤霉病防控工作。

## 10.2.3　地物光谱仪

长期以来，我国对小麦条锈病的监测主要依靠人力田间调查，费时、费力，监测结果主观性较强。遥感技术的发展使小麦条锈病的实时监测变得更为快速、方便、经济和准确。遥感是一种不接触目标物，通过接收目标物的反射或辐射的电磁波，获得目标物的光谱或影像，从而对其进行远距离监测的技术。

**(1) 功能**

遥感技术自 20 世纪 60 年代以来发展迅速，20 世纪 80 年代高光谱遥感的兴起，使人们可以利用很多很窄的电磁波波段从感兴趣的物体获取有关数据，进一步拓宽了遥感技术的应用领域。近年来，基于地物光谱分析的遥感技术在大面积农业资源监测、作物产量预测、农情预报等方面发挥了重要作用。

作物的光谱特征是由作物的生理特征引起的对光的吸收、透射和反射的变化，而作物的生理特征又相应反映了它的长势情况，因此可以根据光谱响应的差异监测作物的生长状况。遥感技术在作物生产方面主要用于光合有效辐射、叶面积、生物量、生物化学参量、作物产量估测等方面，最近也开始用于有关作物品质方面的遥感监测研究。另外，高光谱遥感技术的出现推进了作物遥感向定量化方向发展。张玉萍等(2007)对冬小麦不同条锈病的叶片光谱特征，建立了小麦条锈病严重度和光谱反射率、光谱特征参数之间的统计回归模型，从而进行病害的早期预测。

**(2) 基本结构**

手持地物光谱仪一般包括机身、计算机、软件、探头把手等组件(图 10-4)。

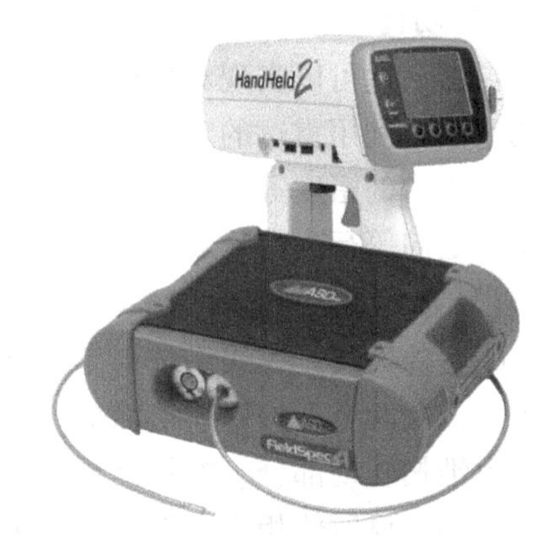


**图 10-4　FieldSpec 4 & HandHeld 2 手持地物光谱仪**

**(3) 使用方法**

测定流程：

①先打开光谱仪电源，然后打开计算机电源。

②启动光谱测定软件。在软件上选择相应的镜头并依次执行首次调整(First Adjustments)、优化(Optimize)和辐射度测量(Measurement of Radiance)操作。

③采集参比光谱，探头垂直对准白板，测定反射率为 1.0 可进行后续操作。

④探头垂直对准目标物，探头稳定后开始采集目标信息。采集完成后，收起探头，准备对下一目标的测定。

## 10.3　虫害测报仪器设备及使用

### 10.3.1　昆虫雷达

昆虫雷达是一种专门监测迁飞昆虫的电磁波探测系统(图 10-5)。电磁波在传播的过程中遇到物体会被反射，如果反射回来的电磁波足够强，能被接收系统接收到，就可以确定目标物体的存在，而且可以根据电磁波传播的速度和传播时间计算出它的位置。昆虫的大小、形状、身体组织的类型、体液等均可影响反射能量的大小。同时反射能量的大小也受昆虫在雷达波速中的定向、位置、雷达频率和雷达发射电磁波能量等因素的影响。由于不会干扰生物体的行为，它的应用为监测昆虫的飞行行为提供了极大的方便(程登发等，2014)。

（a）垂直监测昆虫雷达

（b）毫米波扫描昆虫雷达

**图 10-5　昆虫雷达**

**(1)功能**

昆虫雷达可以实现对目标空域的全天时、全天候监测，为观测空中昆虫迁飞提供了有效的手段。利用雷达的定向和测距功能可以计算出昆虫迁飞的方位、高度、移动方向和在一定体积内的密度等(程登发等，2005)。此外，昆虫雷达还可用于分析迁飞昆虫的起飞、成层、定向等行为特征及其与大气结构、大气运动之间的关系。

**(2)基本结构**

①室外天线。天线系统由天线罩和反射体组成。采用无骨架玻璃钢蜂窝夹层结构，由一个上罩和两个下护罩连接而成[图 10-6(a)]。保证 6 级风能工作，10 级风不损坏。锥扫系统由锥扫转动部分、锥扫馈源、旋转关节组成。天线座是雷达天线的支撑和定位装置，它的上部与反射体相连，下部装有调平装置用于调整天平水平，装有四个轮子便于运输。内部装有收发机箱和配电箱。天线座上表面装有水平仪可调天线水平。

②室内工作台。主要由雷达控制台、伺服系统、昆虫雷达信号处理系统和雷达终端系统组成[图 10-6(b)]。室内控制台主要由雷达控制台为各系统供给电源，完成相应的功能。伺服系统采用闭环调速系统原理，其作用是实现馈源的旋转运动从而完成波速在空中的锥形扫描。昆虫雷达信号处理系统主要是接受对数接收机送来的对数信号，经过 A/D 变换电路，数字视频积分后，得到回波的强度信息。雷达终端系统采用工业控制计算机。软件由实时程序和非实时程序组成，对信号处理器采集的雷达回波信号进行计算，在显示器上按平面显示(PPI)和方位高度方式进行显示，并将昆虫雷达原始回波数据保存到数据文件中。

（a）室外天线

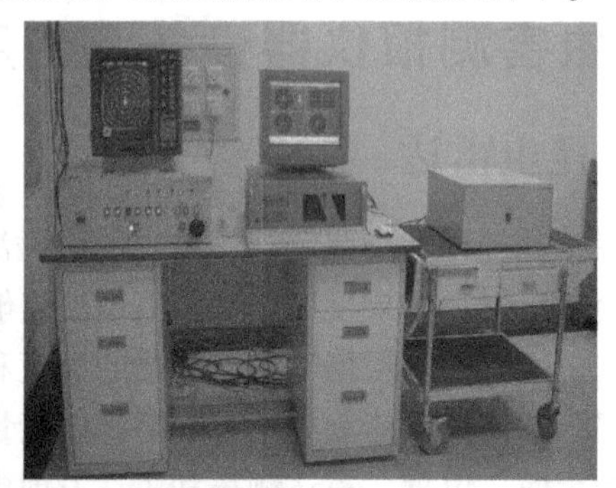
（b）室内工作台

**图 10-6　昆虫雷达的基本结构**

**(3) 在虫害测报中的用途**

我国的昆虫雷达始建于 1984 年，吉林省农科院植物保护研究所与无锡海星雷达厂组建了我国第一部扫描昆虫雷达，并对黏虫、草地螟等昆虫的迁飞现象进行了长期监测，开创了中国雷达昆虫学研究的先河。1998 年，中国农业科学院植物保护研究所与无锡海星雷达厂合作组建了我国第二部厘米波扫描昆虫雷达，该雷达被先后安放在河北廊坊、山东长岛等地，对北方重大迁飞性害虫的越海迁飞进行了系统监测。2004 年和 2006 年，中国农业科学院植物保护研究所与成都电子有限公司合作又先后建成国内第一部垂直监测昆虫雷达和国内第一台毫米波扫描昆虫雷达，分别安置在我国北方和南方稻区，对草地螟、黏虫、稻飞虱、稻纵卷叶螟等重大迁飞性害虫的迁飞行为进行了监测，为该类害虫的早期预警和有效防控提供了重要技术支撑。

近年来，信息技术的快速发展极大地促进了昆虫雷达技术的提升，通过科研单位与雷达企业的合作研发，相继建成了扫描昆虫雷达运转模式与垂直监测昆虫雷达模式相融合的双模式昆虫雷达，距离分辨率高达 0.2 m 的高分辨率全极化昆虫雷达系统，实时监测空中迁飞虫群规模、径向、时间、密度等信息，远程命令高空昆虫控诱设备自动选取特定光源进行空中有效阻截的昆虫雷达侦诱系统。2017 年，国家发展和改革委员会、农业部等四部委印发的《全国动植物保护能力提升工程建设规划(2017—2025 年)》中明确建设 15 个空中迁飞性害虫雷达监测站，在相关项目的支持下多台昆虫雷达成功组建并投入生产应用，全国性昆虫雷达网也正在积极筹建中，按照重要迁飞性害虫的迁飞路径合理设置雷达观测站建成空、天、地一体化的网络，实现虫源地、迁飞路径和降落危害地的自动化预警(张智等，2021)。

**(4) 监测案例**

2008 年北京奥运会开幕前夕，草地螟在我国内蒙古、河北、山西、黑龙江、吉林、辽宁等省自治区大规模暴发，发生面积之广，危害程度之重，持续时间之长均为历史罕见。8 月 3 日北京城区出现大规模迁入的草地螟，直接威胁奥运场馆和城市园林绿化带，给奥运会的召开带来了严重挑战。8 月 4 日，中国农业科学院植物保护研究所程登发研究团队，根据多年昆虫雷达监测经验和对草地螟迁飞规律、空中飞行参数的掌握，通过昆虫雷达监测、空中气流分析、虫源地调查，实时监控掌握草地螟大区虫情动态，提出了探照灯空中阻截、地面灯诱杀和植物源农药防治相结合的防控措施，为北京城区奥运场馆草地螟有效防控提供了科学依据和技术指导，保障了奥运会的顺利召开。

## 10.3.2　吸虫塔

吸虫塔是一种用于长期监测小型迁飞性昆虫时空动态的大型植保设备，其工作原理是通过空气动力装置的强力抽吸，将飞过上方的蚜虫类等小型昆虫吸入其下部的样品收集瓶中，监测人员定时收集样品，统计目标昆虫的数量，以此获得其迁移的种群动态信息(图 10-7)。

**图 10-7　吸虫塔**(广西兴安)

**(1)功能**

吸虫塔是一种常见的空中取样装置，开启后操作人员只需定期更换样品收集瓶，省去了常规的田间调查过程。该装置由英国洛桑实验站发明，并于1964年首次在洛桑实验站内运行，后在欧洲及美国建设了大范围覆盖的吸虫塔监测网络，用于迁飞性害虫种群的监控和生态学研究。吸虫塔监测网络的建设，将形成对目标害虫的系统性、区域性、大尺度的有效监测和预警，不仅在害虫预测预报的方法和数据的有效性上有所突破，也非常符合我国当前"绿色植保，公共植保"的理念(苗麟等，2011)。

**(2)基本结构**

①外观结构。吸虫塔整体采用玻璃钢材质，主体由上下两部分组成。上部是吸虫塔管，采用两段拼接式设计，下部是支撑吸虫塔管的机柜及固定底座(部分嵌入地下)。

②内部结构。吸虫塔的主要功能部位是机柜。机柜内部自上而下分布有样品收集网、样品收集瓶、轴流风机。机柜上部以锥形开口与塔管相连，整个设备通体密封，保证由轴流风机产生的负压能够在塔管的上端开口形成负压，对飞经塔管口的昆虫产生吸力。

**(3)在虫害测报中的用途**

吸虫塔是一种公益性的植保测报设备。2009年以来，在公益性行业(农业)科研专项经费项目的资助下，我国陆续在东北、华北、华中、西北等地安装了39台吸虫塔，初步形成了覆盖我国小麦主产区和大豆主产区的吸虫塔网络，为小麦蚜虫和大豆蚜的早期预警和有效防控奠定了基础。将来可借鉴欧美的成功经验，建立并运行专业网站，把各个吸虫塔网点的数据在网站上实时发布，用于蚜虫等小型迁飞性昆虫的动态监控和预警。

**(4)监测案例**

中国科学院动物研究所与河南省济源白云实业有限公司合作，借鉴英国和美国的吸虫塔工作原理，成功研制国产吸虫塔，构建了基于吸虫塔的蚜虫监测预警网络系统。在蚜虫基础生物学研究、天敌资源普查及其控蚜作用研究的基础上，研发了多项以生物防治为主体的蚜虫绿色防控技术，包括天敌人工助迁、人工饲养天敌释放、作物邻(间)作措施、物理防控、隐蔽性施药等。相关技术措施在我国的东北、华北等大豆蚜、麦蚜为害严重的大豆产区和小麦主产区共建立了4个规模较大的试验示范区，取得了较好的综合效益(乔格侠等，2011)。

### 10.3.3 昆虫诱捕器

昆虫诱捕器是虫情早期预测预报及诱杀防治的一种重要工具，是根据昆虫的趋光性和趋化性设计的诱捕装置。昆虫能通过其视觉器官(复眼和单眼)中的感光细胞对光波、色彩产生感应而做出相应的趋向反应，也可以通过触角或其他部位的一些化感器捕获和感知散布在空气中的一些特殊化学物质，如昆虫性信息素、聚集信息素、报警信息素、驱避剂等，并对其产生趋向性反应。

**(1)功能**

①灯光诱捕器(诱虫灯)。基于昆虫趋光行为的灯光诱捕器已在害虫监测预警及绿色防控中广泛应用。我国利用灯光诱捕害虫的历史可追溯到2000多年前对"炎火"治虫的描述。

a. 黑光灯：20世纪60年代，黑光灯被应用于害虫防治。黑光灯是一种特制的气体放电灯，灯管的结构和电特性与一般照明荧光灯相同，只是管壁内涂的荧光粉不同。黑光灯一般发出波长 330~400 nm 的紫外线，对农业害虫有很强的引诱力(徐瑞清等，2022)。

b. 高压汞灯：是玻璃壳内表面涂有荧光粉的高压汞蒸气放电灯，于 20 世纪 70 年代开始出现，其耗电量大、波长能量强、光透性好，因此诱虫范围较宽，诱虫效果好于黑光灯，且使用寿命长。高压汞灯能发出 404. 7 nm、435. 8 nm、546. 1 nm 和 577~579 nm 的可见光谱线和较强的 365 nm 紫外线，被应用于害虫的预测预报及农业害虫的诱杀，诱虫效果和使用寿命均优于普通黑光灯。

c. 双波系列灯：可同时发出长短两种光波的灯光，一般长光波为 585 nm 的黄色光，短光波为 350 nm 的紫外光，克服了单一短光波黑光灯及长光波白炽灯的不足，当双波灯发光时，长光波首先将远处的昆虫诱到近灯区，双波灯诱虫量高，杀伤天敌少，田间虫情反应率高。

d. 频振式诱虫灯：运用直管紫外灯和直管荧光灯组合，近距离用光，远距离用波，加以黄色外壳和气味，频振灯管能产生特定频率的光波，引诱害虫扑灯，外部配以频振高压电网触杀[图 10-8(a)]。这种组合光源诱虫种类多、效果好，但耗能较高，需外加镇流器。通过设定所发光波的波长、波段、波频，进一步提高了诱杀害虫的效率，是目前应用较为广泛的害虫灯光诱杀装置之一。

e. LED 诱虫灯：是基于发光二极管(LED)光源的害虫诱杀工具，具有波长范围窄、亮度高、光色单一、能耗低等优点，显著提高了对靶标害虫的引诱力，并降低了对中性昆虫、益虫和天敌昆虫的潜在伤害(杨现明等，2020)。

f. 太阳能诱虫灯：是在黑光灯、频振杀虫灯、LED 杀虫灯光源的基础上，采用太阳能光伏板作为供电来源，它只是供电方式的更新，作为一种新的杀虫灯具技术，被社会广泛认可[图 10-8(b)]。另外，太阳能杀虫灯采用最新的气吸式捕虫技术代替高压电网击杀，直接把诱捕的害虫吸入捕集袋。

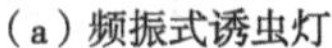

(a) 频振式诱虫灯

(b) 太阳能诱虫灯

**图 10-8　诱虫灯**

②性/食诱捕器。性/食诱捕是基于昆虫寻找异性、食物源、产卵场所的习性，利用性信息素、聚集信息素或信息素与植物源引诱剂联合诱集害虫进行预测预报和诱杀防治的一种方法(蔡晓明等，2018)。性/食诱捕器通常与人工合成的性/食诱剂配套使用，在害虫监测和防治中效果显著(图 10-9)。

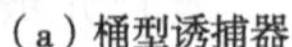
（a）桶型诱捕器

（b）三角形诱捕器

**图 10-9　诱捕器**

性/食诱剂在害虫监测上具有灵敏度高、专一性强、使用方便和不受地域限制等优点。依据作用特性分成 3 类：一是性引诱剂，也称性信息素，用于大量诱杀成虫(雌性或雄性)，降低成虫的自然交配率。二是食物引诱剂，是基于害虫偏好食源或其挥发物研制的食诱剂。三是产卵引诱剂，是基于昆虫产卵选择性如杨树枝把、谷草把引诱黏虫产卵。

根据诱捕器的结构进行分类：一是桶形诱捕器，主要由集虫桶、漏斗盖、立柱、挂钩组成。二是船形诱捕器，包括船形盖板，粘虫板和挂钩。三是三角形诱捕器，主要由三角形盖板、粘虫板和放置篮组成。漏斗式诱捕器主要由顶盖、漏斗、集虫桶组成。四是风吸式诱捕器，该诱捕器主要有 3 种：方框形、喇叭形和长方形。五是挡板诱捕器，包括顶盖、挡板、底盖、漏斗、集虫桶。六是拱形诱捕器，由可折叠平板、诱芯、粘虫纸构成，采用平板式可折叠结构，折叠组合后形成拱形。

**(2) 在虫害测报中的用途**

昆虫诱捕器在我国害虫测报和防控中发挥了重要作用，新中国成立以来，我国农业科研工作者曾采用白炽灯、油灯、发酵糖水、糖醋酒液等诱集昆虫。20 世纪 60 年代，黑光灯被应用于害虫防治，70 年代后高压汞灯开始被应用，而后出现的双波灯、频振式杀虫灯、荧光灯开始取代黑光灯、高压汞灯。随着电子技术、太阳能技术等新技术的应用推动了诱虫灯诱虫功能的多元化发展出现了如 LED 诱虫灯、太阳能诱虫灯等新型节能高效的诱虫灯。尤其近年来性/食诱剂因其专一高效、绿色环保等优点，被广泛应用虫情测报、交配迷向、大量诱杀等生产实践中，并随着信息技术的发展，相继研发出自动虫情测报灯、自动性诱监测系统及病虫实时监控系统，使昆虫诱捕器逐渐走向自动化、智能化。农技人员利用昆虫诱捕器监测田间害虫种群动态，分析有关因素对害虫种群变动的影响，预测害虫发生、发展的趋势，研究综合治理措施，并向生产者发布病虫害趋势预报和提供防治建议。

**(3) 监测案例**

2019 年，重大迁飞性害虫——草地贪夜蛾入侵我国，对我国的粮食生产安全产生巨大威胁，在国家重点研发项目的资助下，全国农业技术推广服务中心牵头组织科研、农技推广和企业的多家单位，开展草地贪夜蛾性诱和灯诱技术的研究和熟化，在草地贪夜蛾周年繁殖区、迁飞过渡区、重点防范区布置性/食诱捕器和灯光诱捕器进行田间种群监测，在西南-华南监测防控带、长江流域监测防控带、黄淮海阻截攻坚带和长城防线，设置高空测报灯，监测诱杀北迁虫源，压低种群基数，为生产上广泛开展草地贪夜蛾监测提供了有效的监测工具，为早监测、早报告、早防控提供了重要手段(姜玉英等，2020)。

## 复习思考题

1. 病虫测报中的通用仪器有哪些?
2. 病害测报中的常用仪器有哪些?
3. 虫害测报中的常用仪器有哪些?
4. 简述病虫测报仪器的未来发展趋势。

# 第 11 章

# 病虫测报与绿色防控

【内容提要】病虫测报是绿色防控的重要基础。本章概述了病虫害防治的指导思想、原则、原理和方法，介绍了农作物病虫害绿色防控的定义、应用进展、病虫测报在绿色防控中地位和作用，并通过典型案例介绍了病虫测报在绿色防控中的应用。

## 11.1 病虫害防治概述

病虫害防治是保障农业生产安全的重要环节，在农业可持续发展中具有举足轻重的作用。本书主要介绍病虫害防治的指导思想、原则、原理和方法。

### 11.1.1 病虫害防治指导思想

在绿色革命和石油农业的背景下，病虫害的频繁暴发，对粮食生产安全构成极大的威胁，为减少化学农药滥用带来的一系列问题，人类不断探索病虫害防治的新途径，致力于构建可持续健康发展的农业病虫害防治模式。植物病虫害防治的指导思想是人们根据形势的发展而制定的行动方针，其提出和改变是防治实践经验的积累、科学技术的进步和社会生产力水平提高的结果，是人们对病虫害防治策略认识的不断升华和与时俱进。世界各国农业病虫害防治指导思想在基本观点上是一致的，但由于国情迥异，在具体路径上又有所不同(翟保平，2017)。

1966 年，联合国粮食及农业组织(FAO)和国际生物防治组织(IOBC)共同提出害虫综合防治(IPC)的观点；1972 年起，美国推行有害生物综合治理(integrated pest management，IPM)，旨在建立一个有害生物科学管理体系，其核心是以生态学为基础，充分利用自然控害因素，综合协调应用各种防治措施将有害生物种群数量降到经济阈限之下，实现有害生物治理的生态、经济和社会效益(Peshin et al.，2009)；1995 年，Tshernyshev 提出有害生物生态治理(ecological pest management，EPM)的概念，与 IPM 相比，EPM 不仅针对有害生物进行各种防治技术的整合和管理，而且更加强调维持农业生态系统的长期稳定性和提高系统的自我调控能力，后来的 EPM 理论在此基础上得到更丰富的发展，通过栖境管理和生态工程的方法构建健康的农田生态系统，应用相关措施(包括关键时刻的绿色化学措施)促进和调控生态平衡，成为以植物生态系统群体健康为主导的有害生物治理新模式。

从 20 世纪 50 年代开始，我国开展病虫害综合防治研究。为从根本上改变我国农业被动受灾的局面，提出了“防重于治”的理念，在新中国成立初期制定的农业发展纲要中提出了“预防为主、防治并举、全面防治、重点肃清”的病虫害防治方针。该方针对当时发生普遍、危害严重的病虫害实现了有效控制，例如，进行“改治并举”控制蝗害；“防、避、治”结合防治稻螟；以抗病品种布局和栽培技术为主，辅以药剂防治小麦条锈病、小麦吸浆虫、稻瘟病和甘薯黑斑病等(祝增荣等，2013)。与此同时，国际害虫综合防治的开展对我国植保方针的制定和完善起到了推进作用，1974 年，中国农业科学院植物保护研究所组织召开全国农作物病虫综合防治讨论会，会议中，大家认为将“预防为主，综合防治”作为今后的植保方针是恰当的。随后，1975 年全国植物保护工作会议制定了“预防为主，综合防治”的植保方针，并通知各地贯彻执行。1980 年年底，全国植物保护站长会议明确指出：“病虫草害的防治工作应当从生态学的观点来考虑，因地制宜、因病虫制宜地协调运用农业的、化学的、生物的和物理的多种手段，经济、安全、有效地将病虫害控制在经济允许水平以下。”1996 年，全国农业技术推广服务中心和中国昆虫学会联合召开中国有害生物综合治理学术讨论会，总结了植保方针确定 20 多年来取得的巨大成就，明确了有害生物综合治理是落实我国植保方针的正确途径。

与此同时，我国病虫害防治工作还面临诸多问题。2006 年年初，全国植物保护高层论坛在北京举行，会议指出农田生态系统的退化和生态系统服务功能的丧失造成了农作物有害生物的连年猖獗，提出走生态治理之路才是解决有害生物危害的唯一途径，倡议树立“公共植保、绿色植保”理念。同年 4 月，农业部在湖北襄阳召开全国植物保护工作会议，正式确立了“公共植保、绿色植保”的新理念。指出公共植保，就要把植保工作作为农业和农村公共事业的重要组成部分，强化公共性质，实行公共管理，开展公共服务，提供公共产品；绿色植保，就是要把植保工作作为人与自然和谐系统的重要组成部分，拓展绿色职能，满足绿色消费，服务绿色农业，提供绿色产品。“公共植保、绿色植保”理念的提出，为推进农作物病虫害绿色防控奠定了理论基础和思想保障。自 2006 年我国提出“公共植保、绿色植保”理念以来，各地积极转变病虫防控方式，大力推进病虫绿色防控，对实现农药使用零增长，提升农产品质量安全水平和推动农业绿色发展发挥了重要作用。

### 11.1.2　病虫害防治原则

原则是观察和处理问题的准则。植物病虫害防治原则是指在植物病虫害防治中应遵循的基本要求和准则，是病虫害防治指导思想的体现和具体化。因此，随着人们防治理念的转变，科学技术进步和生产力水平的提高，不同时期可确定不同的防治原则。基于我国“预防为主，综合防治”的植保总方针以及有害生物综合治理实践的经验，病虫害防治要坚持以下原则。

**(1)预防为主**

植物病虫害的防治，预防是关键。对于大多数植物病虫害，几乎只能防，不能治，理由是：①在生理和病理上，植物与动物不同，植物没有中枢神经系统、血液循环系统、淋巴系统及免疫系统，组织再生能力极弱，染病造成组织病变和器官损失后，不能修复。

②在技术上，许多病害没有早期诊断的方法，一旦症状出现，则病入膏肓，治疗也未见其效。③在经济上，治疗成本较高，难于采用。植物病虫害防治的对象，指群体而非个体，植物个体价值有限，单株治疗无明显意义。

由此可见，在相当长时期内以“预防为主”作为基本原则仍不可动摇，即使今后治疗技术有了新的突破，采用时仍当是“治个体，保群体”“治点保面”，在战略上，还是以“预防为主”，要求前一期采取的防治措施能为后期的病虫害防治打下良好基础，真正兼顾当前和未来，做到防患于未然。

**(2)综合防治**

从“改治并举”、各种防治措施的简单协调控制蝗害，到有害生物综合治理，再到生态治理、公共植保和绿色植保，“综合防治”的内涵和要求得到不断改进和完善并强调了以下原则。

①生态学原则。病虫害防治以生态学原理为依据，从农业生态系统的整体考虑，维护生态平衡并使其向有利于人类的方向发展。生态学原则包含物质循环再生原则，协调共生、和谐高效原则，相生相克、协同进化原则，物种的抗逆性原则和系统的自调控原则5个方面的内容。要求在制订病虫害防治策略时综合考虑系统的循环与发展、系统内部和外部的能量和条件、系统的自然机理、系统内物种的抗性和系统自我调节等方面因素，将病虫害作为生态系统作用和结构的一部分，如维护生物多样性和保存天敌等，增强自然控制因子的控害作用，最大程度减少对生态环境的污染等，全面考虑生态平衡、社会安全、经济利益及防治效果，提出最合理及最有益的治理措施，进行整体措施的综合协调，以求获得最优的控制效果。

②经济学原则。病虫害防治本身是一项经济管理活动，病虫害防治的经济学原则是指在经济学边际分析原理的指导下进行病虫害防治，使防治挽回收益大于或等于治理费用的原则。病虫害防治的经济学原则强调合理把握防治成本与防治效益之间的关系，防治的目的不在于消灭病虫害，而是要求控制病虫害种群数量在足以造成农作物经济损害水平之下。制订一个科学的经济阈值或防治指标作为防治决策的依据，很大程度上就是从经济效益的观点考虑的。

③客观和效益原则。在病虫害防治中，要考虑不同地区的地理环境等客观因素，因地制宜采取合理的防治策略，兼顾可实施性和可操作性，以免造成不必要的影响，要减少防治成本的投入，以最少的投入达到防治效果的最优化，同时避免污染环境和打破生态平衡，协调运用各种防治方法，实现协调防治的整体效果和经济收益最优的可持续发展。

④社会学原则。农业生态系统本身就是一个开放的系统，对系统的输入和输出均对其结构和功能产生效应，它与社会密不可分。可持续发展的环境保护观点不仅具有生态和经济特性，还具有鲜明的社会特性。有害生物综合防治措施的制订和实施及技术管理体系的建立和完善，一方面受社会因素的制约，另一方面对社会产生反馈效应。例如，农事操作制度和技术的变革、化学农药生产的规范、技术体系的管理与决策等都能对有害生物综合防治产生直接的社会效应。

### 11.1.3 病虫害防治原理

植物病虫害防治是一项系统性工程，包括病因分析、防治策略的选择以及采取有效防治措施等过程，其原理则是指人们在长期的病虫害防治实践中总结的具有共性和普遍指导意义的病虫害防治基本规律，是指导病虫害防治的理论基础和重要依据。从逻辑上对病虫害防治工作进行解剖，得到病虫害防治原理的逻辑层次，即“是什么”“为什么”“做什么”“怎么做”，构成了病虫害防治原理的内容体系，包括概念、原因、内容与方法、实施程序等内容(表 11-1)。在病虫害防治过程中，应严格依据病虫害防治原理指导实践工作，科学精准分析病情、虫情，根据防治目标确定采取有效的病虫害防治措施。

**表 11-1　植物病虫害防治原理的逻辑层次与内容构成**

| 逻辑层次 | 植物病虫害防治原理的内容构成 |
|---|---|
| 是什么？<br>(概念) | 植物病虫害的概念；<br>植物病虫害的分类 |
| 为什么？<br>(原因) | 植物病虫害造成的经济损失、生态环境危害和社会影响；<br>植物病虫害发生原因；<br>植物病虫害发生规律 |
| 做什么？<br>(内容与方法) | 植物病虫害防治理念(策略)和原则；<br>植物病害防治途径，植物虫害防治途径；<br>植物病虫害防治措施 |
| 怎么做？<br>(实施程序) | 植物病虫害防治实施程序(病虫害调查、监测预测、防治策略和方法的确定、防治作业施工设计及组织实施、防效评价) |

注：引自关继东，2012。

## 11.1.4　病虫害防治方法

从病理学角度讲，植物病虫害防治可以采取 3 条途径：消灭或抑制病原、虫源；提高寄主的抗性；调节环境条件，使之有利于寄主而不利于病原和害虫生存。在实施上，可采用不同的防治方法。

**(1)植物检疫**

植物检疫又称为法规防治，是指通过采取法律法规手段，禁止或延缓有害生物(危险性病、虫、草、鼠害)在国家间或国内地区间人为传播，或对已发生及传入的危险性有害生物采取有效措施消灭或控制蔓延，以保护农业生产的安全。植物检疫与其他防治技术具有明显不同，其基本属性是强制性和预防性。植物检疫着眼于全局的长远利益，是一项根本性的预防措施，具有宏观的战略意义。植物检疫主要措施有：禁止进境；限制出境；调运检疫；产地检疫；国外引种检疫；旅客携带物、邮寄和托运物检疫；紧急防治。

**(2)选育和利用抗病品种**

利用作物对病虫的抗性来进行病虫害防治是最直接、最有效、最经济的防治手段。这一策略已在现代农业生产中大量运用。但在实际生产过程中，病虫害与寄主作物协同进化，不断出现新的抗性生理小种。丰富的农业植物种质资源为育种学家和植物病理学家提供了新的思路：一是选育水平抗性品种、抗(耐)病虫品种、多系品种和聚合育种等；二是进行抗性品种的合理利用，如品种合理布局、品种轮换等。

**(3) 加强农业栽培管理**

适宜得当的农业栽培管理措施能在一定程度上防治病虫害，措施包括：选用健康种苗和无性繁殖材料、耕作栽培。其中，耕作栽培包括：搞好田园卫生；合理选择播种期，例如，棉花、水稻喜温，早播易感染立枯病(棉花)或烂秧(水稻)，玉米晚播易感染玉米矮花叶病毒病(MDMV)；加强水肥管理，合理排灌，如涝干晒田法；实行轮作、间作、套种等栽培模式；利用功能植物，构建适宜的景观格局。

**(4) 物理防治**

物理防治是指利用物理方法来防治植物病虫害。物理防治的措施简单实用、易操作、见效快、经济性好，可广泛应用于病虫害防治中。物理防治措施包括：筛选(汰除)，如风选、筛选和水选；热处理，如温汤浸种防治甘薯黑斑病、棉花枯、黄萎病菌、小麦散黑穗病、水稻白叶枯病、各种害虫卵等；高温闷棚；土壤加温(电热或覆膜)；火焰焚烧；辐射处理，如利用 Co-60、$\gamma$ 射线等进行辐射处理。

**(5) 生物防治**

生物防治是指利用生物及其代谢产物来控制植物病虫害的方法。生物防治法不仅能改变生物种群的组分，而且能直接消灭病虫，对人、畜、植物安全，不杀伤天敌，不污染环境，不会引起病虫害的再次猖獗，也不会使病虫产生抗药性。其内容包括：利用微生物防治；利用寄生性天敌防治；利用捕食性天敌防治。

**(6) 化学防治**

化学防治是指采用化学药剂来防治植物病虫害的方法。防治植物病虫害所用的化学药剂统称农药。化学防治作为一种重要的病虫害防治措施，具有见效快、防治效果好、使用方法简单、受季节限制较小、适合于大面积使用等优点，但也有明显的缺点，例如，长期对同一种病或虫使用相同类型的农药，易产生“3R”问题，即抗性(resistance)、再猖獗(resurgence)和残留(residue)。根据防治对象的不同，可将农药分为杀菌剂、杀虫剂、杀线虫剂和除草剂等。防治方法有：种子处理，如拌种、浸种、闷种等；土壤处理，如穴施、沟施、药土、注射等；植株处理，如喷雾、喷粉、熏蒸等。

## 11.2 农作物病虫害绿色防控

本节主要介绍农作物病虫害绿色防控的定义、应用进展，以及病虫测报在绿色防控中的地位和作用。

### 11.2.1 定义

农作物病虫害绿色防控是指采取生态调控、农业防治、生物防治、理化诱控和科学用药等技术和方法，将病虫害危害损失控制在允许水平，并实现农产品质量安全的植物保护措施(朱恩林，2019)。实施病虫害绿色防控，是贯彻“预防为主、综合防治”植保方针，实施绿色植保战略，推进农药使用减量化，促进农业绿色发展，促进质量兴农、绿色兴农、品牌强农的重要举措。

2011 年 5 月，农业部办公厅印发了《关于推进农作物病虫害绿色防控的意见》。该意见阐明了推进农作物病虫害绿色防控对保障农业生产安全和农产品质量安全的意义，提出了推进农作物病虫害绿色防控的指导思想、主要原则、目标任务和主推技术，制定了推进农作物病虫害绿色防控的对策措施，标志着我国开启了农作物病虫害绿色防控的新时代。

2019 年 1 月，农业农村部种植业管理司制定印发了《农作物病虫害绿色防控评价指标及统计方法(试行)》，对农作物病虫害绿色防控评价工作进行了规范。

2019 年 2 月，农业农村部会同国家发展和改革委员会、科技部、财政部、商务部、国家市场监督管理总局以及国家粮食和物资储备局七部门共同研究编制并印发了《国家质量兴农战略规划(2018—2022 年)》，提出实施绿色防控替代化学防治行动，建设 300 个绿色防控示范县，主要农作物病虫害绿色防控覆盖率达 50%以上的要求。

### 11.2.2 应用进展

近年来，在农业农村部种植业管理司和全国农技中心的大力推动下，我国逐渐探索理清了绿色防控的理念、思路和主推技术，规范了农作物病虫害绿色防控评价工作；组织开展绿色防控试验和示范，建立了包含新技术试验区、关键技术展示区和集成模式示范区的绿色防控示范区；组织实施绿色防控示范县创建活动，推进农药减量增效，化学农药用量平均减少 30%以上；开展大量绿色防控培训宣传活动，促进了绿色防控技术的推广应用，扩大了绿色防控的社会影响。在各级政府和科研、教学、生产、推广等多部门的协同攻关、共同努力下，病虫害绿色防控工作取得明显进展。

**(1)研发推广了一批绿色防控产品和技术**

绿色防控技术和产品可为实施农作物病虫害绿色防控提供重要的技术支撑和物资保障。总体来讲，研发推广的绿色防控技术与产品主要有五大类。

①生态调控。重点推广了农田生态工程、果园生草覆盖、作物间套种、天敌诱集带等生物多样性调控与自然天敌保护利用等技术，改造病虫害发生源头及孳生环境，人为增强自然控害能力和作物抗病虫能力。例如，稻田周边种植显花植物等保护利用天敌(吕仲贤等，2019)，对蝗虫孳生区进行生态改造，垦荒种植粮食、棉花、果树等，对小麦条锈病菌源区实施退麦改种，调整作物种植结构，采取适期晚播等措施，通过切断病虫孳生和传播链条，减轻病虫害的发生。

②农业防治。重点推广了选用抗病虫品种、优化作物生产布局、培育健康种苗、改善水肥管理等健康栽培措施，以及保护地(温室)土壤消毒技术，如太阳能消毒法，即利用太阳热能和设施的密闭环境，提高设施的环境温度，处理、杀灭土壤中的病菌和害虫，并促进土壤微量元素的氧化水解复原，满足作物生长发育需要；推广了施用碳酸氢铵闷棚灭虫消毒法，即利用设施的密闭性，在较高温度条件下促进碳酸氢铵挥发出高浓度氨气、快速灭杀残茬作物和寄生的有害生物；推广了保护地闷棚防治病虫害技术，利用设施栽培便于调节小气候的特点，以开、关棚简单的操作管理，提高或降低温湿度，营造不适宜有害生物生长发育的短期环境条件；推广了“日晒高温覆膜法”防治韭蛆新技术，在夏季韭菜收割后，在晴热天利用地膜覆盖地表，促进地温升高达到 42℃左右，维持 4~6 h，不仅实现了不用农药防治韭蛆等重大病虫害，还能促进韭菜根部生长，具有既提质增效、又绿色环保

的特点(史彩华，2017；白丽，2021)。同时，还推广了轮作倒茬、冬季灌水灭蛹等传统的农业防治措施，在一定程度上减轻了小麦纹枯病、全蚀病等土传病害的发生，有效降低了二化螟越冬基数，减轻了翌年发生程度。

③生物防治。重点推广了以虫治虫、以螨治螨、以菌治虫、以菌治菌等生物防治关键技术，加大了赤眼蜂、捕食螨、绿僵菌、白僵菌、微孢子虫、苏云金杆菌(Bt)、蜡质芽孢杆菌、枯草芽孢杆菌、核型多角体病毒(NPV)、牧鸡牧鸭、稻鸭共育等成熟产品和技术的示范推广力度，积极开发植物源农药、农用抗生素、植物诱抗剂等生物生化制剂应用技术(雷仲仁等，2016；陈学新等，2017)。如利用赤眼蜂防治玉米螟、稻螟，赤眼蜂防治水稻二化螟，捕食螨防治柑橘害螨，应用枯草芽孢杆菌、木霉菌、农用抗生素防治各种病害，利用广聚萤叶甲控制草害等都取得了较大进展。

④理化诱控。重点推广了昆虫信息素(性引诱剂、聚集素等)、杀虫灯、诱虫板(黄板、蓝板、红黄板)防治蔬菜、果树和茶树等农作物害虫，积极开发和推广应用植物诱控、食饵诱杀、防虫网阻隔和银灰膜驱避害虫等理化诱控技术。如利用昆虫性信息素配合诱捕器诱杀水稻二化螟、棉铃虫成虫，利用迷向剂防治梨小食心虫，利用食诱剂诱杀玉米穗期害虫都取得很大进展(魏建华等，2016；刘传宝等，2018)。

⑤科学用药。重点推广了高效、低毒、低残留、环境友好型农药，优化集成农药的轮换使用、交替使用、精准使用和安全使用等配套技术，通过加强农药抗药性监测与治理，普及规范使用农药的知识，严格遵守农药安全使用间隔期；通过合理使用农药，最大程度降低农药使用造成的负面影响(张帅等，2011)。例如，加大了免疫诱抗技术应用，利用寡糖植物免疫诱抗剂、几丁质和壳聚糖、蛋白质植物免疫诱抗剂、激活蛋白制剂，诱导植物产生抗性，提高抗病抗逆能力，提高作物产量和品质。加大了植物源农药的推广应用，推广印楝素防治甘蓝小菜蛾、斜纹夜蛾，茶树茶小绿叶蝉，韭菜韭蛆；推广苦参碱防治黄瓜花叶病毒、烟草花叶病毒等多种病毒病，防治梨黑星病、黄瓜霜霉病等多种真菌病害，防治茶小绿叶蝉、茶毛虫、烟草烟青虫等害虫。

**(2)集成推广了一批绿色防控技术模式**

各地以农业生态区域为单元，以农作物生长全程为主线，因地制宜，集成了 150 多套成熟的绿色防控技术模式。例如，南方稻区集成了“统一翻耕+深水灭蛹+灯诱、性诱+适时搁田+统防统治+高效低毒农药”防控模式；东北春玉米区集成了“秸秆粉碎还田+白僵菌封垛+灯诱、性诱诱杀成虫+释放赤眼蜂+生物农药”防控模式；果菜茶优势区集成了“灯诱、色诱、性诱、食诱+生物防治+高效低毒农药”的防控模式；在东亚飞蝗孳生区基本形成了以绿僵菌和微孢子虫为主的绿色防控技术模式(杨普云等，2012)。这些模式技术成熟，经济实用，可复制、可推广，为大范围实施绿色防控提供了技术支撑。

**(3)建立建成了一批绿色防控应用基地**

在各级农业农村部门的指导支持下，各地以统防统治与绿色防控融合示范、果菜茶全程绿色防控试点、蜜蜂授粉与绿色防控集成示范以及绿色防控示范县创建等项目为抓手，大力开展绿色防控示范区建设，加快绿色防控技术推广应用步伐。截至 2020 年年底，全国共创建各类绿色防控应用示范区 11 000 多个、年核心示范面积超过 $366.67\times10^4$ $hm^2$，带动绿色防控推广应用面积近 $6666.67\times10^4$ $hm^2$，年减少农药使用量 9000 t 以上，全国主要农作物病虫害绿色防控覆盖率达 41.50%，比 2006 年提高 27.98%，绿色防控已经成为各地推动农业绿色发展的核心技术和主要抓手(张帅等，2011)。

**(4) 支持培育了一批绿色防控产品企业**

通过政府政策支持、项目带动，我国在害虫理化诱控(性诱、灯诱、色诱、食诱)、生物防治(天敌繁育、生物农药)等方面培育了一大批绿色防控产品生产企业，生产能力明显提升，为推进绿色防控提供了物质条件。例如，在害虫理化诱控方面，河南佳多科工贸有限公司从 1986 年开始，30 多年专注农业害虫灯光诱杀技术的研发应用，推广了多个代次的害虫频振式杀虫灯(胡成志等，2008)，带动浙江托普云农、北京依科曼、广州瑞丰、湖南本业、常州金禾、成都比昂等一批企业从事理化诱控产品的研发应用，促进了害虫灯光诱杀技术发展。在害虫信息素应用方面，以宁波纽康生物技术公司为代表，系统研究解决了害虫性诱剂应用的信息素组分分析、提纯及合成关键技术，稳定均匀释放技术，差别化的高效干式诱捕器和大面积田间应用技术，突破了该技术大面积推广应用的技术瓶颈(刘万才等，2018)，推动了北京中捷四方、深圳百乐宝、常州宁录、南京中绿一批企业开展害虫性诱剂及性信息素开发应用。另外，在天敌繁育释放和生物农药应用方面，也培育了北京阔野田园、广西合一、武汉科诺、重庆聚立信等一批生防天敌企业，促进了生物防治技术的应用。

**(5) 取得了显著的经济、生态和社会效益**

推进农作物病虫害绿色防控，对于保障农业生产安全、农产品质量安全和生态环境安全发挥了极其重要的作用。一是实现重大病虫害可持续治理。如黄淮海东亚飞蝗孳生区，通过连续多年采取生态控制和生物防治等绿色防控措施，较好地压低了种群基数，过去“3 年一小发、5 年一暴发”局面得到了彻底转变，已连续 10 多年未发生较大面积蝗虫灾害，经济、生态和社会效益均十分显著。二是促进了农药使用减量化。通过各地多年试验示范和大面积验证应用，应用绿色防控技术，大田作物每季可减少用药 1~2 次，园艺作物每季减少用药 3~4 次，减少化学农药用量 20%~30%，农田生态环境得到改善，天敌种群数量明显增加(马杰等，2018)。三是提高了农产品质量安全水平。各地检测结果表明，严格实施农作物病虫害绿色防控的区域，有效防范了“毒豇豆”“毒韭菜”事件的发生，农产品农残合格率明显提升，抽检样品合格率达 100%，显著提升了农产品质量安全水平。

### 11.2.3　病虫测报在绿色防控中的地位和作用

病虫测报是植物保护工作的重要基础，是制订病害防治措施的基础和前提。1975 年，第一次全国植物保护工作会议确立了“预防为主、综合防治”的植保工作方针，明确了病虫害监测预警在植保工作中的基础地位。只有做好病虫监测预警工作，才有可能在病虫害发生的更早阶段做出反应，精准锁定防控范围，此时，病虫害发生的严重程度较轻，可为绿色防控争取可实施的时间，从而减少化学农药的使用量，提高防治效率。病虫测报是实现绿色防控的重要手段，提高病虫测报的及时性与精准性是实施绿色防控的先决条件。

# 11.3 病虫测报在绿色防控中的应用

## 11.3.1 小麦条锈病早期监测预警与绿色防控

小麦条锈病是我国常年发生的重大生物灾害，具有发生范围广、流行性强、危害严重等特点，是影响我国小麦高产、稳产的重要因素之一。病害的早期检测和流行的监测预警是制订防治策略的基础和前提，长期以来，主要依靠技术人员在病害发生后开展田间调查实现对病害的监测和预警。近年来，随着分子生物学技术和信息技术的发展，使对病害的早期监测成为可能，为该病准确及时测报和可持续综合治理提供了技术支撑。

**(1)小麦条锈病中长期发生趋势异地测报技术**

我国小麦条锈病发生流行的主要区域可划分为越夏易变区(即秋季菌源基地)、冬季繁殖区(即春季菌源基地)和春季流行区三大区域。在秋季菌源基地，条锈菌既可越夏也可越冬，是我国东部广大麦区秋苗发病的菌源基地。根据条锈病秋季菌源基地对全国病害发生水平的影响，基于专家经验研发了病害发生趋势异地测报技术(表 11-2)。根据秋季核心接种源区的接种量、小麦品种分布和预测的气候条件，可以粗略估计全国小麦条锈病的流行程度和发生面积。利用该技术预测 2002—2013 年间病害发生趋势，预测结果与实际吻合率接近 100%(陈万权等，2013)。

**表 11-2 中国小麦条锈病中长期发生趋势异地测报技术指标**

| 核心菌源区秋季菌源量 | | 全国小麦条锈病发生程度 | |
|---|---|---|---|
| 病田率(%) | 病叶率(%) | 流行程度 | 发病面积($\times10^6 hm^2$) |
| >90.0 | >5.0 | 大流行 | >4.0 |
| 70.0~90.0 | 2.0~5.0 | 中度偏重流行 | 2.7~4.0 |
| 40.0~69.0 | 0.5~1.9 | 中度偏轻流行 | 1.3~2.7 |
| <40.0 | <0.5 | 轻度流行或不流行 | <1.3 |

**(2)小麦条锈病田间早期分子检测技术**

根据小麦条锈菌的*β-tubulin* 基因序列设计了对该病原具有种特异性的引物 betaf/betar，通过 real-time PCR 可定量检测小麦叶片组织内条锈菌 DNA 的量，在接种后 12 h 即可检测到潜伏的病菌(潘娟娟，2010；Yan et al.，2012)。通过设计特异性探针，建立了基于探针法的小麦条锈菌潜伏侵染双重 real-time PCR 定量检测体系(潘阳，2016)。提出分子病情指数(MDI)的概念，并研发了计算公式：叶片中条锈菌 DNA 的量(pg)与小麦 DNA 的量(ng)的比值。查明 MDI 与实际病情指数(DI)的定量关系，建立病情分子预测模型，并将该方法在室内、田间和区域 3 个不同层次上进行应用，实现了病害潜育阶段的早检测、早发现和早防治。

$$MDX=\frac{DNA_{Pst}}{DNA_{Wt}}\times100 \tag{11-1}$$

式中，MDX 为分子病情指数；$DNA_{Pst}$为条锈病菌 DNA 量；$DNA_{Wt}$为小麦叶片的 DNA 总量。

**(3) 空气中小麦条锈菌病原孢子监测技术**

空气中病原体的浓度是疾病和流行病发生的最重要条件之一，研究表明，空气中条锈菌夏孢子数量与条锈病严重程度间存在显著相关性(Gu et al.，2018)，应用孢子捕捉器和qPCR 技术可实现对空气中条锈菌夏孢子的定量动态监测，提供有助于准确有效地控制疾病的信息。

**(4) 基于气象因素的病害预测模型**

适宜的天气条件有利于病害流行，温度和湿度与病害发展的关系被认为是大多数当代植物病害预测系统的核心。基于病害严重程度与气象因素的相关性，在不同的空间尺度上建立了许多病害预测模型(Hu et al.，2020；张旭东等，2003；熊增海等，2011)。一般来说，在不同的病害流行区内，应建立不同的气象预测模型。

**(5) 多平台遥感监测技术**

在单叶、冠层、热气球、无人机、卫星等不同平台层次开展了遥感监测研究，通过分析各个层次的小麦条锈病特征光谱，发现蓝边(460～510 nm)和红边(650～695 nm)、(925～1075 nm) 3 个波长范围为小麦条锈病遥感监测特征光谱区段，据此构建了近地(2 m)、高空(50 m)和卫星(350～1500 km)遥感监测模型。根据航空航天遥感图像数据资料，利用支持向量机提取光谱特征信息，借助 GPS 精确定位，综合利用 ASD 手持野外光谱仪获得的近地高光谱数据和条锈病病情调查数据，可实现多时相和多平台的小麦条锈病遥感监测。

**(6) 植物病害远程诊断和监测预警系统**

将物联网、人工智能(AI)等现代信息技术引入小麦条锈病监测预警，利用互联网技术开发了病害远程诊断和监测预警系统，实现了病害发生实况的远程实时传输和专家远程诊断，使农户足不出户即可得到植保专家的远程病害诊断和防治指导。开发的农作物病虫害自动识别的手机 App——“植保家”，实现了植物病虫害自动拍照识别，同时为用户推介防治方法，为农民提供植保相关专业知识，使用户有针对性地用药和科学用药，减少农药错用滥用现象的发生。上线不到 1 年就有近 10 万用户，解决了长期困扰农业生产的一线农技人员和广大农民“求医问药难”的现实问题，实现了小麦条锈病远程诊断、咨询和防控指导。

**(7) 监测队伍**

除先进的监测设备外，健全的监测队伍也是重大病虫害监测预警体系的重要保障，截至 2018 年，全国共有 31 个省(自治区、直辖市)、330 多个市(地区、州、盟)、2500 多个县建立了承担病虫监测预警的植保机构，形成省、市、县、乡和村的测报网，全国共有植保人员逾 4.9 万人(图 11-1)。实行重大病虫情当天即报和周报制度，不得迟报、漏报和瞒报，争取做到早发现、早预警、早防控。

结合以上监测手段，构建了小麦条锈病早期监测预警体系，在冬季繁殖区，依据晚秋和早春系统监测的病害发生发展动态，按照“早治控小”“带药侦查”原则，采取“发现一点、控制一片，发现一片、控制全田”的防治策略，防止病害扩散蔓延；在春季流行区，实施达标防治，在小麦拔节期明显见病或孕穗至抽穗期病叶率达到 5%时进行统防统治。小麦条锈病早期监测预警体系的构建为小麦条锈病绿色防控提供了重要依据，减少了化学农药使用量，提高了防治效率。

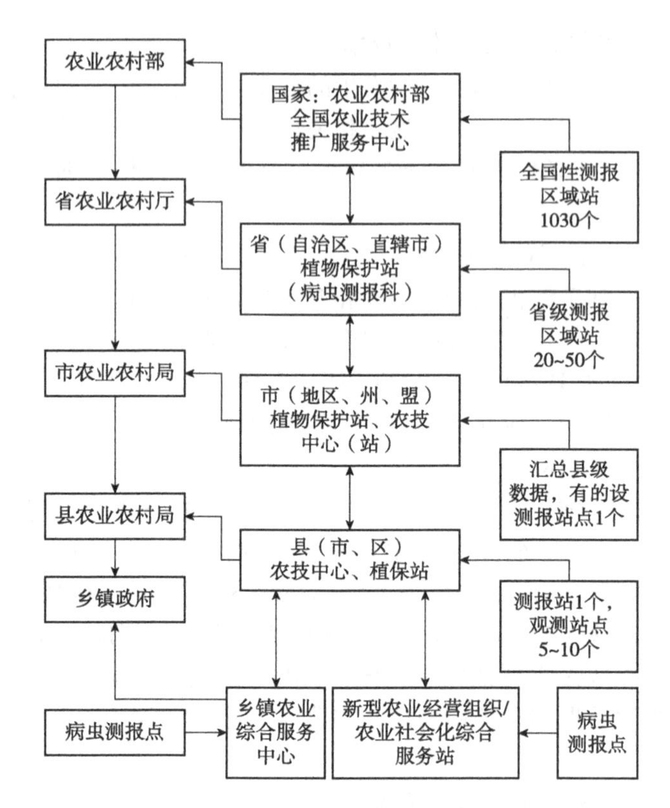


**图 11-1 全国农作物病虫监测预警体系架构**

（刘万才等，2020）

## 11.3.2 迁飞性害虫异地监测预警与绿色防控

采用有效的监测手段和技术进行长期系统的监测，是迁飞性害虫灾变预警的首要条件。传统的测报方法包括根据越冬区划开展越冬调查、灯光诱集，以及利用飞机、风筝、高山网等取样手段对空中目标取样等。随着现代信息技术的发展，分子遗传标记、雷达监测和轨迹分析被应用于迁飞性害虫监测预警，使远距离大范围迁飞昆虫监测成为可能（Chapman，2000；翟保平，1999，2001；Chapman et al.，2011）。

**(1)雷达监测技术**

对空中昆虫开展持续的雷达监测可为迁飞性害虫监测预警提供重要信息，其中，垂直监测昆虫雷达，可实现长期全自动运行和监测结果的实时分析(Smith et al.，1996；翟保平，2001)。例如，在北京延庆建立的昆虫雷达监测试验基地，每年监测从 4 月开始，持续监测逾 140 d，主要负责监测黏虫、草地螟、草地贪夜蛾等常见的十几种迁飞性害虫。通过雷达监测，获得并统计分析回波点的数量，同时，再辅助高空测报灯、无人机等设备监测结果，可对昆虫种类、数量和迁飞方向等做出判断。

**(2)轨迹分析技术**

目前，轨迹分析技术已成为研究迁飞性害虫的一种重要手段，在害虫预测预报中发挥着重要作用。当前，国内在分析迁飞性害虫的轨迹时，应用最多的是大气轨迹分析及扩散模型 HYSPLIT(hybird single-particle lagrangian integrated trajectory)。HYSPLIT 模型可以使用多种同化模式输出的分析场资料以及数值天气预测模式生产的预报场资料，如 MM5(mesoscale and microscale model，由 NOAA 开发制作)、WRF(weather research&forecasting model)等。目前，该模型已被应用于多种迁飞性害虫的轨迹分析，如稻飞虱、草地螟、稻纵卷叶螟、黏虫等。

**(3) 虫情测报灯**

虫情测报灯是一种简易、实用的新型测报工具，可为全国各个乡、村设立的监测点提供更及时、准确的虫情测报服务。该灯利用光电技术实现自动诱虫、杀虫、分装等功能。可配备风速风向、温湿度、光照等多种传感器接口，在需要时监测环境参数，并可通过 GPRS 上传数据，为虫情的可视化、在线实时监测提供支持。

**(4) 监测站点建设**

从 1989 年开始，全国农业技术推广服务中心组织各省级植保机构共同研究决定，在全国实施农作物病虫测报区域站建设项目；1998 年起，国家发展和改革委员会、农业部正式实施全国植物保护工程建设项目。针对重大迁飞性害虫发生区划，在其发生源头区和重发区等地点，建立了全国和省级农作物病虫害监测预警区域站，每个区域站点承担明确的监测对象监测任务，严格规范记录调查时间、内容和方法等，便于数据统计分析。截至 2019 年，共有全国性水稻重大病虫害监测预警区域站 453 个，主要承担稻飞虱、稻纵卷叶螟、稻螟虫、稻瘟病、稻纹枯病、水稻病毒病等全国性重大病虫害的系统调查监测(刘万才等，2020)。监测站点的建设大大提高了迁飞性害虫监测普查覆盖面、代表性及监测预报的时效性。

结合不同监测结果，通过专家分析会商，科学研判迁飞性害虫发生发展动态，分析迁飞性害虫的迁飞路线、害虫数量及其对农业生产的影响，可在危害尚未发生或发生早期制订防控策略，优先采用物理防控、昆虫信息素诱杀、生物防治等绿色防控措施，降低虫口基数，根据预测预报和田间发生实际，推行达标使用化学农药应急控害。

## 11.3.3　马铃薯晚疫病精准预测与绿色防控

由致病疫霉引起的马铃薯晚疫病，是马铃薯生产上最重要的病害，也是所有粮食作物中引起损失最大的病害。马铃薯晚疫病是一种典型的气候型流行性病害，很多国家都建立了基于气象数据的马铃薯晚疫病预测预报模型，减少了马铃薯晚疫病的发生危害和农药的使用。

**(1) 马铃薯晚疫病调查监测**

我国自 2008 年开始在全国范围内开展对马铃薯晚疫病的系统监测，逐步制定了马铃薯晚疫病田间调查及测报技术行业规范，通过定期开展系统性调查和大田普查，获得田间病情一手数据，及时发布防治预警信息。同时，通过田间马铃薯晚疫病病原菌群体结构、抗药性和品种抗性监测，及时明确了病原群体结构和品种抗性等信息，根据各地病害流行特点，校正了马铃薯晚疫病监测预警模型的适用性。

**(2) 马铃薯晚疫病监测预警系统**

近年来，国内外许多学者提出了马铃薯晚疫病监测预警模型，如我国学者研制的

MISP 模型及相应的预警系统(胡同乐等，2010)，以及在我国推广比较成功的比利时 CARCH 模型(谢开云等，2001)。2001 年，谢开云等引入比利时 CARAH 模型，该模型的原理是基于病原菌和寄主都存在的条件下，利用气象因子包括湿度和温度等，按照一定的运算规则，判定马铃薯晚疫病菌致病疫霉能否侵染以及侵染的严重程度，据此采取防治措施。

在一定温度和一段时间的持续湿润下，病原孢子开始侵染，按照模型规定，病原菌入侵后，按照日平均温度进行积分，绘制马铃薯晚疫病侵染曲线，当 Conce 分值达到 7 分时，认为完成一次侵染，当第 3 代第 1 次侵染湿润期形成后，预测感病品种将出现发病中心。该模型引入我国后，在重庆、贵州、宁夏、内蒙古和甘肃等地得到推广应用，预测结果比较符合我国马铃薯晚疫病流行规律，西南产区经过多年试验和摸索，已初步形成适合当地的防控策略(黄冲等，2017)(表 11-3)。

**表 11-3　CARAH 模型指导下的马铃薯晚疫病防控策略**

| 品种类型 | 生育期 | 施药时间 | 喷施药剂 |
|---|---|---|---|
| 高感品种 | 出苗始见期 30 d 内 | 3 代 1 次及以后各代 1 次 | 喷施保护性杀菌剂 |
| | 出苗 30 d 后至收获期 | 侵染 Conce 分值达 3~7 分时 | 喷施治疗性杀菌剂 |
| 中感品种 | 苗期至现蕾期 | 3 代 1 次及以后各代 1 次 | 喷施保护性杀菌剂 |
| | 花期至收获期 | 侵染 Conce 分值达 3~7 分时 | 喷施治疗性杀菌剂 |

注：引自黄冲等，2017。

该模型后又经我国研究人员进行本地化、数字化和网络化改进，建立了基于 WebGIS 的马铃薯晚疫病实时监测预警物联网，搭建了监测预警系统平台，该平台通过田间布置的小气候监测站自动采集田间温度、湿度和降水等数据，并借助天气预报数据，分析当日或未来 3 d 马铃薯晚疫病菌的侵染状况，结果可在 GIS 上进行显示，并将预警及防治决策信息通过短信或 E-mail 发至用户(黄冲等，2015)。

**(3)加强检疫，防止高致病性基因型传入和扩散**

2004 年以来，欧洲和亚洲的印度等国家马铃薯产区相继发现马铃薯晚疫病菌新基因型 13-A2(Blue 13)，该基因型对环境适应性更强，潜育期更短、侵染力更强，且对马铃薯晚疫病防治主要药剂苯基酰胺类杀菌具有抗性，防控难度较大，因此，加强马铃薯检疫工作，防止高致病基因型 13-A2 的传入和扩散对马铃薯晚疫病防控具有重要意义。

我国马铃薯晚疫病监测预警平台的推广和应用大大提高了用药的针对性，较少了农药的使用量，提高了病害防治效果，为病害绿色防控提供了重要的技术支撑。

## 复习思考题

1. 简述植物病虫害防治的原则。
2. 植物病虫害防治的方法有哪些？
3. 什么是植物病虫害绿色防控？
4. 病虫测报在绿色防控中具有怎样的地位和作用？

# 参考文献


白丽，史彩华，王俊琴，等，2021. 日晒高温覆膜法技术经济效果评价[J]. 中国蔬菜(6)：11-16.

蔡晓明，李兆群，潘洪生，等，2018. 植食性害虫食诱剂的研究与应用[J]. 中国生物防治学报，34(1)：8-35.

陈万权，康振生，马占鸿，等，2013. 中国小麦条锈病综合治理理论与实践[J]. 中国农业科学，46(20)：4254-4262.

陈学新，冯明光，娄永根，等，2017. 农业害虫生物防治基础研究进展与展望[J]. 中国科学基金，31(6)：577-585.

程登发，封洪强，吴孔明，2005. 扫描昆虫雷达与昆虫迁飞监测[M]. 北京：科学出版社.

程登发，吴孔明，田喆，等，2004. 扫描昆虫雷达实时数据采集、分析系统[J]. 植物保护(2)：41-46.

程登发，张云慧，陈林，等，2014. 农作物重大生物灾害监测与预警技术[M]. 重庆：重庆出版社.

崔建潮，周如军，傅俊范，等，2016. 花生褐斑病和网斑病田间混发流行过程及其产量损失研究[J]. 植物病理学报，46(2)：265-272.

戴小枫，1992. 病虫害防治指标研究的进展[J]. 中国农学通报，8(2)：18-22.

丁克坚，檀根甲，季伯衡，等，1992. 水稻纹枯病为害损失及影响因素的研究[J]. 安徽农学院学报，19(2)：144-149.

丁岩钦，1981. 昆虫种群数学生态学原理与应用[M]. 北京：科学出版社.

丁岩钦，1983. 昆虫种群空间分布型的计算及其应用[J]. 病虫测报(1)：51-57.

范小建，2006. 在全国植物保护工作会议上的讲话[J]. 中国植保导刊，26(6)：5-13.

高灵旺，陈继光，于新文，等，2006. 农业病虫害预测预报专家系统平台的开发[J]. 农业工程学报，22(11)：154-158.

关继东，2012. 浅谈植物病虫害防治原理的内容体系[J]. 中国森林病虫，31(4)：18-20.

管纪文，1985. 专家系统的研制[J]. 机器人(6)：3-10.

郭芳芳，2019. 我国稻瘟病流行时空分析与预测预报[D]. 北京：中国农业大学.

郝康陕，陈海新，万里，等，1993. 高粱长蝽卵的胚胎发育分级及其在测报上的应用[J]. 昆虫知识(1)：30-33.

洪传学，曾士迈，1990. 植物病害管理战略决策的一个量化模型[J]. 植物病理学报，20(4)：293-296.

胡成志，赵进春，郝红梅，2008. 杀虫灯在我国害虫防治中的应用进展[J]. 中国植保导刊，28(8)：11-13.

胡同乐，张玉新，王树桐，等，2010. 中国马铃薯晚疫病监测预警系统“China-blight”的组建及运行[J]. 植物保护，36(4)：108-113.

胡小平，户雪敏，马丽杰，等，2022. 作物病害监测预警研究进展[J]. 植物保护学报，49(1)：298-315.

黄冲，刘万才，姜玉英，等，2016. 农作物重大病虫害数字化监测预警系统研究[J]. 中国农机化报，37(5)：196-199，205.

黄冲，刘万才，张斌，2017. 马铃薯晚疫病 CARAH 预警模型在我国的应用及评价[J]. 植物保护，43(4)：151-157.

黄冲，刘万才，张君，2015. 马铃薯晚疫病物联网实时监测预警系统平台开发及应用[J]. 中国植保导刊，35(12)：45-48，86-87.
黄文江，刘林毅，董莹莹，等，2018. 基于遥感技术的作物病虫害监测研究进展[J]. 农业工程技术，38(9)：39-45.
黄玉南，张绍铃，吴华清，2008. 频振式杀虫灯诱杀梨园害虫效果分析[J]. 中国果树 (3)：42-44.
翟保平，2010. 农作物病虫测报学的发展与展望[J]. 植物保护，36(4)：10-14.
姜玉英，刘杰，杨俊杰，等，2020. 2019 年草地贪夜蛾灯诱监测应用效果[J]. 植物保护，46(3)：118-122.
兰芳，2008. 频振式杀虫灯对蔬菜田害虫的控害效果[J]. 广西农学报，23(4)：34-35.
雷仲仁，吴圣勇，王海鸿，2016. 我国蔬菜害虫生物防治研究进展[J]. 植物保护，42(1)：1-6.
冷伟锋，马占鸿，2015. 小麦条锈病移动端监测平台的构建[J]. 中国植保导刊，35(5)：46-49，84.
李保华，徐向明，2004. 植物病害时空流行动态模拟模型的构建[J]. 植物病理学报，34(4)：369-375.
李林妤，李豪，赵怀志，等，2022. 草地贪夜蛾幼虫龄期的划分[J]. 山东农业科学，54(1)：126-130.
李振岐，曾士迈，2002. 中国小麦锈病[M]. 北京：中国农业出版社.
刘陈，景兴红，董钢，2011. 浅谈物联网的技术特点及其广泛应用[J]. 科学咨询(9)：86-86.
刘传宝，沈荣红，徐德坤，等，2018. 梨小食心虫在苹果园的监测及理化诱控试验[J]. 落叶果树，50(3)：20-22.
刘明辉，沈佐锐，高灵旺，等，2009. 基于 WebGIS 的农业病虫害预测预报专家系统[J]. 农业机械学报，40(7)：180-186.
刘树生，1986. 昆虫发育速率与温度的关系研究[J]. 科技通报(5)：25-7.
刘松林，1996. 植物保护统计手册[M]. 北京：农业出版社.
刘同海，黄斌博，李少昆，等，2012. 基于图像规则推理的玉米病虫草害诊断系统的设计[J]. 中国农业大学学报，17(4)：154-158.
刘万才，黄冲，2018. 我国农作物现代病虫测报建设进展[J]. 植物保护，44(5)：159-167.
刘万才，姜玉英，张跃进，等，2010. 我国农业有害生物监测预警 30 年发展成就[J]. 中国植保导刊，30(9)：35-39.
刘万才，陆明红，黄冲，等，2020. 水稻重大病虫害跨境跨区域监测预警体系的构建与应用[J]. 植物保护，46(1)：87-92，100.
刘向东，2013. 田间昆虫的取样调查技术[J]. 应用昆虫学报，50(3)：863-867.
刘兆雄，1993. 柑橘潜叶蛾发育起点温度和有效积温常数的测定与应用[J]. 昆虫知识(5)：275-278.
刘震，纪明妹，郭志顶，等，2022. 河北省农业害虫图像识别系统建设[J]. 湖北农业科学，61(7)：135-139，144.
马杰，王盛琦，胡同乐，等，2018. 苹果园病虫害绿色防控技术应用效果评价[J]. 河南农业科学，47(12)：90-95.
马连坤，董坤，朱锦惠，等，2019. 小麦蚕豆间作及氮肥调控对蚕豆赤斑病和锈病复合危害及产量损失的影响[J]. 植物营养与肥料学报，25(8)：1383-1392.
马占鸿，2019. 植物病害流行学[M]. 2 版. 北京：科学出版社.
门兴元，李丽莉，欧阳芳，等，2020. 害虫防治的生态经济阈值及其估算方法[J]. 应用昆虫学报，57(1)：214-217.
苗麟，郑建峰，程清泉，等，2011. 基于吸虫塔(Suction Trap)的蚜虫测报预警网络的构建[J]. 应用昆虫学报，48(6)：1874-1878.
潘娟娟，骆勇，黄冲，等，2010. 应用 real-time PCR 定量检测小麦条锈菌潜伏侵染量方法的建立[J]. 植物病理学报，40(5)：504-510.
潘阳，谷医林，骆勇，等，2016. 双重 real-time PCR 定量测定小麦条锈菌潜伏侵染方法的建立与应用[J]. 植物病理学报，46(4)：485-491.
羌烨，朱明华，2014. 绿盲蝽卵发育分级标准及其在测报中的应用[J]. 植物保护，40(1)：125-127.
强保华，2001. 以计算机为核心的信息技术在农业领域的应用前景[J]. 计算机与农业(2)：1-3.
乔格侠，秦启联，梁红斌，等，2011. 蚜虫新型预警网络的构建及其绿色防控技术研究[J]. 应用昆虫学报，48(6)：1596-1601.
邵刚，李志红，王维瑞，等，2006. 北京地区蔬菜病虫害远程诊治专家系统 VPRDES 的研究[J]. 植物保护(1)：51-54.
沈佐锐，于新文，2001. 温室白粉虱自动计数技术研究初报[J]. 生态学报，21(1)：94-99.
盛承发，1989. 害虫经济阈值的研究进展[J]. 昆虫学报，32(4)：492-500.
时培建，池本孝哉，戈峰，2011. 温度与昆虫生长发育关系模型的发展与应用[J]. 应用昆虫学报，48(5)：149-160.
史彩华，2017. “日晒高温覆膜法”在韭蛆防治中的应用[J]. 中国蔬菜(7)：90.
孙敏，罗卫红，冯万利，等，2014. 基于 Web 的设施蔬菜作物病害诊断与防治管理专家系统[J]. 南京农业大学学报，37(2)：7-14.
孙世民，丁健民，李永发，1998. 专家系统(ES)及其在农业上的应用[J]. 山东农业大学学报(2)：138-144.
田苗苗，夏亚运，蔡笃程，等，2019. 红颈常室茧蜂蛹发育的形态特征[J]. 环境昆虫学报，41(2)：295-301.
王博，林欣大，杜永均，2015. 蛾类性信息素生物合成途径及其调控[J]. 应用生态学报，26(10)：3235-3250.
王唯，1990. 特尔斐调查法[J]. 教育科学研究(4)：21-24，34.
魏建华，张建云，马冬梅，2016. 理化诱控集成技术综合防控棉田棉铃虫效果观察[J]. 中国植保导刊，36(2)：34-36.
吴泉源，刘江宁，1995. 人工智能与专家系统[M]. 长沙：国防科技大学出版社.
武守忠，高灵旺，施大钊，等，2007. 基于 PDA 的草原鼠害数据采集系统的开发[J]. 草地学报，15(6)：550-555.
夏冰，王建强，张跃进，等，2006. 中国农作物有害生物监控信息系统的建立与应用[J]. 中国植保导刊(12)：5-7.
夏敬源，2010. 公共植保、绿色植保发展与展望[J]. 中国植保导刊，30(1)：5-9.
项小东，翟蔚，黄言态，等，2021. 基于 Xception-CEMs 神经网络的植物病害识别[J]. 中国农机化学报，42(8)：177-186.
肖悦岩，1994. 应用特尔斐法进行病虫害超前期预测[J]. 植保技术与推广(2)：17-18.
肖悦岩，季伯衡，杨之为，等，1998. 植物病害流行与预测[M]. 北京：中国农业大学出版社.
肖悦岩，曾士迈，1986. 小麦条锈病病害流行空间动态电算模拟的初步探讨Ⅱ. 椭圆形传播[J]. 植物病理学报，16(1)：3-10.
肖悦岩，曾士迈，张万义，等，1983. SIMYR—小麦条锈病流行的简要模拟模型[J]. 植物病理学报，13(1)：1-13.
谢开云，车兴壁，DUCATILLON C，等，2001. 比利时马铃薯晚疫病预警系统及其在我国的应用[J]. 中国马铃薯，15(2)：67-71.
熊增海，刘丽，刘兵，等，2011. 小麦条锈病发生流行与气候条件的关系[J]. 青海大学学报(自然科学版)，29(4)：32-34.
徐瑞清，杨文丽，胡桂兰，等，2022. 农用杀虫灯在我国的研发及应用分析[J]. 中国农业文摘-农业工程，34(1)：68-70.
闫志刚，盛业华，左金霞，2001. 3S 技术及其在环境信息系统中的应用[J]. 测绘通报(增刊)：17-20.
杨普云，赵中华 . 2012. 农作物病虫害绿色防控技术指南[M]. 北京：中国农业出版社 .
杨现明，陆宴辉，梁革梅，2020. 昆虫趋光行为及灯光诱杀技术[J]. 照明工程学报，31(5)：22-31.
姚士桐，吴降星，郑永利，等，2011. 稻纵卷叶螟性信息素在其种群监测上的应用[J]. 昆虫学报，54(4)：490-494.
曾娟，刘万才，姜玉英，2011. 小麦重大病虫害数字化监测预警系统的建设与应用[J]. 中国植保导刊，31(7)：36-40.
曾娟，陆宴辉，刘明，等，2017. 棉花病虫草害调查诊断与决策支持系统开发与实现[J]. 中国植保导刊 37(5)：30-36.
曾士迈，1988. 小麦条锈病远程传播的定量分析[J]. 植物病理学报，18(4)：219-223.
曾士迈，张万义，肖悦岩，1981. 小麦条锈病的电算模拟研究初报——春季流行的一个简要模型[J]. 北京农业大学学报，7(3)：1-12.
翟保平，1999. 追踪天使——雷达昆虫学 30 年[J]. 昆虫学报，42(3)：315-326.
翟保平，2001. 昆虫雷达：从研究型到实用型[J]. 遥感学报，5(3)：231-240.
翟保平，2017. 从 IPM 到 EPM：水稻有害生物治理的中国路径[J]. 植物保护学报，44(6)：881-884.
张国安，赵惠燕，2012. 昆虫的生态学与害虫预测预报[M]. 北京：科学出版社 .
张竞成，袁琳，王纪华，等，2012. 作物病虫害遥感监测研究进展[J]. 农业工程学报，28(20)：1-11.
张胜男，李国平，田彩红，等，2021. 桃蛀螟卵巢发育过程及其与温度的关系[J]. 植物保护，47(5)：134-138.
张帅，邵振润，沈晋良，等，2011. 加强水稻主要病虫科学用药防控的原则和措施[J]. 农药，50(11)：855-857.
张孝羲，张跃进，2006. 农作物有害生物预测学[M]. 北京：中国农业出版社 .
张旭东，尹东，万信，等，2003. 气象条件对甘肃冬小麦条锈病流行的影响研究[J]. 中国农业气象(4)：26-28.
张玉萍，郭洁滨，马占鸿，2007. 小麦条锈病多时相冠层光谱与病情的相关性[J]. 植物保护学报，4(5)：507-510.
张云慧，杨建国，金晓华，等，2009. 探照灯诱虫带对迁飞草地螟的空中阻截作用[J]. 植物保护，35(6)：104-107.
张智，祁俊锋，张瑜，等，2021. 迁飞性害虫监测预警技术发展概况与应用展望[J]. 应用昆虫学报，58(3)：530-541.
张宗炳，曹骥，1990. 害虫防治：策略与方法[M]. 北京：科学出版社 .
赵美琦，肖悦岩，曾士迈，1985. 小麦条锈病病害流行空间动态电算模拟的初步探讨 I . 圆形传播[J]. 植物病理学报，15(4)：199-204.
赵紫华，高峰，2020. 害虫生态调控的生态阈值及关键理论问题[J]. 应用昆虫学报(1)：20-27.
周小妹，李柏树，刘波，等，2017. 橘小实蝇幼虫龄期鉴别初步研究[J]. 植物检疫，31(2)：17-22.
朱恩林，杨普云，王建强，等，2019. 农作物病虫害绿色防控覆盖率评价指标与统计测算方法[J]. 中国植保导刊，39(1)：43-45.
祝增荣，程家安，2013. 中国水稻害虫治理对策的演变及其展望[J]. 植物保护，39(5)：25-32.
左文，巩中军，祝增荣，等，2008. 水稻二化螟性信息素和诱捕器组合的田间诱蛾效果比较[J]. 核农学报，22(2)：238-241.

ALI A，GAYLOR M J，1992. Effects of temperature and larval diet on development of the beet armyworm (Lepidoptera：Noctuidae)[J]. Environmental Entomology，21(4)：780-786.

ALI A，LUTTRELL R G，SCHNEIDER J C，1990. Effects of temperature and larval diet on development of the fall armyworm (Lepidoptera：Noctuidae)[J]. Annals of the Entomological Society of America，83(4)：725-733.

BARTEKOVÁ A，PRASLIčKA J，2006. The effect of ambient temperature on the development of cotton bollworm (*Helicoverpa armigera* Hübne，1808)[J]. Plant Protection Science，42(4)：135.

BEWICK V，CHEEK L，BALL J，2004. Statistics review 13：Receiver operating characteristic curves[J]，Critical care，8(6)：508-512.

CHAPMAN J W，DRAKE V A，REYNOLDS R D，2011. Recent insights from radar studies of insect flight[J]. Annual Review of Entomology，56：337-356.

CHAPMAN R F，2000. Entomology in the twentieth century[J]. Annual Review of Entomology，45(1)：261-285.

CHENG D F，WU K M，TIAN Z，et al.，2002. Acquisition and analysis of migration data from the digitised display of a scanning entomological radar[J]. Computers and Electronics in Agriculture，35：63-75.

CHOUDHURY R A，KOIKE S T，FOX A D，et al.，2016. Season-long dynamics of spinach downy mildew determined by spore trapping and disease incidence[J]. Phytopathology，106(11)：1311-1318.

CHOUDHURY R A，KOIKE S T，FOX A D，et al.，2017. Spatiotemporal patterns in the airborne dispersal of spinach downy mildew[J]. Phytopathology，107(1)：50-58.

DAY R，ABRAHAMS P，BATEMAN M，et al.，2017. Fall armyworm：impacts and implications for Africa[J]. Outlooks on Pest Management，28(5)：196-201.

DE-WOLF E D，FRANCL L J，2000. Neural network classification of tan spot and stagonospora blotch infection period in a wheat field environment[J]. PhytoPathology，90(2)：108-113.

DRAKE V A，2002. Automatically operating radars for monitoring insect pest migrations[J]. Entomologia Sinica，9(4)：27-39.

DRAKE V A，FARROW R A，1988. The influence of atmo spheric structure and motions on insect migration[J]. Annual Review of Entomology，33：183-210.

EHLER L E，2006. Integrated pest management (IPM)：Definition，historical development and implementation，and the other IPM[J]. Pest Management Science，62(9)：787-789.

ESTEP L K，SACKETT K E，Mundt C C，2014. Influential disease foci in epidemics and underlying mechanisms：A field experiment and simulations[J]. Ecological Applications，24(7)：1854-1862.

GIBSON G J，AUSTIN E J，1996. Fitting and testing spatio-temporal stochastic models with application in plant epidemiology[J]. Plant pathology，45：172-184.

GOTTWALD T R，TIMMER L W，MCGUIRE R G，1989. Analysis of disease progress of citrus canker in nurseries in Argentina[J]. Phytopathology，79：1276-1283.

GREGORY P H，1968. Interpreting plant disease dispersal gradients[J]. Annual Review of Phytopathology(6)：189-212.

GU Y L，CHU B Y，WANG C C，et al.，2020. Spore concentrations of *Blumeria graminis* f. sp. *tritici* in relation to weather factors and disease development in Gansu，China[J]. Canadian Journal of Plant Pathology，42(1)：52-61.

GURR G M，WRATTEN S D，ALTIERI M A，2004. Ecological engineering for pest management：advances in habitat manipulation for arthropods[M]. Wallingford: CABI Publishing.

GURR G M, WRATTEN S D, LANDIS D A, et al., 2017. Habitat management to suppress pest populations: progress and prospects[J]. Annual Review of Entomology, 62: 91-109.

HINKLE D, TOOMEY C, 1995. Appling Case-based Reasoning to Manufacturing[J]. AI Magazine, 16(1): 65-73.

HIRST J M, 2010. An automatic volumetric spore trap[J]. Annals of Applied Biology, 39(2): 257-265.

HU X, CAO S, CORNELLUS A, et al., 2020. Predicting Overwintering of Wheat Stripe Rust in Central and Northwestern China[J]. Plant Disease, 104(1): 44-51.

HUGHES G, MCROBERTS N, MADDEN L V, et al., 1997. Validating mathematical models of plant-disease progress in space and time[J]. IMA Journal of Mathematics Applied in Medicine & Biology, 14: 85-112.

KRANZ J, 1974. Epidemics of plant diseases: Mathematical analysis and modeling[M]. New York: Springer-Verlag.

LI Y X, DAI J C, ZHANG T X, et al., 2023. Genomic analysis, trajectory tracking and field surveys reveal sources and long-distance dispersal routes of wheat stripe rust pathogen in China[J]. Plant Communications, 4(4): 100563.

LIU T, WANG J, HU X, et al., 2020. Land-use change drives present and future distributions of Fall armyworm, *Spodoptera frugiperda* (J. E. Smith) (Lepidoptera: Noctuidae)[J]. Science of The Total Environment, 706: 135872.

MADDEN L V, HUGHES G, VAN DEN BOSCH F, 2007. The study of plant disease epidemics[M]. Minnesota: The American Phytopathological Society.

MAFFIA L A, BERGER R D, 1999. Models of plant disease epidemics: Ⅱ. Gradients of bean rust[J]. Journal of Phytopathology, 147: 199-206.

MEENTEMEYER R K, CUNNIFFE N J, COOK A R, et al., 2011. Epidemiological modeling of invasion in heterogeneous landscapes: Spread of sudden oak death in California (1990—2030) [J]. Ecosphere, 2(2): art17.

OJIAMBO P S, GENT D H, MEHRA L K, et al., 2017. Focus expansion and stability of the spread parameter estimate of the power law model for dispersal gradients[J]. Peer J, 5: e3465.

PESHIN R, DHAWAN A K, 2009. Integrated pest management: Innovation-development process [M]. Dordrecht: Springer.

PETHYBRIDGE S J, MADDEN L V, 2003. Analysis of spatial temporal dynamics of virus spread in an Australian hop garden by stochastic modeling[J]. Plant Disease, 87: 56-62.

SMITH A D, RILEY J R, 1996. Signal processing in a novel radar system for monitoring insect migration[J]. Computers and Electronics in Agriculture, 15(4): 267-278.

SOLIS-SANCHEZ L O, GARCIA-ESCALANTE J J, CASTANEDA-MIRANDA R, et al., 2009. Machine vision algorithm for whiteflies(*Bemisia tabaci* Genn.) scouting under greenhouse environment[J]. Journal of Applied Entomology, 133 (7): 546-552.

TSHERNYSHEV W B, 1995. Ecological pest management (EPM): general approaches[J]. Journal of Applied Entomology, 119(1/5): 379-381.

VAN MAANEN A, XU X M, 2003. Modelling plant disease epidemics[J]. European Journal of Plant Pathology, 109: 669-682.

WAGGONER P E, 1974. Simulation of epidemics[M]. Berlin: Springer.

WEKESA J S, LUAN Y, CHEN M, et al., 2019. A hybrid prediction method for plant lncrna-protein interaction

[J]. Cells, 8(6): 521.

WU B M, SUBBARAO K V, 2014. A model for multiseasonal spread of *Verticillium* wilt of lettuce[J]. Phytopathology, 104: 908-917.

XU X M, RIDOUT M S, 1998. Effects of initial epidemic conditions, sporulation rate, and spore dispersal gradient on the spatio-temporal dynamics of plant disease epidemics[J]. Phytopathology, 88: 1000-1012.

YAN J H, LUO Y, CHEN T T, et al., 2012. Field distribution of wheat stripe rust latent infection using real-time PCR[J]. Plant Disease, 96(4): 544-551.